氮磷配施对云南松苗木萌蘖影响的研究

许玉兰　蔡年辉
汪梦婷　王　瑜　著

科学出版社
北　京

内 容 简 介

云南松是西南地区重要的造林树种，因其苗木去顶后萌条数量少且生长速度慢，生产中常采用施肥实现促成培育。本书以云南松苗木为研究对象，基于 3×3 回归试验设计进行氮磷根系追施和底肥配施试验，研究云南松苗木生长对氮磷配施的响应规律及其调控机理。通过对云南松苗木萌条数量及其生长量的测定，分析云南松苗木萌蘖能力对氮磷添加的响应；通过对生长量、生物量、根系构型等表型性状的测定，揭示云南松苗木萌蘖响应氮磷添加的形态建成；通过对养分含量的测定，阐明云南松苗木萌蘖响应氮磷添加的养分特征；通过转录组测序与生物信息学分析相结合，寻找差异基因，探讨云南松苗木萌蘖的调控机理。

本书可以作为农业、林业科研工作者的参考书使用，也可作为苗木促成培育方面的教材使用。

图书在版编目（CIP）数据

氮磷配施对云南松苗木萌蘖影响的研究 / 许玉兰等著. — 北京 : 科学出版社，2025. 3. -- ISBN 978-7-03-079130-6

Ⅰ. S791. 257. 05

中国国家版本馆 CIP 数据核字第 20243UL573 号

责任编辑：吴卓晶　李　莎 / 责任校对：王万红

责任印制：吕春珉 / 封面设计：东方人华平面设计部

科学出版社出版

北京东黄城根北街 16 号

邮政编码：100717

http://www.sciencep.com

北京中科印刷有限公司印刷

科学出版社发行　各地新华书店经销

*

2025 年 3 月第　一　版　开本：B5（720×1000）

2025 年 3 月第一次印刷　印张：13 3/4

字数：277 000

定价：138.00 元

（如有印装质量问题，我社负责调换）

销售部电话 010-62136230　编辑部电话 010-62143239

前　　言

云南松（*Pinus yunnanensis* Franch.）是我国西南地区荒山造林的先锋树种，具有适应性强、耐干旱瘠薄、喜光、对土壤要求不严、木材用途广等特点，在分布区域林业生产和生态经济建设中占有重要的地位。早期造林中以实生繁殖后代的方式为主，但因其分化大且周期长，制约其遗传改良进程。因此，采用有性繁殖创造变异、无性繁殖固定变异的策略已成为云南松遗传改良的主要途径。但是，云南松无性繁殖过程中成熟效应较为明显，实现无性繁殖材料的幼化生产是开展云南松苗木无性繁殖的关键，而去顶促萌是目前林业生产中获得大量幼化材料的有效途径。前期研究表明，云南松去顶后萌蘖能力较弱，使优良无性繁殖材料的获得受限。萌蘖除了与苗木自身的生物学特性有关外，还与其营养及土壤微环境息息相关，因此，养分供给在苗木萌蘖发育过程中起到重要作用。氮、磷作为重要的植物营养元素，可有效促进植物生长发育。

本书以云南松苗木为研究对象，采用 3×3 回归试验设计开展去顶后云南松苗木氮磷配施研究，分析氮磷添加对去顶后云南松苗木萌蘖能力的影响，以及云南松苗木萌蘖能力响应氮磷添加的生长量、生物量、根系形态特征、营养元素、光合色素、非结构性碳水化合物、基因表达等方面的变化特征。通过研究，探讨云南松苗木萌蘖能力对氮磷配施的响应规律，揭示云南松苗木去顶萌蘖响应氮磷配施的形态建成、生理生化特征及其分子基础，研究结果可为云南松苗木萌蘖的促成培育提供技术指导和科学依据。

本书的研究工作得到中国林业科学研究院高原林业研究所崔凯研究员的大力指导与帮助，在此表示感谢。同时，感谢西南林业大学刘爱忠教授、李根前教授、王晓丽教授、陈诗老师、王大玮博士、陈佩珍博士等的支持与帮助，感谢陈林博士、邓佳教授、唐军荣博士等在指标测定、数据分析和图表绘制时提供的帮助。此外，感谢云南省弥渡县林木良种培育站车凤仙老师在材料采集方面给予的大力支持与帮助。感谢作者课题组成员王亚楠、赵李姗、宋云霞、李亚麒、孙继伟、李熙颜、李江飞、朱雅静、王丹、汪啟波、王雪、张琳宜、聂婷、颜廷雨、陆庄跃、杨振欣、郑超凡、徐骏飞、周驰宇、孙赫、李瑞连、苏鑫、华琦利、廖建珍等在试验实施、苗木管理、指标测定、数据分析等方面的帮助。

本书得到了云南省“兴滇英才支持计划”青年人才项目（项目编号：YNWR-QNBJ-2019-075）、国家自然科学基金（项目编号：31860203、31760204）、西南地区特色林木种质改良与资源综合利用硕士生导师团队建设项目、西南林业大学林学云南省一流建设学科项目的资助，主要研究工作在西南山地森林资源保育与利用教育部重点实验室、国家林业和草原局西南地区生物多样性保育重点实验室和云南省高校林木遗传改良与繁育重点实验室完成，特此谢忱。

由于作者水平所限，书中的疏漏之处在所难免，恳请读者给予批评指正。

许玉兰

2024 年 12 月于昆明

目　录

第1章 绪　论

云南松（*Pinus yunnanensis* Franch.）为松科（Pinaceae）松属（*Pinus*）的常绿针叶高大乔木，具有喜光、适应性强，能耐冬春干旱气候及瘠薄土壤的特点，是重要的用材树种和荒山造林的先锋树种，在我国西南地区被广泛用于人工造林（郑万均和傅立国，1978；吴征镒 等，1987；金振州和彭鉴，2004）。早期造林工程中所采用的苗木主要以实生繁殖为主，种子繁殖因基因重组使母株遗传性状发生变异，难以保持母本的优良性状，导致后代性状产生分化，且种子繁殖周期长。无性繁殖能大大缩短育种周期，且可遗传母株的优良特性，能够使林木改良计划中获得的优良基因型得以迅速固定。因此，在云南松遗传改良过程中，可采用有性创造、无性利用的育种策略，即先采用优良家系种子进行实生繁殖，在苗期选出超级苗后再进行无性扩繁，走有性改良和无性利用相结合的道路，其中幼态化无性繁殖材料的获得尤为重要。去顶可增加穗条数量，同时可实现一定程度上的幼化。但是在前期的实验研究中发现，云南松苗木去顶后，其萌蘖穗条的数量和生长速度均有待提高，如何解决云南松苗木去顶后萌蘖的问题，是当前亟须解决的生产问题。

1.1　概　况

1.1.1　云南松概况

云南松又称飞松、青松、长毛松，分布于 96°～108° E、23°～30° N、海拔 700m 的地区，是西南山地特有树种。

云南松是云南省重要的用材树种和生态树种，提供了大量建筑用材和松脂、松花粉等非木材资源。同时，云南松还具有涵养水源、保持水土、防风固沙、净化空气等作用（戴开结 等，2006）。据 2017 年发布的云南省第四次森林资源调查成果显示，云南松的林地面积为 749.05 万 hm^2，占全省乔木林主要优势树种面积的 38.55%，可见，云南松对云南省的经济、社会和环境的可持续发展具有重要意义（汤浩藩 等，2019）。但是，由于长期的逆向选择，优良母树不断减少，云南松林分中低矮、弯曲和扭曲等不良个体逐渐增加（蔡年辉 等，2006），尚有 2/3 以上的云南松林地是需要重新造林的低质低效林分（李莲芳 等，

2010）。云南省每年造林面积达 33.3 万 hm^2 以上，其中云南松的造林面积在 6.67 万 hm^2 以上，占造林面积的 20%以上。每年云南松的用种量近 30 万 kg，而良种用量仅 1000kg 左右，良种的使用率还不足 1%（李品荣 等，2005）。可见，良种获得对云南松林业的发展极其重要。由于逆向选择式采伐造林、管理力度不足、自然灾害和病虫害的加剧等原因使大部分云南松林出现不同程度的退化，优质基因资源减少，苗木树干扭曲、生长矮化等不良个体的比例不断上升，云南松苗木品质下降，对云南省生态、经济效益造成严重影响（许玉兰 等，2011；郑元 等，2013）。为了防止这一问题的进一步恶化，不仅需要人们改变固有的培育观念、技术，还需要对云南松进行遗传改良，提高其种源资源。

1.1.2 云南松遗传改良的研究概况

云南松在造林工程中所采用的苗木主要以种子繁殖的实生苗为主，因而早期的云南松遗传改良育种工作主要围绕有性方式开展，其内容包括优良种源选择、母树林和种子园营建等（黄永祥 等，2008）。云南松分布范围广，不同分布区内的气候条件、土壤性质、水热条件等均存在一定差异。云南松长期在各自的环境条件下生长发育，在生长、生理、形态、抗性及适应性等方面产生了变异，形成了相应的地理型（黄瑞复，1993）。因此，了解云南松的地理变异规律，有利于种源选择工作的开展。尹擎等（1995）在云南松全分布区内，按不同经纬度、海拔采集种源，分析云南松形态特征的地理变异规律，并筛选出腾冲托盘山、腾冲火山、腾冲古永（现：腾冲市猴桥镇）、丽江石鼓、大理、寻甸功山、会泽拖茨、西藏下察隅冷塘、昌宁岔河 9 个优良种源。随后，舒筱武（1999）根据云南松的生长力指标及导致产生地带性变异的各直接、间接环境因子，用标准化欧氏距离法，将云南松全分布区划为南部种源区、中部高原种源区、滇西北川西南种源区和西藏察隅种源区 4 个种源区，为合理制定云南松种子调拨区划奠定了良好的基础。耿树香等（2012）以云南松产脂量为种源选择的指标，分析了双柏麦地新林场及昆明树木园大马山 32 个种源间的差异，最终筛选出产脂量高的为泸水、宁蒗西布河、华坪、雅长林场 4 个种源地。为了解云南松种源间光合特性的差异，周丽等（2015）比较了玉溪、昆明、中甸（现：香格里拉市）、丽江、保山 5 个云南松种源 2 年生苗的光合能力，发现保山种源的云南松苗木具有较高的潜在光合能力，抗旱能力也较强。

云南松优良种源确定后，在优良种源区内选择优良林分，将云南松优良林分改建为母树林，用母树林的种子造林，是云南松遗传改良的重要途径之一（黄永祥 等，2008）。在优良林分改建母树林的过程中，涉及多方面的内容，包括优良林分的选择（张绍辉，2004）、优良林分改建母树林的措施（陈强 等，2000b）

和母树林抚育管理等（陈强 等，2000a；周蛟 等，2000）。但是，种子繁殖因基因重组使母株遗传性状发生变异，难以保持母本的优良性状，导致后代性状产生分化，如其干形、产脂量、生物量等性状表现差异较大（汤加荣，2007）。

此外，云南松种子园作为云南松良种的重要生产基地，也受到了极大的关注。何富强（1994）对云南松初级无性系嫁接种子园建园的方法和技术进行了阐述。随后，还开展了优树选择、优树半同胞子代测定和早期预测、嫁接繁殖技术、无性系种子园营建技术和种子园植株的生长与结实规律的研究，并先后在一平浪林场、弥渡县建成549hm^{2}的云南松无性系种子园（何富强，1997）。但是，随着种子园年龄增长，发现种子园存在建园时间长、结实量不稳定，接穗与砧木生理不适等问题（朱之悌，1986）。

1.1.3 云南松无性繁殖的研究概况

无性繁殖是指一种没有精卵细胞直接参与受精的繁殖过程，是利用植物细胞的全能性使植物的部分营养器官或组织、细胞、原生质体等，在适当条件下，通过体细胞的有丝分裂，分化发育成各种组织和器官，再形成一个完整植株（翟大才 等，2004）。无性繁殖能保持原来的繁殖母体基因型不变，且由同一个母体所繁殖的无性系所有个体基因完全一致，从而使林木性状保持一致（施季森和何祯祥，1994）。鉴于此，朱之悌（1986）指出，可进行无性繁殖的树种，一定要坚持走无性系改良的途径，决不再搞种子园；不仅对易繁殖的树种如此，即使是难繁殖的针叶树种（如松树、云杉等）也开始走上有性改良和无性改良相结合的道路。因此，在云南松遗传改良过程中，可采用有性繁殖创造变异、无性繁殖固定变异的育种策略，即先采用优良家系种子进行实生繁殖，在苗期选出超级苗后再进行无性扩繁，走有性改良和无性利用相结合的道路。

20 世纪 70 年代，人们开始着手云南松遗传改良工作，随着工作的深入研究，大量的研究发现，云南松无性改良要优于有性改良（韩明跃 等，2009；李莲芳 等，2010）。无性改良以种子园优良家系播种苗为初始育种群体，筛选出其中的超级苗为后继世代的育种群体。在种子园中选择优良家系，采集优良家系种子进行育苗，以家系为单位选择超级苗，利用超级苗建立实生采穗圃或无性系采穗圃，通过无性系测定建立改良采穗圃（李学娟，2005）。无性繁殖选育优良品种进行大批繁殖，既能缩短林木出圃时间，又能维持后代优质稳定的性状（朱之悌，1986）。当前，采穗圃与种子园已成为良种繁殖的主要方法。

在云南松有性改良、无性利用的遗传改良过程中，无性繁殖技术的突破极为关键。无性繁殖包括扦插、嫁接和组培等，其中扦插扩繁简单易行，高效廉价，是无性繁殖中的主要形式，是实现其无性系林业的重要手段之一（兰彦平和顾万春，2002；唐红燕 等，2011）。针叶树种属于较难扦插生根的树种，国内外研究人员通过对扦插成活的影响因素进行各种试验，已找到了一些能提高扦插成活率的方法，随着技术的不断发展，松类难扦插的问题取得了一定的突破。目前在杉木、湿地松、晚松等松类繁殖方面已取得成功（李婷婷，2011；方贵荣 等，2016；高茜茜 等，2018），提高了苗木繁殖质量，增加了经济效益。近年来，关于云南松的扦插繁殖的研究主要集中在扦插生根方面。例如，任四妹等（2007）探讨了不同种类、浓度的激素和浸泡时间对一年生云南松的嫩梢扦插的影响，发现用 200mg・L^{-1} 的萘乙酸浸泡插穗 120min 可以显著提高插穗的生根率。赵敏冲等（2008）利用 0.313g・L^{-1} 吲哚乙酸和 0.163g・L^{-1} 吲哚丁酸处理云南松插穗，使其插穗的生根率达 63.5%。同时，赵敏冲等（2010）还发现穗条长度对云南松穗条扦插的生根率和生根性状有显著影响：当穗条长度为 7.0cm 时，其生根率为 50.0%、侧根数为 2.3 条・株$^{-1}$。此外，杨文君等（2018）研究了不同基质与激素组合对云南松穗条扦插生根的影响，发现 1 份松树皮与 2 份菌根土的基质能提高扦插生根率及促进根系生长和发育。综合来看，近年来关于云南松扦插生根方面的研究较多，并且取得了一定的成果。

无性繁殖过程存在年龄效应、木质化等问题，在其他研究结果中发现幼嫩的无性繁殖材料能维持较高的生根率、嫁接成活率和无性系生长的幼年速生性（林加根 等，2011；黄玲 等，2013；黄烈健和詹妮，2016）。在无性繁殖方面，穗条、基质、环境等都显著影响云南松的优良性状和良种繁殖，尤其是穗条长度、木质化程度。就云南松而言，获得大量优质幼嫩的穗条是开展无性系繁殖的首要任务，采穗圃能够满足这一需求，穗条的产量和质量是扦插繁殖能否成功的重要因素（李燕山 等，2016），穗条长度、母株年龄、扦插基质等都影响扦插成活率（黄烈健和詹妮，2016；孙雪莲 等，2021）。对于云南松扦插繁殖而言，获得优质幼化的穗条是无性繁殖的基础，而采穗圃则是源源不断提供优良穗条的保障。在采穗圃的经营中，通过去顶促使苗木侧枝萌发，增加萌蘖量，提供大量优质穗条，提高苗木扦插、嫁接繁殖成活率。但是，在前期的实验研究中发现，云南松去顶后，其萌蘖状况较差，远远达不到采穗圃生产经营要求。如何解决云南松去顶后萌蘖的问题，是当前亟须解决的生产问题。

1.2 林木平茬萌蘖的研究概况

1.2.1 林木平茬萌蘖的意义

平茬去顶是林木培育中常见的技术手段，能够促进植物补偿生长，遏制植被衰退，相比种子繁殖萌蘖，具有资源竞争优势。平茬去顶即去除苗木顶端优势，刺激侧枝生长，把大量的资源储存并用于萌蘖更新，提高萌蘖能力，但去顶适用于一定苗龄的苗木，若去顶不当则会抑制苗木生长，甚至造成苗木死亡（朱万泽 等，2007；卢德亮 等，2020）。

1.2.2 影响林木平茬萌蘖的因素

森林环境中，人为砍伐、火灾、大风等干扰均会导致树木枝条或茎干折断。在地上部分生物量大量损失的情况下，萌蘖植物会以萌蘖的方式迅速生长更新，进而占领空间资源，坚守其固有的生态位（Bellingham and Sparrow，2000；Bond and Midgley，2001）。平茬就是利用植物的萌蘖能力，在近地面处截去树木主干，以促使伐桩、根系的不定芽或休眠芽萌发形成新植株，从而达到更新（复壮）目的的一种措施（孙时轩，1992）。目前，该措施主要运用于杉木（林武星 等，1996）、杨树（杨会侠 等，2007；Carthy et al.，2014）、桉树等短期人工林的培育，或者沙棘、柠条、沙柳等防护林的更新（李根前 等，2007）。

近年来，关于平茬促萌的研究多集中在影响因素的方面，涉及平茬方式（Ducrey and Turrel，1992；杜丹丹，2021）、平茬时间（Xue et al.，2013；周静静 等，2017）、平茬高度（Harrington，1984；蔡年辉 等，2022）等。例如，刘立波等（2012）对人工培育的胡枝子原料林进行了第一次平茬时间、平茬周期及连续平茬试验发现，胡枝子第一次平茬时间确定为植苗造林后第一年初冬或第二年早春，平茬周期确定为一年比较合理。李根秋和安珍（2015）通过比较人工镰割、人工锯割、人工刀砍 3 种平茬方式对沙柳萌发能力的影响，发现最佳去顶方式是人工锯割，其更利于萌条枝数的增加；与不去顶相比，去顶更有利于沙柳的萌蘖。苗迎权等（2015）比较了辽东栎不同平茬强度的萌蘖能力，结果发现轻度、中度平茬的幼苗萌条数量均显著大于重度平茬的幼苗萌条数量。周静静等（2017）对宁夏荒漠草原柠条林进行了不同平茬时期及其高度平茬试验，结果发现 5 月、6 月平茬柠条的再生速度、冠幅增量、地径增量和萌枝长增量显著好于其他月，而平茬高度 0cm 植株地径的日增量和冠幅最高。在栓皮栎平茬试验过程中却发现，于休眠期（12 月）平茬的栓皮栎苗木的存活率、萌蘖能力均明显高于生长期（5 月）平茬的苗木（Xue et al.，2013）。陈素传等（2000）对欧洲榛子进行了平茬促萌试验发现，与距地面 10cm 处平茬相比，平地平茬促萌效果更佳，每株平均可萌发有效萌条 20 条，且长势较好。同样研究也发现，平茬高度和伐桩直径是影响平茬后杨树萌蘖和萌条生长的重要因素（Carthy et al.，2014）。但是，也有研究认为，平茬高度主要影响第一年柏树萌蘖能力，而第二年影响则会消失（Cotton et al.，2005）。张泽宁等（2021）通过不同的去顶高度试验，证明了随着去顶高度的增加，中国沙棘根萌蘖能力和克隆生物量呈先升后降的变化趋势。侯潇棐等（2020）以一年生银白杨苗木为研究对象，进行了0cm、5cm、10cm、15cm 4 种不同去顶高度的试验，结果表明，去顶对银白杨苗木的生长、萌条数量有显著影响，最佳的去顶高度是 5cm。杨永胜等（2012）通过研究去顶措施对柠条的净光合速率、蒸腾速率、水分利用效率、枝水势，以及土壤水分含量的影响，认为去顶措施对柠条生理特征的影响随着其生长发育阶段表现出不同的现象。董雪等（2021）通过不同的去顶年限（平茬后恢复 1 年、平茬后恢复 3 年、平茬后恢复 8 年）对沙冬青光合特性与叶面积的影响进行了探究，结果显示随着去顶年限的增加，沙冬青恢复生长速度减缓，去顶后恢复 1 年效果最好。对干枯衰老的沙冬青进行合理平茬，利于促进林分复壮和生长，能够提高生产力。综合以上可以看出，平茬后苗木的萌蘖能力与平茬方式、平茬时间、平茬高度等因素关系密切。

土壤营养是否也是干扰后林木萌蘖生长的因素呢？早期国外有关专家认为，植物受干扰后的萌蘖生长与土壤肥力无直接关系（DeSouza et al.，1986；Castell and Terradas，1994；Midgley，1996）。但是，Specht（1969）和 Mooney（1981）却认为，土壤养分也可能直接影响植物的再生生长，因为土壤养分通常控制着地中海型生态系统的初级生产力。随后，研究不同土壤状况下澳洲欧石楠干扰后的萌蘖生长发现，在全氮含量较高、可提取阳离子含量较低的土壤中，干扰后的澳洲欧石楠的萌蘖速度较快，且所产生的生物量较高（Cruz et al.，2002）。由此说明，土壤肥力也是影响干扰后林木萌生的潜在因素。在前期的研究中发现，云南松去顶后萌蘖数量与萌条的生长速率均有待提高。针对这一问题，人们深入研究，认为苗木平茬后苗期管理越好，萌蘖能力越好。去顶后苗木需要大量营养，以供萌条生长，施肥能有效提供去顶后苗木、萌条生长所需营养，提高萌条质量和萌蘖能力（邓桂香 等，2010；周凤娇 等，2017）。因此，提高土壤肥力也是提高苗木萌蘖能力的一种途径。

1.2.3 林木平茬萌蘖的分子调控机制研究

平茬萌蘖是一个非常复杂的生理过程。近年来，人们不仅从生理生态层次对平茬萌蘖机理进行了阐述，还试图从基因表达水平上揭示平茬萌蘖的分子调控机制。通过对去顶后的萌芽松和火炬松基因表达水平的比较，发现有 139 个差异表达基因对萌蘖做出响应，其基因功能包括物质代谢、转录调节、胁迫反应、生长发育、信号转导、激素调控等方面（Liu et al.，2011）。邹旭（2018）通过对不同平茬高度的沙棘苗木进行转录组分析后发现，中国沙棘受到外界刺激（平茬）后立即做出响应，通过基因表达调控生理过程及激素特征，从而促进萌蘖的出生与生长。

1.3 施肥对苗木的影响

1.3.1 施肥对苗木生长发育的影响

施肥可提高土壤肥力，在一定程度上促进植物的生长发育，是目前苗木生产管理中较为重要的措施。在苗木管理过程中发现，施肥对于苗木生长具有很好的促进效果。施肥不仅可促进苗木生长，还通过调节土壤中氮磷含量，维持土壤养分平衡，促进林木生长，实现培育高质量、高效益、高收入、低成本森林的目标（吴立潮，1999）。氮肥和磷肥是植物幼苗生长所必需的，按照所需的养分和元素进行有针对性的土壤施肥，可以促进幼苗生长发育。氮肥不仅可以促进幼苗生长，甚至可以影响土壤中的磷含量。磷肥通过改变土壤微环境和促进根系发育来影响幼苗生长（张小朋 等，2010；周樊 等，2020）。合理施肥既能满足人们对苗木高产、稳产的需求，又能避免肥料浪费，造成环境污染。张卫强等（2021）通过对 2 年生银叶树施加不同浓度的氮肥，发现施肥处理与不施肥处理相比，适宜的施肥量利于苗木生长，能够提高幼苗的光合能力。李毓琦等（2021）通过不同施肥量试验，探讨了施肥量为 800～1200mg·株$^{-1}$ 对半年生的降香生长效果较显著。苗木生长对养分的需求以氮元素为主，因而增施氮肥能显著促进苗木的生长发育（Carreira and Niell，1992）。例如，李洪娜等（2015）对矮化富士苹果幼树进行施氮肥试验研究发现，氮肥能明显提高植株生物量，且施氮量为 100kg·hm^{-2} 时效果最好，该用量不仅有利于提高氮元素利用率，而且能促进细根生长，延缓树势衰老，促进成花。但是，多数研究表明，混合施肥比单一施肥效果显著。例如，左永忠等（1994）通过对毛白杨、小黑杨、白杨进行施肥试验发现，单施氮肥和磷肥的效果都较差，但两者合理配施能够显著促进苗木苗高和地径的生长。张跃敏等（2009a，b）采用氮磷配施方式对云南松进行施肥，发现氮肥、磷肥用量与云南松生长量和生物量之间均有显著关系，施肥对云南松苗木生长发育作用明显，但是各器官对施肥量和比例响应不同，高水平磷肥利于高生长和根系生长，高氮则利于苗木加粗和叶含量积累。可见土壤氮磷含量是植物生长的限制因素，氮磷配施能够维持和促进植物的快速生长（Razaq et al.，2017）。为提高杧果幼树生长和水肥利用效率，设置不同施肥处理和不同灌溉方式，水肥耦合能够提高杧果树生长发育，提高了水肥利用效率（Li et al.，2021）。因此，在施肥研究过程中，要根据苗木自身需求，对肥料进行合理配制，防止超过阈值，造成浪费肥料，抑制植物生长。

1.3.2 氮磷添加对植物生理特性的影响

施肥对植物生长的影响是一个复杂的生理生化过程。目前，关于施肥对植物生理生化影响的研究主要集中在光合作用、营养元素、内源激素等方面。

1. 氮磷对光合作用的影响

叶绿素和类胡萝卜素构成光合色素，叶绿素是植物光合系统的重要组成部分，能吸收、传递、转换光能；类胡萝卜素则有利于提高植物的光能利用效率；叶绿素 a 与光合作用直接相关，而叶绿素 b 可以反映叶的光能捕获能力（Demmig-Adams and Adams，1996）。叶绿素含量是衡量植物光合作用的重要指标。氮不仅是蛋白质、核酸、磷脂的主要成分，还是叶绿素、某些植物激素（如生长素和细胞分裂素）的成分。磷是植物各种功能所必需的营养物质，是核酸、磷酸盐、三磷酸腺苷（ATP）和磷脂的主要成分（武维华，2008）。氮磷作为植物进行光合作用所必需的营养物质，在植物进行光合作用过程中提供了养分，氮磷的添加可在一定程度上影响植物的光合速率（Yan et al.，2017）。这一结论已在多种植物中得到了验证，如王奇峰和徐程扬（2007）发现氮磷供给会通过增加欧美杨 107 号叶片叶绿素 b 含量来影响光系统对光能的吸收和传递效率，从而影响植物叶片的净光合速率。王雪梅等（2019）通过研究干热河谷车桑子光合生理特性对氮磷添加的响应发现：在低海拔燥红土上，氮的添加可提高车桑子净光合速率、叶绿素含量；在中海拔紫色土上，氮磷添加可促进车桑子光合速率和叶绿素含量的提高。张志录等（2019）在研究氮磷添加对考来木光合特性和叶绿素荧光的影响中发现，考来木对磷反应敏感且需求量低，在低氮土壤中增施磷肥会降低考来木的光合生产力；若氮磷肥同时增施，则可提高考来木叶片的光合生产力，且氮磷肥可相互增效。胡玉玲等（2021）通过对油茶进行施肥试验，结果发现施肥显著提高了油茶的叶绿素含量。尹梦雅等（2022）研究发现，氮磷钾配施提高了黄栀子幼苗叶绿素质量分数，增加了苗木的光合能力。以上研究结果均证实，土壤氮磷会对植物光合生理过程产生影响，从而引起植物生长和生物量的变化。

2. 氮磷添加对植物内源激素的影响

植物生理学研究表明，外界因素对植物生长发育的影响首先是通过植物内源激素的变化而起作用的。内源激素是在植物体内特定部位产生、由产生部位移动到发挥作用部位的一类微量物质（库文珍 等，2009）。它的合成受水分（牛俊义等，2009）、光照（吴雪霞 等，2019）、温度（叶蓉春 等，2019）、矿质营养等环境因子（李良勇和崔国贤，2002）的影响，相对而言矿质营养因子更易调控。

氮作为植物合成蛋白质、核酸的重要元素，能够调节着植物内源激素的代谢和平衡，进而影响植物的生长发育（李建英 等，2010）。因此，除了研究氮肥用量与植物生长发育的关系外，氮肥与内源激素的关系也受到了人们的关注。例如，施氮水平对富士苹果幼树的茎尖和细根的赤霉素（GA）、玉米素核苷（ZR）、脱落酸（ABA）和吲哚乙酸（IAA）的含量及其比值有较大影响（李洪娜 等，2015）。罗庆华等（2019）发现，苦荞麦叶片中的生长素、玉米素+玉米素核苷和多胺含量均会随着氮肥用量的增加表现为先增加后降低，但脱落酸含量则为先降低后增加。可见，氮肥供应状况的变化能够改变植物体内激素的含量。此外，土壤中磷的水平也会使植物中内源激素的含量产生变化。例如，官纪元和樊卫国（2019）发现供磷水平变化会导致刺梨实生苗叶和根中 IAA、ZR、GA_{1+3}、ABA 的含量发生改变，进而调控植物的生长并与根系形态变化产生协同调控作用。其实，多数研究已表明，适当磷水平的提高可以促进根系中硝酸还原酶活性增强，因而混合施肥比单一施肥效果显著（孙羲，1999）。人们也研究了氮磷配合施用下的植物内源激素变化规律。例如，白冰（2005）就氮磷营养供应对落叶松幼苗内源激素的影响进行了研究，并探讨了不同氮磷营养水平处理下落叶松幼苗内源激素（IAA、ABA、GA_3、ZR）的变化规律。

3. *施肥对植物体内营养元素的影响*

营养元素不仅是植物体内多种重要有机化合物的组分，还调节植物生理生化过程，因此营养元素对植物的生长发育具有重要作用（武维华，2008）。植物中营养元素的积累与分配能体现植物在一定生境条件下吸收营养元素的能力，反映植物个体的生存策略（刘雪云 等，2012）。对植物各器官营养元素积累与分配规律的研究，有助于了解植物对营养元素的利用状况及与环境间的关系（叶晶，2014）。植物体内的营养元素含量主要取决于植物的种类，但同时也受所处环境的影响（姜培坤和俞益武，2000）。植物营养性状被认为是评估植物功能性状的一个重要指标，它反映了植物在养分吸收、利用和使用效率方面对其生长环境的适应（Lavorel et al.，2010）。碳、氮、磷等元素是植物生长所必需的营养物质，在植物发育中起着重要作用。植物体内各营养元素相互偶联、紧密联系（Sloan et al.，2016），苗木体内营养元素比例充分反映土壤环境供应与苗木养分需求的动态变化，象征着土壤营养元素对苗木生长的影响。氮磷添加可以协调土壤中氮磷含量，调节土壤供肥能力满足苗木生长所需养分，增强苗木吸收利用率，促进苗木生长（魏红旭 等，2013；马征 等，2019）。

例如，对刺梨而言，供磷水平影响着刺梨幼苗中营养元素的含量，磷、钙和镁含量会随着供磷水平的提高而增加，锌含量随供磷水平的提高而减少；在 $45mg \cdot L^{-1}$ 供磷水平下，刺梨幼苗中的氮、磷、钾、锰、铜、硼含量最高，降低或提高供磷水平后这些元素的含量都明显降低。由于所处环境的营养状况对植物体内的营养元素有重要影响，因此在林业生产过程中，常采用施肥的方式增加土壤中有效养分含量，使植物体内的营养元素含量产生变化，进而影响植物的生长发育（梁宏温和梁杏清，1996；褚军，2010）。例如，牛向阳和姚延梼（2014）发现，施肥可使白皮松针叶氮、磷、钾元素含量产生变化，且对于生长期针叶而言，随着施肥次数和施肥量的增加，其氮、磷、钾元素含量呈 S 形变化趋势，但进入休眠期后，针叶中氮、磷、钾元素含量呈持续下降的趋势。同样，氮磷配施也会影响白桦的营养元素含量，若坡上施肥，则会使白桦叶、枝中磷含量和根中氮磷含量增加；若坡下施肥，则会使白桦叶片中氮磷含量也会增加（李雯，2015）。施磷肥、氮肥和复合肥可有效促进顶果木氮元素的积累，但对磷元素的积累相对较少；且施肥对顶果木钾元素的积累具有一定选择性，其中施磷肥和复合肥可以有效促进顶果木对钾元素的吸收、积累，而施氮肥对钾元素的影响不大（曾辉 等，2013）。综合来看，不同植物各器官营养元素对施肥种类、施肥量的响应有所不同。

生态化学计量比反映了植物元素的含量和组成及其对生物和非生物因素的反应变化。任何一种元素变化都会带来改变。植物的 C∶N、C∶P 表明了植物吸收养分来同化碳的能力，反映了生长速率及植物养分的吸收利用能力（Agren，2004；Danger et al.，2016）。生长速率假说认为，随着生长速率的增加，植物 N∶P 呈降低趋势，说明受氮限制。研究认为，存在特定的 N∶P 阈值来判定植物生长的养分限制状况，这就是 N∶P 阈值假说。不同的植物氮或磷限制的临界 N∶P 值可能不同（Han et al.，2013）；对于常绿针叶林和草本植物，该临界值分别为 10 和 12。刘麟等（2021）发现随着施肥量的增加，氮磷含量随之增加，C∶N 显著降低，而 N∶P 和 C∶P 没有变化。李雯（2015）通过氮磷配施，发现不同施肥位置影响白桦各器官的营养元素含量。同一个体不同器官中化学计量特征是不同的。藜科植物茎、叶的 N∶P 要高于根的 N∶P，各器官碳、氮含量显著相关，叶中氮磷积累和氮磷协调降低土壤氮磷限制的影响（苏宇航 等，2022）。目前，人们对于生态化学计量比时间动态特征了解较少。随着苗木生长，植物营养元素含量会出现怎么样的变化，植物营养元素与土壤营养元素之间的关系尚不清楚。因此，有必要进一步开展相关的研究工作，进而更全面地揭示施肥对植物或土壤营养元素的影响。

4. 施肥对植物体内碳水化合物的影响

光合作用合成的碳水化合物是植物生长代谢的主要结构和能量物质，根据功能可分为结构性碳水化合物（structural carbohydrate，SC）和非结构性碳水化合物（non-structural carbohydrate，NSC）（Dietze et al.，2014）。NSC 由可溶性糖和淀粉组成，以碳的形式储存在不同器官中（Dietze et al.，2014；刘青青 等，2019）。可溶性糖和淀粉在能量供应方面具有不同的功能，反映了植物的生理和生长状况及其对环境的适应能力。氮磷是苗木光合作用的重要因素，调控苗木体内碳水化合物的形成和储存。随着氮磷肥的增施，提高了黑枸杞非结构性碳水化合物含量及可溶性糖和淀粉的转换（朱亚男 等，2020）。在不同物种中，非结构性碳水化合物对氮磷肥有着不同的反应。陈铁群等（2022）发现不同植物叶片中非结构性碳水化合物存在明显差异，黑嘴蒲桃、紫玉盘叶片中的 NSC 含量以氮肥为主，而山蒲桃（白车）和竹节树叶片 NSC 含量则是以磷肥为主，且 NSC 含量随着季节变化而变化。

第 2 章　氮磷根系追施对云南松苗木去顶萌蘖生长的影响

2.1　研究地概况与研究方法

2.1.1　研究地概况

试验地设在西南林业大学苗圃，地理坐标为 102° 45′41″E、25° 04′00″N，海拔 1945m，属北亚热带半湿润高原季风气候，年平均气温 14.7℃、绝对最低气温 -9℃、绝对最高气温 32.5℃；年降水量 700～1100mm，年平均相对湿度 68.2%；土壤为酸性低磷土壤。

2.1.2　研究材料

种子采自云南省弥渡县云南松无性系种子园，采集成熟球果，带回实验室晾晒、风干，制种、播种育苗，出苗后对其进行常规苗期管理。培育一年后，选择生长情况一致的苗木于 2019 年 3 月底按同一高度（6cm）去顶后，进行后续试验。

2.1.3　试验设计与田间排列

试验所用的肥料为氮肥和磷肥。其中，氮肥为尿素（含氮量为 46%），磷肥为过磷酸钙（含 P_2O_5 为 12%）。试验采用 2 因素 3 水平 3×3 回归试验设计，氮磷 2 因素的 3 个水平各自两两组合，共组成 9 个处理。每个处理组含 48 株苗，3 次重复。氮磷肥用量按高、中、低 3 个量，高为中的 2 倍、低为 0（作为对照），其中氮肥的高水平为 0.8g・株$^{-1}$，磷肥的高水平为 1.6g・株$^{-1}$（表 2-1）。按试验设计将肥料配成水溶液，去顶后，每 7d 喷 1 次，喷洒在盆栽容器土壤中，共喷洒 5 次。

表 2-1　云南松苗木氮磷根系追施下的试验方案

处理	氮肥用量/（g・株$^{-1}$）	磷肥用量/（g・株$^{-1}$）
1	0	0
2	0	0.8

续表

处理	氮肥用量/（g·株$^{-1}$）	磷肥用量/（g·株$^{-1}$）
3	0	1.6
4	0.4	0
5	0.4	0.8
6	0.4	1.6
7	0.8	0
8	0.8	0.8
9	0.8	1.6

田间布设以随机排列和拉丁方排列相结合进行优化布设（图 2-1）。按照田间布设图将育苗盆整齐摆放在苗床上，设置 3 次重复。

I-1	I-2	I-3	I-4	I-5	I-6	I-7	I-8	I-9
II-4	II-5	II-6	II-7	II-8	II-9	II-1	II-2	II-3
III-7	III-8	III-9	III-1	III-2	III-3	III-4	III-5	III-6

图 2-1　云南松苗木氮磷根系追施下的 3×3 回归试验设计田间排列

田间排列结合拉丁方和随机排列的特点进行优化，这种田间排列可有效减少生境资源异质性对试验的干扰，同时提高试验的精度和可靠性。由图 2-1 可知，每一个横行为一个重复，纵行的重新组合也可形成一个重复，重新组合后在统计分析上可得到更多重复，从而可获得更多效应模型以利于优选（鞠剑峰，2002；高年春 等，2006）。对 3 个重复各小区进行重新组合后得到 17 个新的试验组合（表 2-2），最终可拟合 17 个肥料效应方程和效应曲面，提高试验的精确度。

表 2-2　云南松苗木氮磷根系追施下的试验分析可能的组合

组合	组分	组合	组分
1	I-1～9	10	II-1、8、9；III-2、3、4；I-5、6、7
2	II-1～9	11	I；II
3	III-1～9	12	II；III
4	I-1、2、3；II-4、5、6；III-7、8、9	13	I-1～6；II-4～9；III-1～3、7～9
5	III-1、2、3；I-4、5、6；II-7、8、9	14	I-4～9；II-1～3、7～9；III-1～6
6	II-1、2、3；III-4、5、6；I-7、8、9	15	I-2～7；II-1、5～9；III-1～4、8、9
7	III-1、8、9；I-2、3、4；II-5、6、7	16	I-3～8；II-1、2、6～9；III-1～5、9
8	II-1、2、9；III-3、4、5；I-6、7、8	17	I；II；III
9	III-1、2、9；I-3、4、5；II-6、7、8		

2.1.4 指标测定

1. 萌蘖能力观测

试验布设后对云南松苗木的萌蘖能力进行跟踪调查，即在 2019 年 4～12 月，于每月底对萌条数量进行观测，在 2019 年 12 月底对萌条长度进行测量。

2. 生长量和生物量测定

试验布设后分别在 90d、180d、270d 各取样一次，每个处理随机选取 3～4 株，3 次重复，用于生长量与生物量测定，其具体方法如下。

采用整株收获法挖取全株苗木，测定样株的萌条的长度和基径。其中，萌条长度采用直尺进行测量，精确至 0.1cm；萌条基径用游标卡尺进行测量，精确至 0.01mm。随后将样株分为根、茎、叶和萌条，在 105℃的烘箱中杀青 30min 后，于 80℃下烘干至质量恒定，分别记下其干物质重量，即为生物量，精确至 0.001g，并分别计算各器官生物量的分配比。

地上部分生物量=茎生物量+叶生物量+萌条生物量

单株生物量=根生物量+茎生物量+叶生物量+萌条生物量

生物量分配比=某器官生物量/单株生物量×100%

2.1.5 数据分析

1. 萌条数量的动态变化

以苗木生长时间 t 为自变量，所调查的萌条累计数量 y 为因变量，进行逻辑斯谛（Logistic）模型的拟合。其中，逻辑斯谛方程表达式如下：

$$y = k/(1+e^{a-bt})$$

式中，待测参数（a、b、k）运用马夸特算法在 DPS 7.05 分析软件中进行估算。其中，k 为萌蘖数量的理论极限值（上限值或生长潜力）；a 与萌条初始值及萌蘖生长特征点出现的时间有关；b 为萌蘖速率参数。通过求导，即可得到曲线瞬时最大斜率对应的时间点 $t_0=a/b$。

2. 回归模型的构建

试验结束后，选取萌条数量、各器官生物量和各器官生物量分配比等作为调查指标，在 SPSS 软件中进行回归分析，得出各组合回归方程的模型（马鄂超 等，2006）。

$$y = a + bx_1 + cx_2 + dx_1^2 + ex_2^2 + fx_1x_2$$

式中，y 为调查的指标（萌条数量）；a 为待定常数；b、c、d、e、f 为待定系数；x_1 为氮肥用量；x_2 为磷肥用量；x_1x_2 为氮磷交互作用项。

根据本试验的不同组合，每一个指标最终可得到 17 个二元二次方程，然后根据回归方程的显著水平、曲面的典型性及最佳产量是否在试验范围内（有无极大值）等因素，在这 17 个方程中选择一个显著水平较高的典型方程作为产量曲面方程，以此对施肥试验进行产量效应分析。

3. 异速生长关系分析

异速生长方程采用幂函数 $y = \beta x^{\alpha}$，其中，x、y 为生物属性，β 是标准化常数，α 是异速生长指数或相对生长指数。线性转化为 $\lg y=\lg\beta+\alpha\lg x$（李鑫 等，2019），采用标准主轴回归分析（standardized major axis，SMA）获取云南松不同器官相关指标间异速生长方程的参数估计（黄迎新 等，2015）。计算异速生长方程的斜率 α，并比较斜率之间及各斜率与 1.0 的差异性（林华 等，2017）。

此外，利用 Excel 2010 对试验数据统计、整理。利用 SPSS 20.0 分析软件进行方差分析、多重比较、模型构建和相关性分析等。曲面图分别采用 R 语言和 SAS 软件进行绘制。

2.2　云南松苗木萌蘖能力对氮磷根系追施的响应规律

2.2.1　萌条数量对氮磷根系追施时间的响应规律

由图 2-2 和表 2-3 中可以看出，不同处理云南松苗木的萌条数量随施肥时间变化采用逻辑斯谛模型的拟合程度均达极显著水平（$P<0.01$），且各处理拟合相关系数均在 0.9618～0.9906，可见云南松苗木的萌条数量可用逻辑斯谛方程进行描述。9 个处理的萌条数量增长趋势基本一致，在 4 月上旬增长缓慢，而 4 月下旬至 6 月上旬处于速生阶段，之后生长减缓，萌条数量增长不明显。其中，处理 1 的速生点为 29d，处理 2 的速生点为 25d；处理 3 和处理 5 的速生点相同为 26d；处理 4 的速生点为 27d；处理 6、处理 7、处理 8 和处理 9 的速生点均为 30d，虽各处理间的速生点有所差异，但均在 4 月下旬达到速生点。由此表明，氮磷根系追施后云南松苗木的萌条数量随着施肥时间的推移呈现“慢-快-慢”的生长趋势，符合 S 形曲线变化。

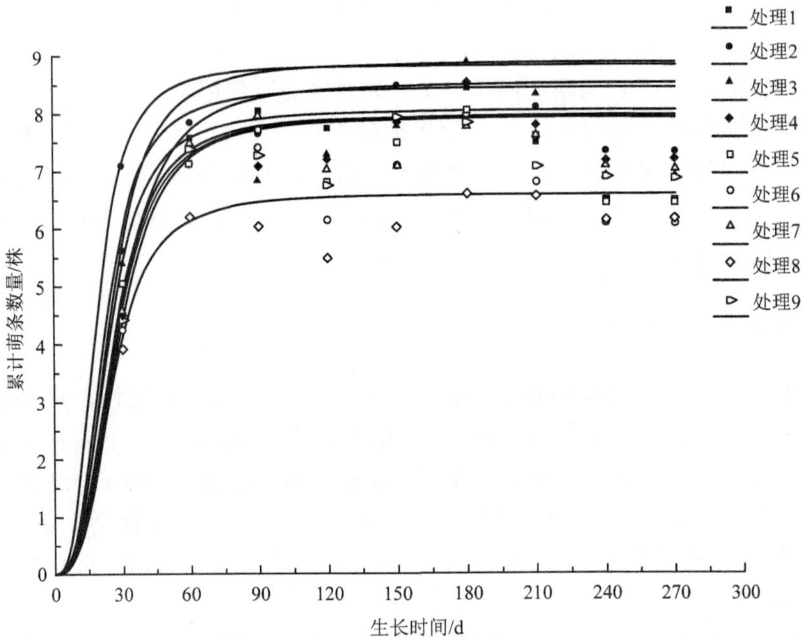

图 2-2 氮磷根系追施下的云南松苗木累计萌条数量随施肥时间的变化规律

表 2-3 氮磷根系追施下的云南松苗木萌条数量动态逻辑斯谛模型拟合结果

处理	*k*	*a*	*b*	速生点/d	R^2	*F*	*P*
1	7.4812	31.9457	1.1009	29	0.9674	51.0781	0.0001
2	7.8076	12.1406	0.4798	25	0.9785	78.7141	0.0001
3	7.5055	5.7569	0.2226	26	0.9644	46.5785	0.0001
4	7.4650	3.8883	0.1423	27	0.9834	102.8884	0.0001
5	7.1678	6.2320	0.2362	26	0.9750	67.2761	0.0001
6	6.8361	141.6461	4.7373	30	0.9618	43.2031	0.0001
7	7.3449	571.8946	19.0795	30	0.9906	183.9769	0.0001
8	6.1220	64.3657	2.1641	30	0.9883	147.1938	0.0001
9	7.2148	149.5212	4.9989	30	0.9865	127.1308	0.0001

如图 2-3 所示，不同施肥处理下云南松苗木的月萌条数量随着施肥时间的变化均呈双峰曲线。其中，每个处理的第一个萌蘖高峰均出现在施肥后 30d 左右，即 4 月底至 5 月初。但是不同处理下云南松苗木的第二次萌蘖高峰出现的时间则有所差异，其中，处理 9 的第二个萌蘖高峰出现在施肥后 150d；处理 3、处理 7 的第二个萌蘖高峰出现在施肥后 180d，而处理 1、处理 2、处理 4、处理 5、处理 6 和处理 8 第二个萌蘖高峰出现在施肥后 150～180d。综合来看，去顶后云南松苗木第一次萌蘖出生主要集中在 4～5 月，4 月萌蘖出生达到

高峰，6 月急剧下降并趋向于 0；到 7～8 月又出现第二次萌蘖出生，而第二次萌蘖出生高峰因氮磷用量不同有所差异；9 月之后大部分处理已无新的萌条出生，且后期会出现萌条死亡现象。

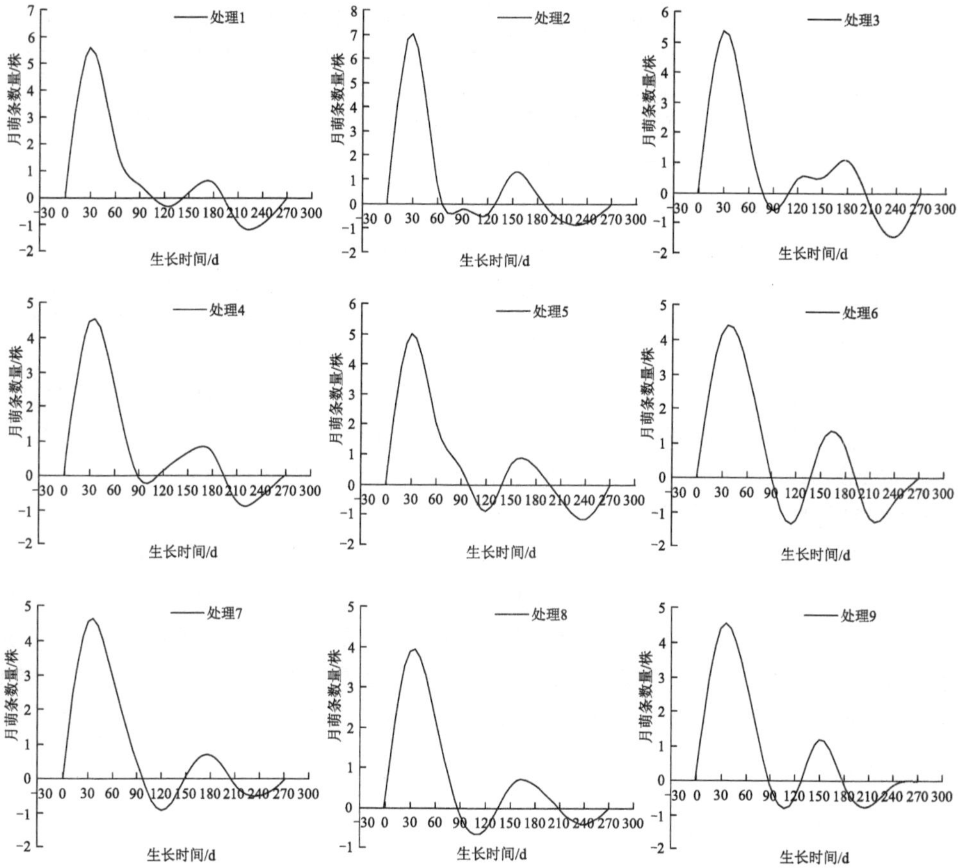

图 2-3　氮磷根系追施下云南松苗木月萌条数量随着施肥时间的变化规律

2.2.2　萌条数量对氮磷根系追施的响应规律

1. 肥料效应方程的建立

为进一步探讨第一次萌蘖 4～6 月（施肥后 30～90d）的萌条数量、第二次萌蘖 9 月（施肥后 180d）的萌条数量及截至 12 月（施肥后 270d）最终存活的萌条数量与氮磷肥用量之间的关系，分别以施肥后 30d、60d、90d、180d 和 270d 的萌条数量为因变量进行回归分析，最终各时期的萌条数量均获得 17 个二元二次方程。随后根据回归方程的显著性水平，从中挑选出最优肥料效应方程，结果见表 2-4。由表 2-4 可以看出，不同时期萌条数量曲面方程的显著性水平为 0.005～0.045，说明不同时期的萌条数量与氮磷肥用量之间均显著相关。

表 2-4 氮磷根系追施下不同时间云南松苗木萌条数量曲面方程

施肥后时间/d	曲面方程	R^2	F	P
30	$y=3.888+9.963x_1+0.534x_2-17.013x_1^2-0.244x_2^2-0.124x_1x_2$	0.173	2.293	0.045
60	$y=6.321+5.695x_1+0.299x_2-10.937x_1^2+0.240x_2^2-0.588x_1x_2$	0.136	0.768	0.017
90	$y=6.598+1.321x_1+1.648x_2-0.461x_1^2-0.321x_2^2-4.112x_1x_2$	0.176	2.293	0.045
180	$y=7.122+6.172x_1-0.205x_2-6.621x_1^2+1.518x_2^2-4.510x_1x_2$	0.235	3.391	0.005
270	$y=4.989+7.050x_1+2.144x_2-6.210x_1^2-0.790x_2^2-4.175x_1x_2$	0.217	2.445	0.035

注：y 为调查的指标；x_1 为氮肥用量；x_2 为磷肥用量；x_1x_2 为氮磷交互作用项。下同。

在施肥 30d 后，对云南松苗木进行单因素效应分析，单施氮肥的最优肥料效应方程为 $y=3.888+9.963x_1-17.013x_1^2$，即单施氮肥 0.29g・株$^{-1}$ 时，萌条数量最多，达 5.3 条；单施磷肥的最优肥料效应方程为 $y=3.888+0.534x_2-0.244x_2^2$，即单施磷肥 1.1g・株$^{-1}$ 时，萌条数量最多，达 4.2 条；当氮磷配施时，即施氮肥 0.29g・株$^{-1}$、磷肥 1.02g・株$^{-1}$ 时，萌条数量最多，达 5.6 条，比单施氮肥多 0.3 条，比单施磷肥多 1.4 条。同样在施肥 60d、270d 后，氮磷配施时比单施更利于萌条数量的累计。施肥 60d 后，在施氮肥 0.34g・株$^{-1}$、磷肥 1.60g・株$^{-1}$ 时，萌条数量最多，达 7.8 条，比单施氮肥多 1.0 条，比单施磷肥多 0.4 条；施肥 180d 后，在施氮肥 0.45g・株$^{-1}$、磷肥 0.26g・株$^{-1}$ 时，萌条数量最多，达 6.9 条，比单施氮肥多 0.1 条，比单施磷肥多 0.5 条。

2. *肥料效应趋势分析*

根据选择出的最优肥料效应方程，以不同时期的累计萌条数量为因变量，对应的氮磷肥用量为自变量得到效应曲面图（图 2-4），并计算其理论产量（表 2-5）。由图 2-4 和表 2-5 可知，施肥后 30d 云南松苗木累计萌条数量先随氮肥用量的增加而增加，达到最大值以后，其累计萌条数量随氮肥用量的增加而减少；但磷肥用量对该时期的累计萌条数量影响不大。同样地，施肥后 60d 云南松苗木累计萌条数量也先随氮肥用量的增加而增加，达到最大值以后，其累计萌条数量随氮肥用量的增加而减少；但累计萌条数量随磷肥用量的增加不断增加。施肥后 90d 累计萌条数量随氮磷用量的不断增加而增加。施肥后 180d 和 270d 氮磷肥同样会对云南松苗木的萌蘖能力产生影响，其累计萌条数量均先随氮肥用量的不断增加而增加，达到最大值之后，其累计萌条数量随氮肥用量的增加而减少，而累计萌条数量则随磷肥用量的增加而增加。

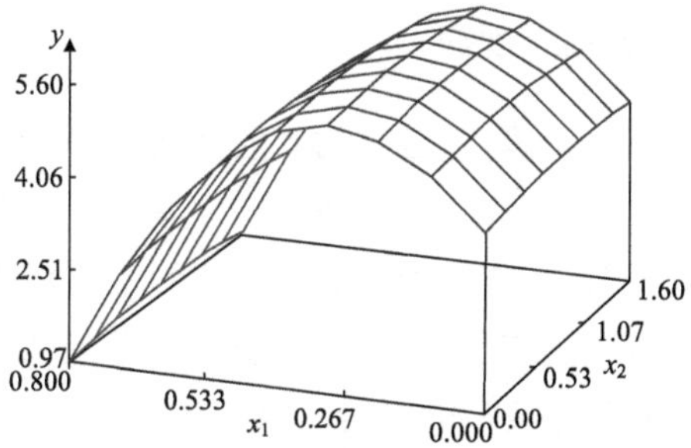

（a）施肥后30d

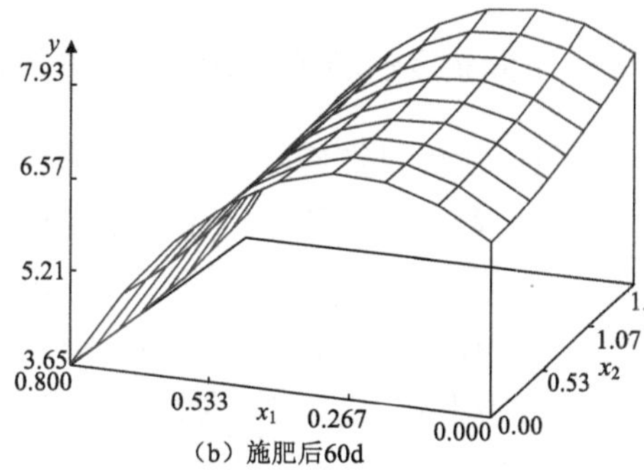

（b）施肥后60d

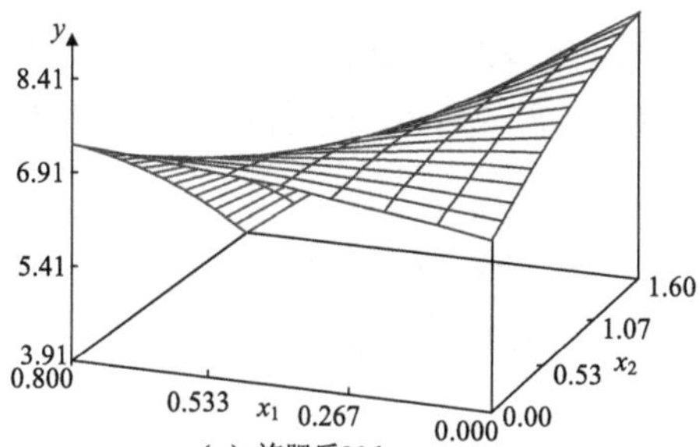

（c）施肥后90d

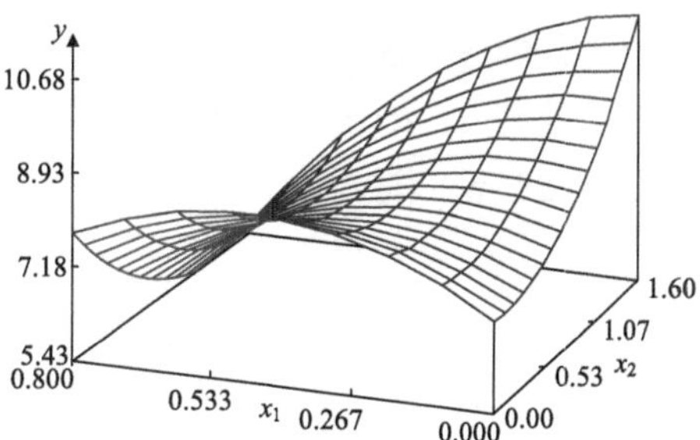

（d）施肥后180d

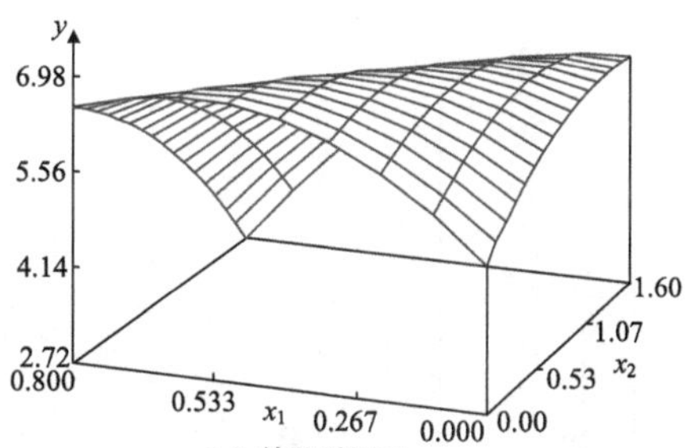

（e）施肥后270d

图 2-4　氮磷根系追施下云南松苗木累计萌条数量对氮磷配施的效应曲面图

表 2-5　氮磷根系追施下云南松苗木萌条数量在双因素影响下的理论产量

处理	氮肥用量/（g·株$^{-1}$）	磷肥用量/（g·株$^{-1}$）	萌条数量/条				
			30d	60d	90d	180d	270d
1	0	0	3.89	6.32	6.60	7.12	4.99
2	0	0.8	4.16	6.71	7.71	7.93	6.20
3	0	1.6	4.12	7.41	8.41	10.68	6.40
4	0.4	0	5.15	6.85	7.05	8.53	6.82
5	0.4	0.8	5.38	7.05	6.85	7.90	6.69
6	0.4	1.6	5.30	7.57	6.24	9.20	5.55
7	0.8	0	0.97	3.88	7.36	7.82	6.65
8	0.8	0.8	1.16	3.89	5.84	5.74	5.19
9	0.8	1.6	1.04	4.22	3.91	5.61	2.72

2.2.3 不同长度的萌条数量对氮磷根系追施的响应规律

为进一步探讨氮磷配施对萌条生长的影响，以施肥后 270d 的萌条数量为研究对象，将萌条进行等级分类（陈素传 等，2000；张薇 等，2015），其中长度为 2.5～5cm 的萌条称为潜在萌条，而长度大于 5cm 的称为有效萌条，然后分析氮磷配施对潜在萌条和有效萌条的影响（图 2-5）。从图 2-5 中可以看出，萌条数量较多的是处理 4、处理 7、处理 2，潜在萌条数量最多的是处理 4（2.62 条），其次是处理 3、处理 7 和处理 2，分别为 2.30 条、2.22 条和 2.09 条，潜在萌条数量最少的是处理 9，仅为 0.61 条。有效萌条数量最多的是处理 4（1.00 条），其次较多的是处理 2、处理 5，分别为 0.82 条、0.80 条，有效萌条数量最少的是处理 9，仅为 0.28 条（图 2-5）。

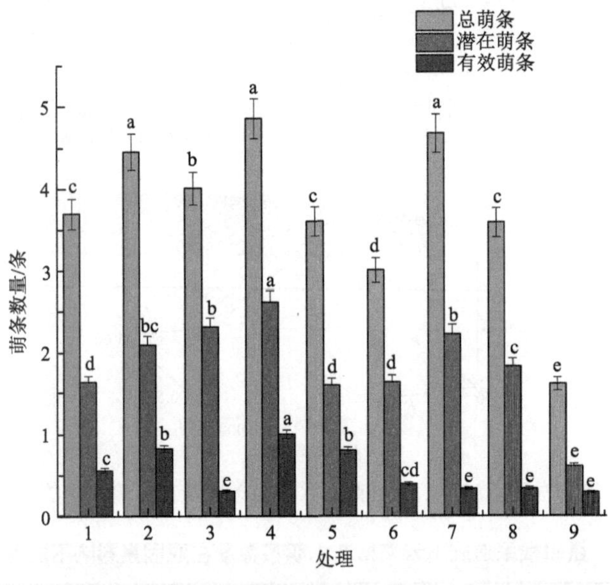

图 2-5　氮磷根系追施对不同长度云南松苗木萌条数量的影响

注：不同小写字母表示不同处理之间的差异显著（$P<0.05$）。

由图 2-6 可知，氮磷配施对不同等级萌条数量的占比有所影响。处理 3 的潜在萌条占比最大，达 57.50%，其次是处理 6，其潜在萌条占比为 54.17%。潜在萌条占比最小的是处理 9，仅为 37.93%。处理 5 有效萌条占比最大，为 22.22%；其次是处理 4，有效萌条的占比为 20.63%；有效萌条占比最小的是处理 7，仅为 7.14%。综合来看，处理 3 和处理 6 苗木中潜在萌条占比均较大，说明高磷处理有利于潜在萌条的生长，且以单施 1.6g·株$^{-1}$ 磷肥更佳。对有效萌条的生长而言，0.4g·株$^{-1}$ 氮肥与 0.8g·株$^{-1}$ 磷肥配合施用效果更好，说明中等浓度的氮磷配施更有利于有效萌条的生长。在所有的处理中，潜在萌条占比均比有效萌条大，潜在萌条/有效萌条最大的为处理 3（7.67/1）、处理 7（6.67/1），萌条长势较弱；潜在萌条/有效萌条最小的是处理 5，促萌效果较好，萌条长势相对健壮。

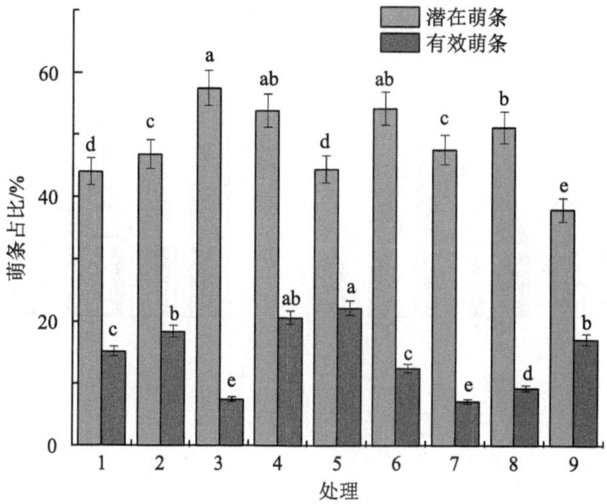

图 2-6　氮磷根系追施下不同长度云南松苗木萌条数量所占的比例

注：不同小写字母表示不同处理之间的差异显著（$P<0.05$）。

2.3　云南松苗木萌蘖能力响应氮磷根系追施的生物量分配规律

2.3.1　生物量积累对氮磷根系追施响应的时空动态规律

1. 生物量对氮磷根系追施时间的响应规律

（1）根生物量对氮磷根系追施时间的响应规律

从图 2-7 可以看出，处理 1 在施肥后 90d、180d 和 270d 所积累的根生物量差异不显著，可见处理 1 的根生物量随着施肥时间的增加无显著变化。处理 4 在施肥后 90d 所积累的根生物量要低于施肥后 180d 和 270d 所积累的根生物量，而施肥后 180d 高于施肥后 270d 所积累的根生物量，呈现先上升后下降的趋势。处理 1、处理 2、处理 3、处理 5、处理 6、处理 7、处理 8 和处理 9 的根生物量积累的变化规律均为施肥后 90d<施肥后 180d<施肥后 270d，可见随着施肥时间的增加，其根生物量的积累逐渐增加。除处理 1 和处理 4 外，其余 7 个处理施肥后

90d 与施肥后 270d 的根生物量积累差异显著（$P<0.05$）。综合来看，不同处理的根生物量随施肥时间的增加变化趋势有所差异，除个别处理的变化规律为随施肥时间的推移先增加后减少或随施肥时间的推移变化无明显变化外，大部分处理的变化规律均为随施肥时间的推移呈逐渐上升的趋势。

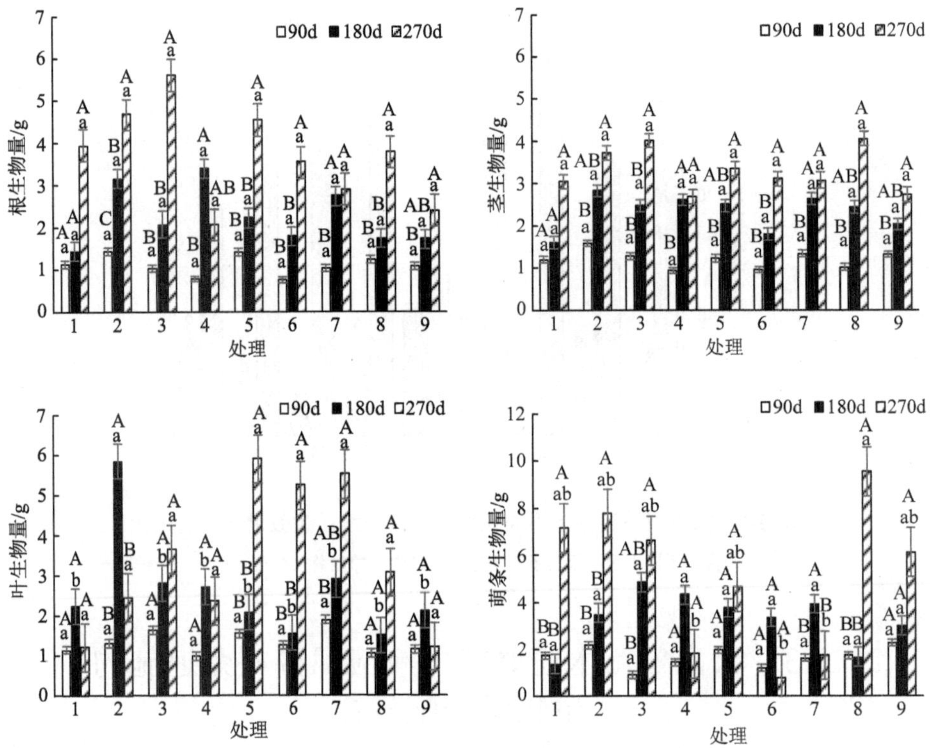

图 2-7　氮磷根系追施下云南松苗木各器官生物量积累随施肥后时间的变化

注：不同小写字母表示同一时间不同处理之间的差异显著（$P<0.05$），不同大写字母表示不同时间同一处理之间的差异显著（$P<0.05$）。

（2）茎生物量对氮磷根系追施时间的响应规律

由图 2-7 可知，各处理的云南松苗木茎生物量的大小均为施肥后 90d<施肥后 180d<施肥后 270d。由此表明，各处理云南松苗木茎生物量均随施肥时间的推移逐渐增加。除处理 1 外，其余处理施肥后 90d 与施肥后 270d 的茎生物量积累差异显著（$P<0.05$）。

（3）叶生物量对氮磷根系追施时间的响应规律

由图 2-7 可知，不同施肥处理下云南松苗木的叶生物量随施肥时间的推移变化规律有所不同。其中，处理 1、处理 2、处理 4 和处理 9 云南松苗木的叶生物量以施肥后 180d 的最高，其次是施肥后 270d 的叶生物量，而施肥后 90d 的叶生物量较少，表现为随时间的推移叶生物量呈先上升后下降的趋势。处理 3、处理 5、处理 6、处理 7 和处理 8 云南松苗木叶生物量大小变化规律均为施肥后 90d<施肥后 180d<施肥后 270d，表现为随时间的推移叶生物量呈逐渐上升的趋势，其中处理 5、处理 6、处理 7 施肥后 90d 与施肥后 270d 的叶生物量积累差异显著，处理 5、处理 6 施肥后 180d 与施肥后 270d 的叶生物量积累差异显著（$P<0.05$）。由此表明，不同施肥处理的云南松苗木叶生物量积累规律可分为两类：一类是随着施肥时间的推移其叶生物量先上升后下降，另一类则是随着施肥时间的推移叶生物量逐渐增加。

（4）萌条生物量对氮磷根系追施时间的响应规律

由图 2-7 可以看出，处理 2、处理 3、处理 5 和处理 9 云南松苗木萌条生物量以施肥后 270d 最多，其次是施肥后 180d 的，施肥后 90d 的萌条生物量最少，表现为随时间的推移萌条生物量逐渐上升的趋势；处理 4 和处理 7 的萌条生物量则以施肥后 180d 的最多，施肥后 90d 的最少，施肥后 270d 的萌条生物量居中，表现为随时间的推移萌条生物量先上升后下降的趋势；处理 6 的萌条生物量则以施肥后 180d 的最多，施肥后 270d 的最少，施肥后 90d 的萌条生物量居中，也表现为随时间的推移萌条生物量呈先上升后下降的趋势；处理 1 和处理 8 的萌条生物量则以施肥后 270d 最高，其次是施肥后 90d 的，施肥后 180d 的萌条生物量较低，表现为随时间的推移萌条生物量呈先下降后上升的趋势。由图 2-7 也可以看出，处理 1、处理 2、处理 8 施肥后 90d、180d 与施肥后 270d 的萌条生物量积累差异显著（$P<0.05$），处理 3 施肥后 90d 与施肥后 270d 的萌条生物量积累差异显著（$P<0.05$）。由此表明，不同处理云南松苗木萌条生物量随施肥时间的变化规律有所不同，大部分处理的萌条生物量随施肥时间的推移不断增加，但个别处理的萌条生物量随施肥时间的推移呈先上升后下降的趋势。

2. 氮磷根系追施对各器官生物量的影响

由图 2-7 可以看出，施肥能促进去顶后云南松苗木生物量积累，大多数施肥处理的生物量均高于处理 1。在施肥后 90d、180d、270d 根生物量积累在 9 个处理之间均无显著差异（$P>0.05$）。在施肥后 90d 处理 2 的根生物量积累最高；在施肥后 180d 处理 4 的根生物量积累最高，处理 1 的根生物量积累最低；在施肥后 270d 处理 3 的根生物量积累最高，处理 4 的根生物量积累最低。

在施肥后 90d、180d、270d 茎生物量积累在 9 个处理之间均无显著差异。在施肥后 90d 处理 2 的茎生物量最高；在施肥后 180d 处理 2 的茎生物量积累最高，处理 1 的茎生物量积累最低；在施肥后 270d 处理 8 的茎生物量积累最高，处理 4 的茎生物量积累最低。

在施肥后90d、270d的各处理间叶生物量积累无显著差异，其中处理7在施肥后90d的叶生物量积累最高，在施肥后270d处理5的叶生物量积累最高，处理1最低。在施肥后180d的各处理间叶生物量积累存在显著差异（$P<0.05$），处理2的叶生物量积累显著高于其他处理。

施肥后90d、180d的各处理间萌条生物量积累无显著差异，其中处理9在施肥后90d的萌条生物量积累最高，在施肥后180d的处理3萌条生物量积累最高，处理1最低。施肥后270d的各处理间萌条生物量积累存在显著差异，处理8的萌条生物量积累显著高于其他处理。综合来看，磷肥对平茬后根器官的生物量积累有促进作用，氮磷配施对去顶后茎生物量的积累有明显的促进作用。氮肥的施用对叶生物量的积累具有明显的促进作用，在去顶后氮磷配施明显提高了云南松苗木的萌蘖能力，以高氮中磷的效果较好。

3. 各器官生物量对氮磷根系追施的响应规律

（1）根生物量积累对氮磷根系追施的响应

根据试验的不同组合，对其结果进行回归分析，最终每个测定时间的根生物量均可得到17个二元二次方程。根据回归方程的相关系数、F值及其显著性水平等因素，挑选出一个显著性水平较高的典型方程作为最优肥料效应方程，结果见表2-6。从表中可以看出，施肥后90d、180d和270d的云南松苗木根生物量曲面方程的显著性水平在0.019～0.031。由此表明，施肥后90d、180d和270d的云南松苗木根生物量与氮磷肥用量间均显著相关。

表2-6 氮磷根系追施下不同时间云南松苗木根生物量曲面方程

施肥后时间/d	曲面方程	R^2	F	P
90	$y=0.850-1.532x_1+2.588x_2+2.347x_1^2-1.495x_2^2-0.343x_1x_2$	0.591	3.218	0.019
180	$y=1.339+0.798x_1+6.002x_2-1.080x_1^2-3.914x_2^2+0.123x_1x_2$	0.649	3.061	0.031
270	$y=0.909+4.163x_1+7.726x_2-1.445x_1^2-3.008x_2^2-6.011x_1x_2$	0.622	3.027	0.029

根据表2-6中的曲面方程，以不同时期的云南松苗木根生物量为因变量，对应的氮磷肥用量为自变量得效应曲面图（图2-8）。由图2-8可知，对施肥后90d的苗木根生物量而言，随着氮肥用量的增加，其根生物量先降低后升高；而磷肥对根生物量的影响为：根生物量存在一个最大值，在最大值出现之前，根生物量随磷肥用量的不断增加而增加，达到最大值之后，根生物量随磷肥用量的增加反而出现不断下降的趋势。

就施肥后180d的苗木根生物量而言，氮肥用量对根生物量的影响不大。但是，磷肥用量对根生物量的影响则存在一个最大值，在最大值出现之前，根生物

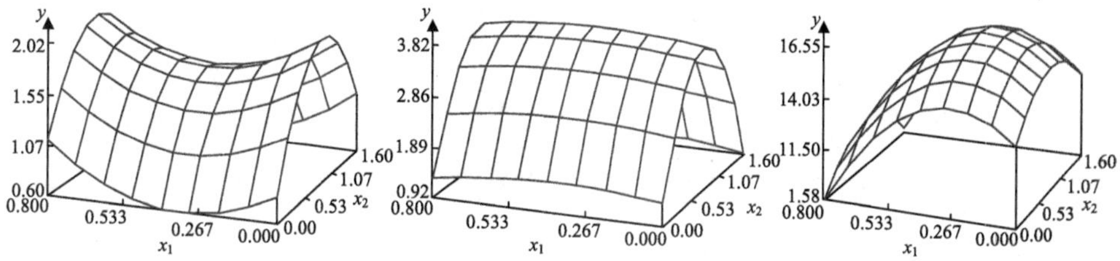

（a）施肥后 90d　（b）施肥后 180d　（c）施肥后 270d

图 2-8　氮磷根系追施下云南松苗木根生物量肥料效应曲面图

量随磷肥用量的增加而增加；达到最大值之后，根生物量随磷肥用量的增加反而呈下降趋势。

就施肥后 270d 的根生物量而言，根生物量反应曲面呈现出钟形曲面模式，即根生物量随氮磷肥用量的增加而增加；但达到一定量之后，氮磷肥用量的增加反而使根生物量下降。此外，根据施肥后 270d 的根生物量效应曲面图可知，反应曲面的顶点即为云南松苗木根生物量的最佳氮磷肥用量及配比。

（2）茎生物量积累对氮磷根系追施的响应

根据试验的不同组合，对其结果进行回归分析，最终每个测定时间的茎生物量均可得到 17 个二元二次方程。根据回归方程的相关系数、F 值及其显著性水平等因素，挑选出一个显著性水平较高的典型方程作为最优肥料效应方程，结果见表 2-7。从表中可以看出，施肥后 90d 和施肥后 180d 的云南松苗木茎生物量曲面方程的显著性水平分别为 0.010 和 0.008，说明施肥后 90d 和施肥后 180d 的云南松苗木茎生物量与氮磷肥用量之间均显著相关。施肥后 270d 的云南松苗木茎生物量曲面方程的显著性水平大于 0.05，由此表明，施肥后 270d 的云南松苗木茎生物量与氮磷肥用量之间无显著的相关关系，故不对施肥后 270d 的茎生物量进行后续分析。

表 2-7　氮磷根系追施下不同时间云南松苗木茎生物量曲面方程

施肥后时间/d	曲面方程	R^2	F	P
90	$y=1.414-3.369x_1+0.832x_2+4.959x_1^2-0.431x_2^2-0.465x_1x_2$	0.466	3.326	0.010
180	$y=1.508+0.327x_1+7.361x_2+1.325x_1^2-4.776x_2^2-0.123x_1x_2$	0.711	4.286	0.008

根据表 2-7 中的曲面方程，以不同时期的云南松苗木茎生物量为因变量，对应的氮磷肥用量为自变量得效应曲面图（图 2-9）。由图 2-9 可知，对施肥后 90d 的茎生物量而言，随着氮肥用量的增加，茎生物量先降低后升高，而磷肥用量对茎生物量的影响为：茎生物量存在一个最大值，在最大值出现之前，茎生物量随磷肥用量的增加而增加，在达到最大值之后，茎生物量随磷肥用量的增加反而出

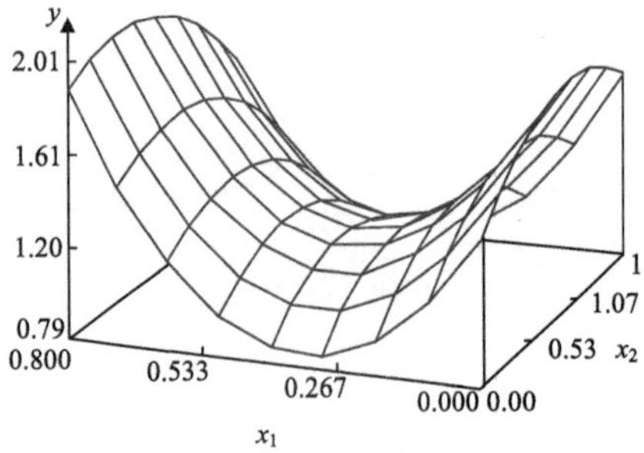

（a）施肥后 90d

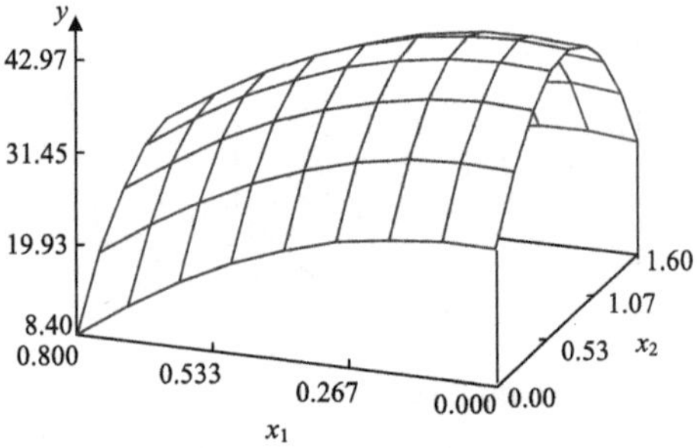

（b）施肥后 180d

图 2-9　氮磷根系追施下云南松苗木茎生物量肥料效应曲面图

现不断下降的趋势。

对施肥后 180d 的茎生物量而言，氮磷肥用量对茎生物量的影响不同。随着氮肥用量的增加，茎生物量呈下降趋势，而茎生物量随磷肥用量的增加呈抛物线变化趋势，即茎生物量存在一个最大值，在最大值出现之前，茎生物量随磷肥用量的增加而增加，达到最大值之后，茎生物量随磷肥用量的增加反而出现不断下降的趋势。

（3）叶生物量积累对氮磷根系追施的响应

根据试验的不同组合，对其结果进行回归分析，最终每个测定时间的叶生物量均可得到 17 个二元二次方程。根据回归方程的相关系数、F 值及其显著性水平等因素，挑选出一个显著性水平较高的典型方程作为最优肥料效应方程，结果见表 2-8。施肥后 90d 和施肥后 270d 的云南松苗木叶生物量曲面方程的显著性水平均大于 0.05，说明施肥后 90d 和施肥后 270d 的云南松苗木叶生物量与氮磷肥用量间均无显著相关，故不做进一步分析。施肥后 180d 云南松苗木叶生物量曲面方程的显著性水平为 0.018。由此表明，施肥后 180d 的云南松苗木叶生物量与氮磷用量之间存在显著的相关关系。

表 2-8　氮磷根系追施下不同时间云南松苗木叶生物量曲面方程

施肥后时间/d	曲面方程	R^2	F	P
180	$y=2.731-3.409x_1+5.781x_2+0.386x_1^2-3.532x_2^2-1.264x_1x_2$	0.687	3.58	0.018

根据表 2-8 中的曲面方程，以施肥后 180d 云南松苗木叶生物量为因变量，对应的氮磷肥用量为自变量得效应曲面图（图 2-10）。由图 2-10 可知，随着氮肥用量的增加，叶生物量呈下降趋势，而磷肥对叶生物量的影响则存在一个最大值，在最大值出现之前，叶生物量随磷肥用量的增加而增加，达到最大值之后，叶生物量随磷肥用量的增加反而出现不断下降的趋势。

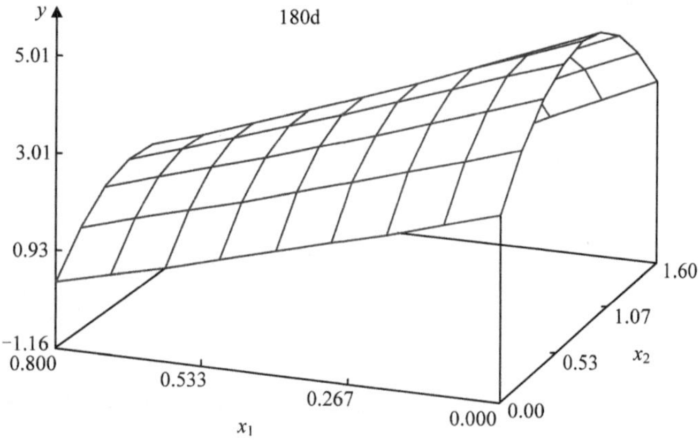

图 2-10　氮磷根系追施下云南松苗木叶生物量肥料效应曲面图

（4）萌条生物量积累对氮磷根系追施的响应

根据试验的不同组合，对其结果进行回归分析，最终每个测定时间的萌条生物量均可得到 17 个二元二次方程。根据回归方程的相关系数、F 值及其显著性水平等因素，挑选出一个显著性水平较高的典型方程作为最优肥料效应方程，结果见表 2-9。因施肥后 90d 的云南松苗木萌条生物量曲面方程的显著性水平大于 0.05，说明施肥后 90d 的云南松苗木萌条生物量与氮磷肥用量间均无显著相关，故不做进一步分析。施肥后 180d 和 270d 的云南松苗木萌条生物量曲面方程的显著性水平分别为 0.050 和 0.008，均等于或小于 0.05。由此表明，施肥后 180d 和 270d 的云南松苗木萌条生物量与氮磷用量之间存在显著的相关关系。

表 2-9　氮磷根系追施下不同时间云南松苗木萌条生物量曲面方程

施肥后时间/d	曲面方程	R^2	F	P
180	$y=1.580+8.720x_1+9.045x_2-12.922x_1^2-6.028x_2^2-1.295x_1x_2$	0.624	2.680	0.050
270	$y=3.169-23.029x_1+14.672x_2+38.603x_1^2-8.389x_2^2-1.322x_1x_2$	0.678	4.093	0.008

根据表 2-9 中的曲面方程，以施肥后 180d 的苗木萌条生物量为因变量，对应的氮磷肥用量为自变量做效应曲面图（图 2-11）。由图 2-11（a）可知，萌条生物量反应曲面呈现出抛物线变化趋势，即萌条生物量存在一个峰值。在达到峰值之前，萌条生物量随氮磷肥用量的增加而增加；达到峰值之后，萌条生物量则随氮磷肥用量的不断增加反而呈下降趋势。由此表明，就施肥后 180d 的云南松苗木的萌条生物量而言，氮磷肥有一个最佳用量，反应曲面的顶点即为此时萌条生物量的最佳氮磷肥用量及配比。

同样，根据表 2-9 中的曲面方程，以施肥后 270d 苗木的萌条生物量为因变量，对应的氮磷肥用量为自变量得效应曲面图。由图 2-11（b）可知，随着氮肥

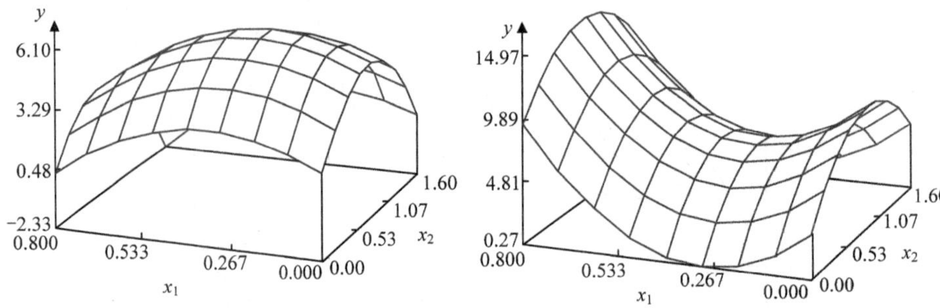

（a）施肥后 180d （b）施肥后 270d

图 2-11 氮磷根系追施下云南松苗木萌条生物量肥料效应曲面图

用量的增加，萌条生物量先降低后升高，而萌条生物量对磷肥用量的响应则呈抛物线变化趋势，即萌条生物量存在一个最大值，在最大值出现之前，萌条生物量随磷肥用量的增加而增加，达到最大值之后，萌条生物量随磷肥用量的增加反而出现不断下降的趋势。

2.3.2 生物量分配对氮磷根系追施响应的时空动态规律

1. 各器官生物量分配比对氮磷根系追施时间的响应规律

从图 2-12 可见，不同处理下各器官生物量分配比会随施肥后时间的推移有所变化。从根生物量分配比对氮磷根系追施时间的响应规律来看，处理 3 和处理 6 的根生物量分配比在施肥后 270d 显著高于施肥后 90d、180d（P<0.05），处理 9 在施肥后 180d 显著高于施肥后 90d，其余处理（处理 1、处理 2、处理 4、处理 5、处理 7、处理 8）的根生物量分配比在施肥后 90d、180d、270d 均没有显著差异（P>0.05）。

从茎生物量分配比对氮磷根系追施时间的响应规律来看，9 个处理的茎生物量分配比在施肥后 90d、180d、270d 均没有显著差异，随施肥后时间推移生物量分配比变化不大。

从叶生物量分配比对氮磷根系追施时间的响应规律来看，处理 1、处理 2、处理 9 的叶生物量分配比随施肥后时间的推移表现为先上升后下降的趋势，其中处理 1 和处理 9 在施肥后 90d、180d 均显著高于施肥后 270d，处理 2 在施肥后 180d 显著高于施肥后 90d 和 270d。处理 5、处理 6、处理 7 的叶生物量分配比随施肥后时间的推移表现为先下降后上升的趋势，其中处理 6 在施肥后 270d 显著高于施肥后 180d。其余处理（处理 3、处理 4、处理 8）随施肥后时间推移叶生物量分配比逐渐降低。

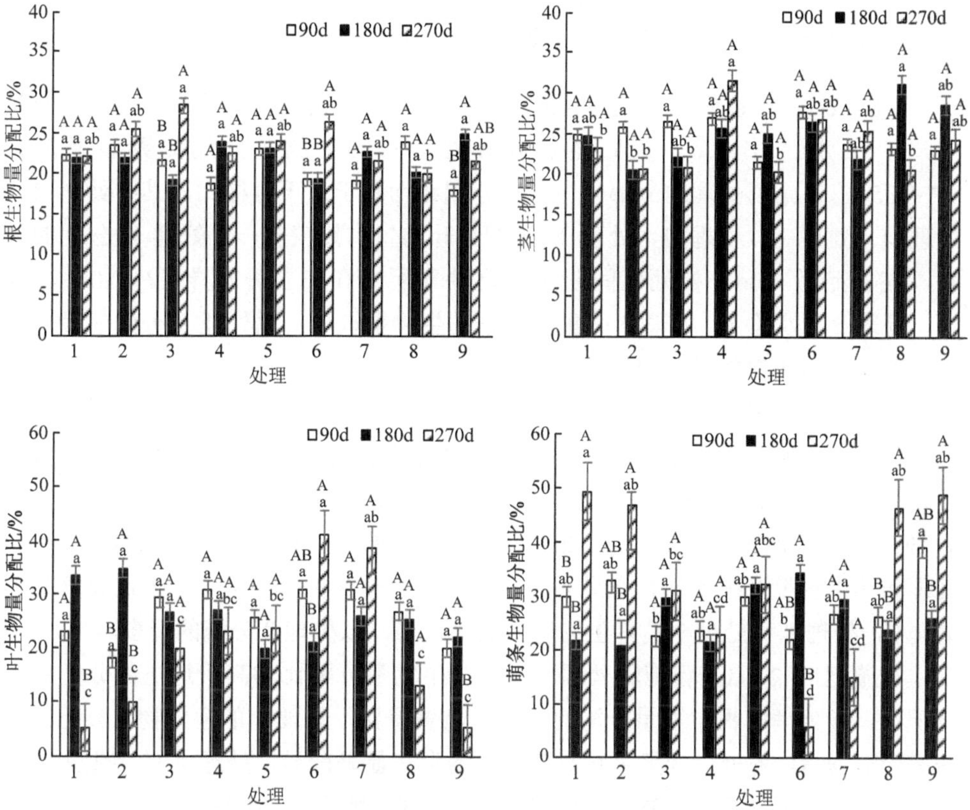

图 2-12　氮磷根系追施下施肥后不同时间云南松苗木各器官生物量的分配比

注：不同小写字母表示同一时间不同处理之间的差异显著（$P<0.05$），不同大写字母表示不同时间同一处理之间的差异显著（$P<0.05$）。

从萌条生物量分配比对氮磷根系追施时间的响应规律来看，处理 1、处理 2、处理 4、处理 8、处理 9 的萌条生物量分配比随施肥后时间的推移呈先下降后上升的趋势，其中处理 2 和处理 9 在施肥后 270d 均显著高于施肥后 180d，处理 1 和处理 8 在施肥后 270d 显著高于施肥后 180d、90d。处理 6 和处理 7 的萌条生物量分配比随施肥后时间的推移表现为先上升后下降的趋势，其中处理 6 在施肥后 180d 显著高于施肥后 270d。其余处理（处理 3、处理 5）随施肥后时间推移萌条生物量分配比变化不大，呈升高趋势。

总体上，不同处理下各器官生物量分配比随施肥后时间的推移有所变化，其中根和茎生物量分配比较为稳定，叶和萌条生物量分配比在不同施肥处理之间的变化规律并不一致，叶生物量分配比下降时，萌条生物量分配比有所上升。随着苗木的生长，地上部分生物量的分配比逐步增加，说明个体越小越倾向于把生物量分配到地下。

2. 氮磷根系追施对各器官生物量分配的影响

由图 2-12 可以看出，随着苗木的生长，施肥改变了苗木各器官生物量分配格局，在施肥后 90d，根、茎、叶各处理间的生物量分配比无显著差异（P>0.05），各施肥处理地上部分生物量分配比均高于地下分配比，其中处理 3、处理 4、处理 6、处理 7、处理 8 分配给叶的生物量较多，以处理 4 分配的最多。在施肥后 90d，各处理间萌条生物量分配比存在显著差异（P<0.05），其中，处理 2、处理 5、处理 9 分配给萌条的生物量较多，以处理 9 分配的最多，且处理 9 的萌条生物量分配比显著高于处理 3、处理 6。

在施肥后 180d，根、叶、萌条器官各处理间的生物量分配比均无显著差异，各氮磷施肥处理地上部分生物量分配比均高于地下部分生物量分配比，其中处理 1、处理 2、处理 4 的叶生物量分配比较多，以处理 2 分配的最多。处理 3、处理 5、处理 6、处理 7 的萌条生物量分配比较多，以处理 6 分配的最多。各处理间茎生物量分配比均存在显著差异，其中处理 8 的茎生物量分配比显著高于处理 2，处理 8 和处理 9 的茎生物量分配比较多，以处理 8 分配的最多。

在施肥后 270d，各施肥处理地上部分生物量分配比均高于地下部分生物量分配比，各处理间根生物量分配比均存在显著差异，处理 3 的根生物量分配比显著高于处理 8。各处理间茎生物量分配比均存在显著差异，处理 4 的茎生物量分配比最多，且显著高于处理 1、处理 2、处理 3、处理 5、处理 8。各处理间叶生物量分配比均存在显著差异，处理 6、处理 7 的叶生物量分配比较多，以处理 6 分配的最多，且分配比显著高于除处理 7 之外的其他处理。各处理间萌条生物量分配比均存在显著差异，处理 1、处理 2、处理 3、处理 5、处理 8、处理 9 萌条生物量分配比较多，且处理 1、处理 2、处理 8、处理 9 的萌条生物量分配比显著高于处理 4、处理 6、处理 7，以处理 1 分配的最多，其次是处理 9。

3. 各器官生物量分配比对氮磷根系追施的响应规律

（1）根生物量分配比对氮磷根系追施的响应

根据试验的不同组合，对 3 个测定时期云南松苗木的根生物量分配比进行回归分析，最终每个生长时期的根生物量分配比均可得到 17 个二元二次方程。根据回归方程的相关系数、F 值及其显著性水平等因素，挑选出一个显著性水平较高的典型方程作为最优肥料效应方程，结果见表 2-10。因施肥后 180d 的云南松苗木根生物量分配比曲面方程的显著性水平高于 0.05，说明施肥后 180d 的根生物量分配比与氮磷肥用量间无显著相关，故不做进一步分析。从表 2-10 中可以看出，施肥后 90d 和 270d 的云南松苗木根生物量分配比曲面方程的显著性水平分别为 0.015 和 0.040。由此表明，施肥后 90d 和 270d 的云南松苗木根生物量分配比与氮磷肥用量间均显著相关。

表 2-10　氮磷根系追施下不同时间云南松苗木根生物量分配比曲面方程

施肥后时间/d	曲面方程	R^2	F	P
90	y=20.590−10.079x_1+14.031x_2+11.462x_1^2−9.133x_2^2+0.537x_1x_2	0.453	3.094	0.015
270	y=22.208+5.228x_1+2.447x_2−11.950x_1^2+1.053x_2^2−6.590x_1x_2	0.501	2.611	0.040

根据表 2-10 中的曲面方程，分别以施肥后 90d、270d 的云南松苗木的根生物量分配比为因变量，对应的氮磷肥用量为自变量得到效应曲面图（图 2-13）。由图 2-13（a）可知，施肥后 90d 的云南松苗木根生物量分配比对氮肥用量的响应呈上开口的抛物线变化趋势，即随着氮肥用量的增加，根生物量分配比呈先下降后上升趋势，而根生物量分配比对磷肥用量的响应则呈下开口抛物线变化趋势，即根生物量分配比存在一个峰值，在峰值出现之前，根生物量分配比随磷肥用量的增加而增加，达到峰值之后，根生物量分配比随磷肥用量的增加反而出现不断下降的趋势。

由图 2-13（b）可知，施肥后 270d 的云南松苗木根生物量分配比对氮肥用量的响应则呈下开口抛物线变化趋势，即根生物量分配比随氮肥用量的增加先上升后下降，而根生物量分配比则随磷肥用量的增加呈上升趋势。

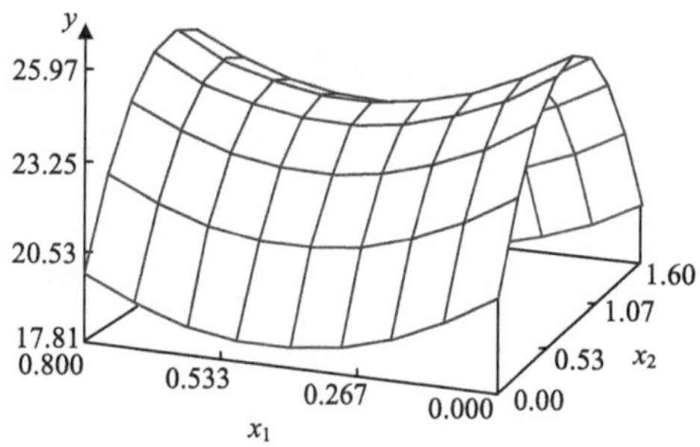

（a）施肥后 90d

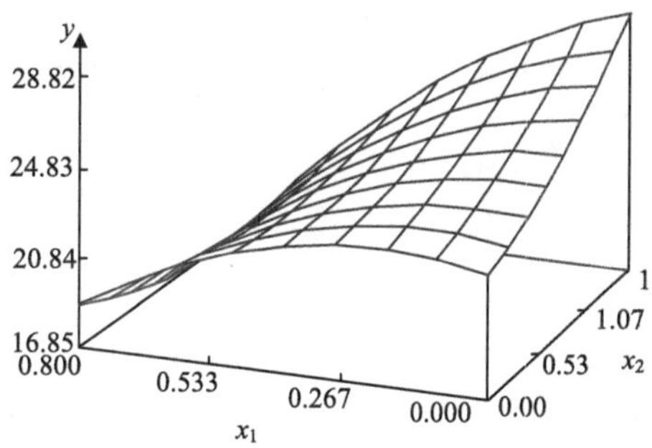

（b）施肥后 270d

图 2-13　氮磷根系追施下云南松苗木根生物量分配比对氮磷配施的效应曲面图

（2）茎生物量分配比对氮磷根系追施的响应

根据试验的不同组合，对 3 个测定时期云南松苗木的茎生物量分配比进行回归分析，最终每个生长时期的茎生物量分配比均可得到 17 个二元二次方程。根据回归方程的相关系数、F 值及其显著性水平等因素，挑选出一个显著性水平较高的典型方程作为最优肥料效应方程，结果见表 2-11。从表中可以看出，施肥后 90d、180d 和 270d 的云南松苗木茎生物量分配比曲面方程的显著性水平分别为

0.041、0.001 和 0.014。由此表明，施肥后 90d、180d 和 270d 的云南松苗木茎生物量分配比与氮磷肥用量之间均显著相关。

表 2-11　氮磷根系追施下不同时间云南松苗木茎生物量分配比曲面方程

施肥后时间/d	曲面方程	R^2	F	P
90	y=26.914+7.905x_1−5.190x_2−27.743x_1^2+5.374x_2^2−5.610x_1x_2	0.579	2.722	0.041
180	y=23.843+7.358x_1−3.778x_2−30.450x_1^2+0.711x_2^2+25.896x_1x_2	0.783	6.677	0.001
270	y=26.427+23.654x_1−21.021x_2−33.624x_1^2+10.996x_2^2+5.206x_1x_2	0.655	3.602	0.014

根据表 2-11 中的曲面方程，分别以施肥后 90d、180d 和 270d 云南松苗木的茎生物量分配比为因变量，对应的氮磷肥用量为自变量得到效应曲面图（图 2-14）。从施肥后 90d 的茎生物量分配比曲面图可以看出，云南松苗木茎生物量分配比随氮肥用量的增加不断降低，而随磷肥用量的增加逐步上升。

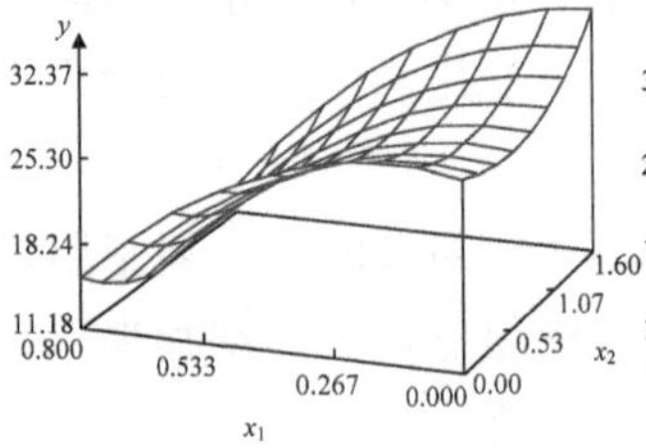

（a）施肥后 90d

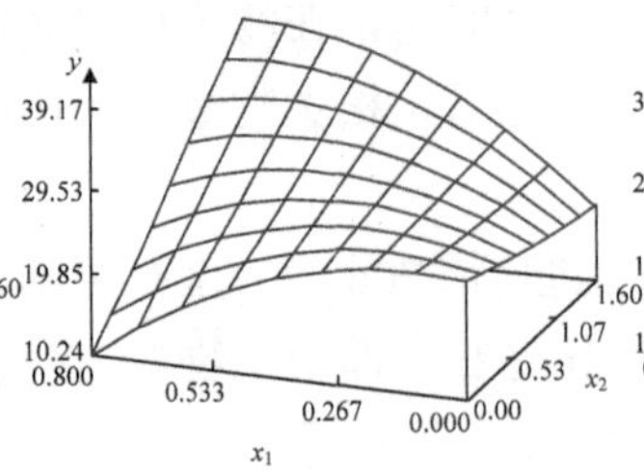

（b）施肥后 180d

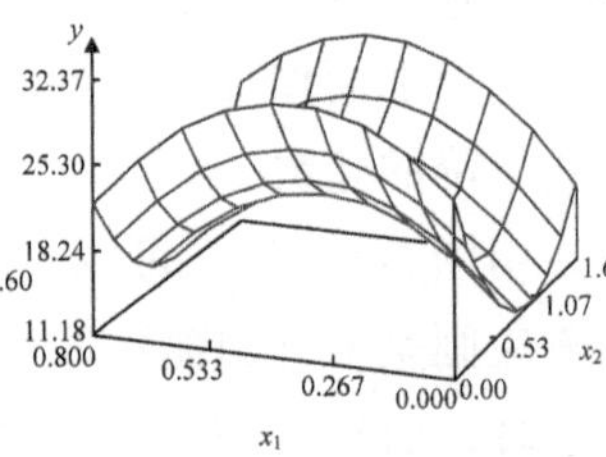

（c）施肥后 270d

图 2-14　氮磷根系追施下云南松苗木茎生物量分配比对氮磷配施的效应曲面图

从施肥后 180d 的茎生物量分配比曲面图可知，随着氮磷肥用量的增加，云南松苗木茎生物量分配比均呈下降趋势。

从施肥后 270d 茎生物量分配比的效应曲面图可知，茎生物量分配比对氮肥的响应呈下开口的抛物线变化趋势，茎生物量分配比存在一个峰值，在峰值出现之前，茎生物量分配比随氮肥用量的增加而增加，达到峰值之后，茎生物量分配比随氮肥用量的增加反而出现不断下降的趋势；茎生物量分配比对磷肥的响应则呈上开口变化趋势，即随磷肥用量的增加先下降后上升。

（3）叶生物量分配比对氮磷根系追施的响应

根据试验的不同组合，对 3 个测定时期云南松苗木的叶生物量分配比进行回归分析，最终每个生长时期的叶生物量分配比均可得到 17 个二元二次方程。根据回归方程的相关系数、F 值及其显著性水平等因素，挑选出一个显著性水平较高的典型方程作为最优肥料效应方程，结果见表 2-12。从表 2-12 中可以看出，施肥后 90d、180d 和 270d 的云南松苗木叶生物量分配比曲面方程的显著性水平为 0.002～0.030，均小于 0.05。由此表明，施肥后 90d、180d 和 270d 的云南松苗木叶生物量分配比与氮磷肥用量之间均显著相关。

表 2-12　氮磷根系追施下不同时间云南松苗木叶生物量分配比曲面方程

施肥后时间/d	曲面方程	R^2	F	P
90	$y=19.884+80.323x_1-17.716x_2-97.592x_1^2+15.481x_2^2-22.866x_1x_2$	0.436	2.809	0.024
180	$y=36.045-59.794x_1+9.039x_2+84.391x_1^2-6.910x_2^2-10.679x_1x_2$	0.471	2.738	0.030
270	$y=3.845+156.203x_1-0.565x_2-178.363x_1^2+8.776x_2^2-46.488x_1x_2$	0.671	4.912	0.002

根据表 2-12 中的曲面方程，分别以施肥后 90d、180d 和 270d 的云南松苗木的叶生物量分配比为因变量，对应的氮磷肥用量为自变量得到效应曲面图（图 2-15）。从图 2-15（a）中可以看出，施肥后 90d 的云南松苗木叶生物量分配比随氮磷肥用量的增加呈下降趋势。

从图 2-15（b）中可以看出，施肥后 180d 的云南松苗木叶生物量分配比对氮肥的响应呈上开口抛物线变化趋势，即随氮肥用量的不断增加，叶生物量分配比呈先降后升的变化规律；叶生物量分配比对磷肥的响应则与之相反，即叶生物量分配比随磷肥用量的增加呈现先上升后下降的变化趋势。

从图 2-15（c）中可以看出，施肥后 270d 的云南松苗木叶生物量分配比对氮肥用量的响应呈典型的下开口抛物线变化规律，即叶生物量分配比存在一个峰值。在峰值之前，叶生物量分配比随氮肥用量的增加而增加；达到峰值之后，叶生物量分配比则随氮肥用量的增加反而呈下降趋势。磷肥对施肥后 270d 的叶生物量分配比的影响表现为：随着磷肥用量的不断增加而增加。

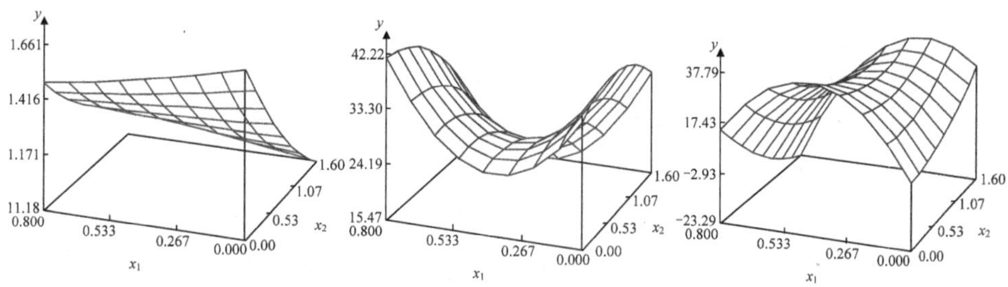

（a）施肥后 90d　（b）施肥后 180d　（c）施肥后 270d

图 2-15　氮磷根系追施下云南松苗木叶生物量分配比对氮磷配施的效应曲面图

（4）萌条生物量分配比对氮磷根系追施的响应

根据试验的不同组合，分别对施肥后 90d、180d 和 270d 的云南松苗木的萌条生物量分配比进行回归分析，最终每个生长时期的萌条生物量分配比均可得到 17 个二元二次方程。随后，根据回归方程的相关系数、F 值及其显著性水平等因素，挑选出一个显著性水平较高的典型方程作为最优肥料效应方程，结果见

表 2-13。从表中可以看出，施肥后 90d、180d 和 270d 的云南松苗木萌条生物量分配比曲面方程的显著性水平为 0～0.020，均小于 0.05。由此表明，施肥后 90d、180d 和 270d 的云南松苗木萌条生物量分配比与氮磷肥用量之间均存在显著性相关关系。

表 2-13 氮磷根系追施下不同时间云南松苗木萌条生物量分配比曲面方程

施肥后时间/d	曲面方程	R^2	F	P
90	y=32.985−73.422x_1+8.320x_2+92.672x_1^2−11.265x_2^2+32.810x_1x_2	0.500	3.989	0.003
180	y=17.990-44.016x_1+8.002x_2+102.972x_1^2+7.371x_2^2−30.852x_1x_2	0.670	3.424	0.020
270	y=54.735-184.470x_1+11.995x_2+211.793x_1^2−20.552x_2^2+55.889x_1x_2	0.795	8.246	0.000

根据表 2-13 中的曲面方程，分别以施肥后 90d、180d 和 270d 的云南松苗木的萌条生物量分配比为因变量，对应的氮磷肥用量为自变量得到效应曲面图（图 2-16）。从图 2-16（a）和（c）中可以看出，施肥后 90d 和 270d 的云南松苗木萌条生物量分配比对氮磷配施的响应呈现相同的变化规律，即萌条生物量分配比随着氮肥用量的增加呈现先下降后上升的变化趋势，而萌条生物量分配比随磷肥用量的增加呈先上升后下降的变化趋势。对施肥后 180d 萌条生物量分配比而言，萌条生物量分配比随着氮肥用量的增加呈先下降后上升的变化趋势，而磷肥用量对萌条生物量分配比的影响则是随磷肥用量的增加而呈上升趋势[图 2-16（b）]。

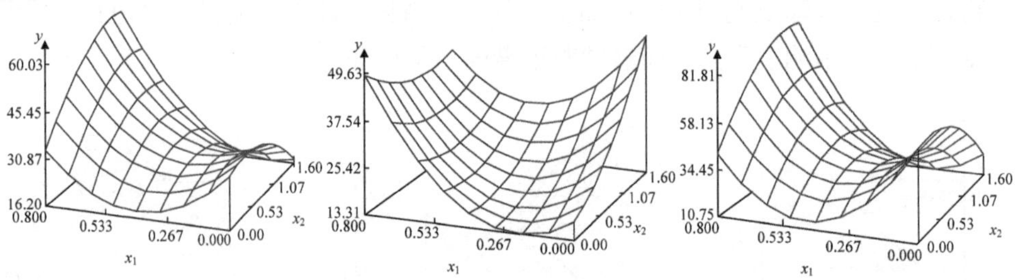

（a）施肥后 90d （b）施肥后 180d （c）施肥后 270d

图 2-16 氮磷根系追施下云南松苗木萌条生物量分配比对氮磷配施的效应曲面图

2.3.3 氮磷根系追施影响去顶后云南松苗木生物量异速生长

1. 各器官间生物量变异系数分析

以施肥后 90d 生物量进行变异分析，根据各器官生物量的变异系数分析可以看出（图 2-17），处理 1 各器官的变异系数均较低，处理 5 各器官的变异系数波动于 100%～120%，各器官间差异不明显；处理 2、处理 6 和处理 7 的变异系数较低且各器官间差异不明显；处理 3、处理 4、处理 8 和处理 9 各器官的变异系数差异明显。除处理 5 变异系数最大的是根生物量以外，达到 112.9%，其他处理的变异系数最大的均是萌条生物量，分别是 93.49%、91.12%、131.57%、182.51%、98.80%、72.67%、122.41%、151.88%。处理 1、处理 2、处理 3、处理 4 和处理 6 变异系数最小的是茎生物量，处理 7 和处理 9 变异系数最小的是根生物量，处理 5 和处理 8 变异系数最小的是地上部分生物量。不施肥处理的变异性较低，氮磷配施处理的变异性较高，说明云南松苗木去顶和氮磷配施处理之后生物量有着丰富的变异，变异程度较高，分化较为明显。

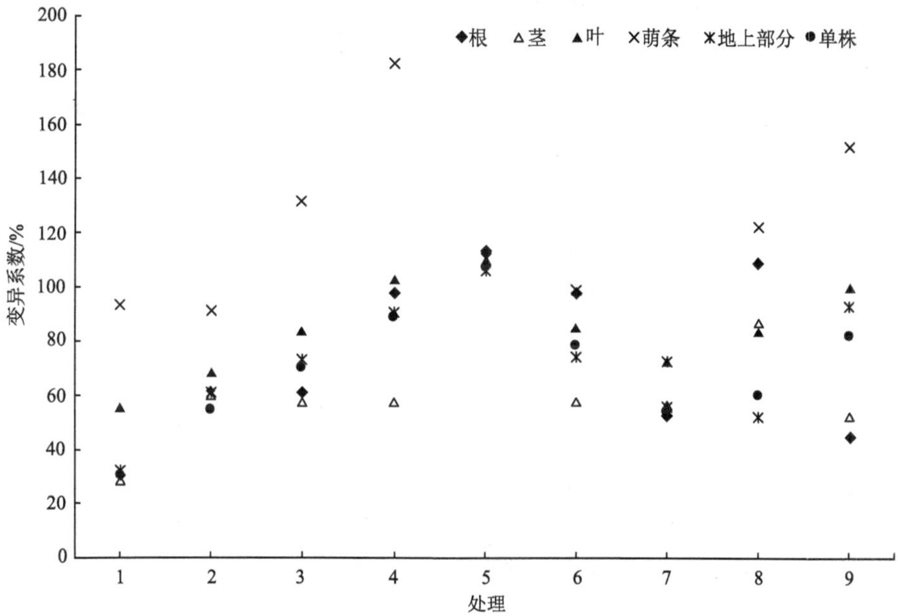

图 2-17　氮磷根系追施下云南松苗木施肥后 90d 生物量变异系数分析

2. 器官生物量与萌条生物量间的异速生长关系

由表 2-14 可知，不同处理间根生物量-萌条生物量、茎生物量-萌条生物量、叶生物量-萌条生物量、地上部分生物量-萌条生物量的异速生长指数差异不显著（P>0.05）。不同氮磷配施处理下，处理 1、处理 4、处理 6 和处理 8 的根生物量-萌条生物量为异速生长，且均小于 1.0，其他处理为等速生长，所有处理的根生物量积累速率要落后于萌条生物量积累速率。处理 2、处理 3 和处理 9 的茎生物量-萌条生物量为等速生长，其他处理为异速生长且均小于 1.0，即茎生物量积累速率要落后于萌条生物量积累速率。处理 1 和处理 8 的叶生物量-萌条生物量为异速生长，其他处理为等速生长。处理 2、处理 3、处理 5 和处理 9 的地上部分生物量-萌条生物量为等速生长，其他处理为异速生长。由此可知，根、茎与萌条生物量大多数为异速生长关系，萌条的生物量积累速率和生长速率更高，表明云南松苗木在去顶后使各器官的生物量进行了重新分配，加大了萌条生物量积累。

表 2-14 氮磷根系追施下云南松苗木各器官与萌条生物量之间的异速生长

参数	处理	斜率	$P_{-1.0}$	类型	参数	处理	斜率	$P_{-1.0}$	类型
根-萌条	1	0.497	0.006	A	茎-萌条	1	0.447	0.003	A
	2	0.685	0.124	I		2	0.700	0.259	I
	3	0.647	0.215	I		3	0.685	0.302	I
	4	0.441	0.005	A		4	0.362	0.001	A
	5	0.747	0.204	I		5	0.575	0.023	A
	6	0.444	0.006	A		6	0.401	0.000	A
	7	−0.897	0.736	I		7	0.432	0.003	A
	8	0.558	0.002	A		8	0.460	0.004	A
	9	0.945	0.746	I		9	0.825	0.446	I
叶-萌条	1	0.503	0.024	A	地上部分-萌条	1	0.507	0.001	A
	2	1.627	0.139	I		2	0.737	0.190	I
	3	0.985	0.966	I		3	0.657	0.242	I
	4	−0.511	0.074	I		4	0.426	0.002	A
	5	0.932	0.821	I		5	0.688	0.085	I
	6	−0.804	0.552	I		6	0.478	0.011	A
	7	−0.960	0.899	I		7	0.512	0.010	A
	8	0.483	0.037	A		8	0.480	0.001	A
	9	1.316	0.417	I		9	0.745	0.174	I

注：A 表示异速生长关系，I 表示等速生长关系。$P_{-1.0}$ 表示斜率与理论值 1.0 的差异显著性 P 值。下同。

3. 器官生物量与根生物量的异速生长关系

由表 2-15 可知，不同处理间茎生物量-根生物量、叶生物量-根生物量、萌条生物量-根生物量、地上部分生物量-根生物量差异不显著（P>0.05）。不同氮磷配施处理下，处理 4 和处理 7 茎生物量-根生物量为异速生长，且小于 1.0，表明茎生物量的积累速率要落后于地下部分生物量积累速率，其他处理均为等速生长。处理 2 叶生物量-根生物量为异速生长，且大于 1.0，其他处理均为等速生长，除处理 4 和处理 8 外，其他处理的叶生物量积累速率要快于根生物量积累速率。处理 1、处理 4、处理 6 和处理 8 萌条生物量-根生物量为异速生长，其他处理为等速生长且绝对值均大于 1.0，即萌条生物量积累速率要快于根生物量积累速率。所有处理地上部分生物量-根生物量为等速生长。由此可见，对于各器官生物量与根生物量间的生长关系，绝大多数处理表现为等速生长关系。

表 2-15　氮磷根系追施下云南松苗木各器官生物量与地下部分生物量的异速生长

参数	处理	斜率	$P_{-1.0}$	类型	参数	处理	斜率	$P_{-1.0}$	类型
茎-根	1	0.898	0.513	I	叶-根	1	1.011	0.950	I
	2	1.023	0.925	I		2	2.376	0.009	A
	3	1.059	0.781	I		3	1.521	0.089	I
	4	0.623	0.042	A		4	0.889	0.728	I
	5	0.770	0.084	I		5	1.247	0.481	I
	6	0.891	0.425	I		6	1.792	0.070	I
	7	−0.482	0.030	A		7	1.070	0.834	I
	8	0.820	0.299	I		8	0.853	0.574	I
	9	0.873	0.417	I		9	1.393	0.286	I
萌条-根	1	2.012	0.006	A	地上部分-根	1	1.019	0.887	I
	2	1.460	0.124	I		2	1.077	0.739	I
	3	1.545	0.215	I		3	1.015	0.907	I
	4	2.268	0.005	A		4	0.735	0.153	I
	5	1.339	0.204	I		5	0.921	0.710	I
	6	2.254	0.006	A		6	1.102	0.372	I
	7	−1.115	0.736	I		7	−0.570	0.090	I
	8	1.794	0.002	A		8	0.875	0.200	I
	9	1.058	0.746	I		9	0.788	0.087	I

4. 器官生物量与个体大小间的异速生长关系

由表 2-16 可知，不同处理间根生物量-单株生物量、茎生物量-单株生物量、叶生物量-单株生物量、萌条生物量-单株生物量、地上部分生物量-单株生物量的异速生长指数差异不显著（$P>0.05$）。不同氮磷配施处理下，处理 7 根生物量-单株生物量为异速生长，其他处理均为等速生长，除处理 6、处理 1 外，其他处理单株生物量的积累速率要慢于根生物量积累速率。茎生物量-单株生物量所有处理均为等速生长，其中处理 2、处理 3 和处理 9 的单株生物量的积累速率要慢于茎生物量积累速率。处理 2、处理 3 和处理 7 叶生物量-单株生物量为异速生长，其他处理表现为等速生长，除处理 8 外，其他处理叶生物量的积累速率要快于单株生物量积累速率。处理 1、处理 4、处理 6、处理 7 和处理 8 萌条生物量-单株生物量为异速生长，其他处理为等速生长，所有处理的萌条生物量的积累速率要快于单株生物量积累速率。所有处理地上部分生物量-单株生物量均为等速生长。由此可见，大多数处理萌条生物量的积累速率均要快于单株生物量的积累速率，表明去顶促进了萌条的生长。

表 2-16 氮磷根系追施下云南松苗木各器官生物量与个体大小的异速生长

参数	处理	斜率	$P_{-1.0}$	类型	参数	处理	斜率	$P_{-1.0}$	类型
	1	0.998	0.984	I		1	0.896	0.376	I
	2	1.005	0.981	I		2	1.027	0.895	I
	3	1.000	0.996	I		3	1.059	0.693	I
	4	1.350	0.116	I		4	0.841	0.107	I
根-单株	5	1.103	0.600	I	茎-单株	5	0.849	0.323	I
	6	0.933	0.439	I		6	0.831	0.295	I
	7	2.019	0.035	A		7	0.973	0.880	I
	8	1.116	0.167	I		8	0.915	0.581	I
	9	1.232	0.064	I		9	1.076	0.591	I
	1	1.009	0.960	I		1	2.007	0.001	A
	2	2.387	0.002	A		2	1.467	0.098	I
	3	1.522	0.021	A		3	1.546	0.223	I
	4	1.199	0.578	I		4	2.357	0.002	A
叶-单株	5	1.375	0.183	I	萌条-单株	5	1.476	0.059	I
	6	1.671	0.081	I		6	2.141	0.009	A
	7	2.161	0.011	A		7	2.251	0.003	A
	8	0.952	0.849	I		8	2.027	0.001	A
	9	1.717	0.056	I		9	1.304	0.197	I
	1	1.017	0.574	I					
	2	1.082	0.101	I					
	3	1.016	0.608	I					
	4	0.992	0.806	I					
地上部分-单株	5	1.015	0.757	I					
	6	1.028	0.163	I					
	7	1.152	0.067	I					
	8	0.977	0.370	I					
	9	0.971	0.311	I					

2.3.4 萌蘖能力与生物量投资、分配的关系

1. 萌蘖能力与生物量投资的关系

由表 2-17 可知，施肥后 90d，萌条数量、潜在萌条数、有效萌条数、萌条基径、萌条生物量与根生物量积累呈极显著或显著的正相关，与茎生物量积累也具有正相关关系；叶生物量积累与潜在萌条数、有效萌条数、萌条基径、萌条生物量之间也为正相关关系，但与萌条数量之间则为负相关关系，且这一现象一直持

表 2-17　氮磷根系追施下云南松苗木萌蘖能力与各器官生物量的相关性分析

萌蘖能力	施肥后 90d				施肥后 180d				施肥后 270d			
	根	茎	叶	萌条	根	茎	叶	萌条	根	茎	叶	萌条
萌条数量	0.422**	0.322**	−0.126	0.682**	0.048	0.069	−0.278	0.462**	−0.015	0.010	−0.358*	0.433**
潜在萌条数	0.284**	0.290**	0.030	0.609**	0.524**	0.527**	0.038	0.834**	0.254	0.300*	−0.099	0.542**
有效萌条数	0.229*	0.123	0.198*	0.424**	0.437**	0.317**	0.050	0.795**	0.291	0.461**	−0.115	0.671**
萌条基径	0.362**	0.348**	0.111	0.553**	0.464**	0.397**	0.368**	0.397**	0.407**	0.359*	−0.016	0.442**
萌条生物量	0.670**	0.549**	0.095	1.000	0.649**	0.583**	0.136	1.000	0.624**	0.732**	−0.143	1.000

** 表示在 0.01 水平上显著相关；* 表示在 0.05 水平上显著相关。下同。

续到施肥后 180d。由此表明，随着根和茎生物量投资的增加，去顶后云南松苗木的萌蘖能力增强，但叶生物量投资的增加使去顶后云南松苗木的萌蘖能力有所下降。

施肥后 270d，根生物量积累与萌条数量为负相关关系，与潜在萌条数、有效萌条数、萌条基径、萌条生物量间均为正相关关系；茎生物量积累与萌条数量、潜在萌条数、有效萌条数、萌条基径、萌条生物量间均为正相关关系，而叶生物量积累与萌条数量、潜在萌条数、有效萌条数、萌条基径、萌条生物量间均为负相关关系。由此表明，随着根生物量投资的增加，虽萌条数量有所下降但其萌条生长较好；随茎生物量投资的增加，萌蘖能力增强；随叶生物量投资的增加，萌蘖能力有所下降。

2. 萌蘖能力与生物量分配的关系

由表 2-18 可知，施肥后 90d，根生物量分配比与萌条数量间为正相关关系，而与潜在萌条数、有效萌条数、萌条基径、萌条生物量之间均为负相关关系；萌条数量、潜在萌条数、有效萌条数、萌条基径、萌条生物量与茎生物量分配比和叶生物量分配比之间均为极显著负相关或负相关关系。由此表明，随着根生物量分配比的增加，萌条数增加；随着茎、叶生物量分配比的增加，萌蘖能力下降。

施肥后 180d，萌条数量、潜在萌条数、有效萌条数、萌条基径、萌条生物量与根、茎、叶生物量分配比均为负相关关系。由此表明，随着根、茎、叶生物量分配比的增加，萌蘖能力下降。

施肥后 270d，根生物量分配比与萌条数量、潜在萌条数、有效萌条数、萌条生物量之间均为负相关关系，与萌条基径为正相关关系；萌条数量、潜在萌条数、有效萌条数、萌条基径、萌条生物量与茎生物量分配比、叶生物量分配比均为负相关关系。由此表明，随着根生物量分配比的增加，萌条基径增大；随着茎、叶生物量分配比的增加，萌蘖能力下降。

表 2-18 氮磷根系追施下云南松苗木萌蘖能力与各器官生物量分配比的相关性分析

萌蘖能力	施肥后 90d				施肥后 180d				施肥后 270d			
	根	茎	叶	萌条	根	茎	叶	萌条	根	茎	叶	萌条
萌条数量	0.124	−0.282	−0.637**	0.730**	−0.246*	−0.213	−0.542**	0.712**	−0.312*	−0.276	−0.577**	0.685**
潜在萌条数	−0.098	−0.250*	−0.323**	0.482**	−0.113	−0.287**	−0.498**	0.652**	−0.060	−0.271	−0.412**	0.469**
有效萌条数	−0.083	−0.298**	−0.054	0.223*	−0.122	−0.318**	−0.286**	0.478**	−0.258	−0.290	−0.249	0.384**
萌条基径	−0.086	−0.304**	−0.332**	0.510**	−0.031	−0.401**	−0.063	0.276*	0.216	−0.472**	−0.251	0.315*
萌条生物量	−0.051	−0.435**	−0.482**	0.716**	−0.160	−0.429**	−0.446**	0.701**	−0.107	−0.460**	−0.450**	0.575**

2.4 氮磷根系追施对云南松苗木去顶萌蘖生长及其生物量特征的影响

2.4.1 氮磷根系追施对云南松苗木萌蘖数量与萌条生长的影响

去顶后，植物地上部分生物量大量损失，此时植物可通过萌蘖方式从干扰破坏中快速恢复（陈沐 等，2007）。本章试验发现，氮磷配施后云南松苗木的累计萌条数量均符合逻辑斯谛增长过程。在沙棘中，平茬后的萌蘖出生和萌蘖生长也符合逻辑斯谛增长过程（聂恺宏 等，2018），这与在云南松中观察到的现象一致。不同的是沙棘平茬后，萌条在初期增长很快，7 月中旬达到最大值，之后缓慢下降，至 9 月中旬萌条数量不再发生变化而达稳定值，其年生长过程是一条非对称型的单峰曲线（胡建忠，1991）。但是云南松苗木去顶后，月萌条数量随时间的推移呈双峰曲线，去顶后云南松苗木第一次萌蘖出生主要集中在 4～6 月，4 月萌蘖出生达到高峰，6 月急剧下降并趋向于 0；到 8～9 月又出现第二次萌蘖出生，而第二次萌蘖出生高峰因氮磷用量不同有所差异。此外，去顶后云南松苗木年生长节律等间歇性生长特征，还可能是受到气象因子季节性变化的影响（胡建忠，1991）。因此，去顶后云南松苗木的萌蘖出生和生长主要与植物自身特性有关。

关于木本植物的萌蘖机理，朱万泽等（2007）提出了 6 种假说，即生物地理假说、生境假说、营养假说、干扰假说、资源分配假说和激素调控假说。其中，生境假说认为：树木的生长环境影响萌蘖更新的能力。同时，营养假说中也提到，树木萌蘖更新的能力和萌蘖枝的生长与母株根系和周围土壤储存的营养状况相关（冯辉 等，2011）。长期以来，施肥被认为是提高土壤营养最直接的措施（杨珍平 等，2010）。本章试验发现，氮磷配施能在一定程度上增加去顶后云南松苗木的萌蘖数量。这一结果从侧面证实苗木的萌蘖与土壤的营养状况有关。随着施肥时间的推移，去顶后云南松苗木的累计萌条数量对氮磷肥用量的响应有所差别。施肥后氮肥开始发挥作用且对萌条数量的影响可持续到施肥后 270d，但磷肥则在施肥前期（施肥后 30d）对萌条数量的影响效果甚微，直到施肥后 60d 才开始发挥，出现这一现象的原因可能是由于不同种类肥料的肥效期不同（刘芳等，2017）。

本章试验发现去顶后云南松苗木的累计萌条数量受氮磷肥用量的影响。在第二次萌蘖完成后，去顶后云南松苗木的累计萌条数量均随氮肥用量的增加呈下开口的抛物线，即随着氮肥用量的增加，去顶后云南松苗木萌蘖能力增强。这有利于去顶后云南松苗木的迅速恢复，但当氮肥用量超过某一范围时，过量的氮肥就会成为植物生长的限制因子，此后氮肥用量的增加反而抑制去顶后云南松苗木的萌蘖生长。这一研究结果符合谢尔福德耐性定律（李博，2002）。此时云南松苗木的累计萌条数量随磷肥用量的增加而呈上升趋势，且这一变化规律并不随施肥时间的推移而变化。

2.4.2　氮磷根系追施对云南松苗木生物量的影响

植物各器官生物量的动态是植物与环境因素共同作用的结果。它既反映了植物对环境条件的适应能力和生长发育规律，也反映了环境条件对植物种群影响程度（张文辉　等，2003）。通常，低磷胁迫常导致植物生物量的降低，一般情况下，当磷供应不足时，苗木生物量的分配倾向于地下部分；但在高度缺磷土壤中，其根生物量的积累也会受到影响（吴楚　等，2004）。本章试验中，处理 1、处理 4 和处理 7（低磷处理）苗木的根生物量随施肥时间的推移先上升后下降，其余处理（中磷和高磷处理）苗木根生物量的积累均随施肥时间的推移而逐渐增多。出现这种现象可能是：低磷胁迫下，随着苗木的生长，土壤逐渐变为高度缺磷土壤，因此根生物量会下降。中磷或高磷处理由于土壤磷的添加可使苗木正常生长。本章试验中，除个别处理外，大部分处理苗木的根、茎、叶和萌条生物量动态趋势基本一致，各器官生物量积累均随施肥时间的推移而逐渐增多。说明去顶后云南松苗木各器官的生物量积累是协调的，一个器官的旺盛生长必然会带动其他器官生物量的积累。

氮磷作为植物生长和发育中非常重要的营养元素，它们的供应状况直接影响植物的光合作用，进而影响植物生物量的积累（范志强　等，2004；吴楚　等，2004）。本章试验中，施肥后 180d（第二次萌蘖出生完成）萌条生物量与氮磷肥用量的反应曲面为典型的单峰曲面，即此时萌条生物量存在一个产量峰值。峰值之前，萌条生物量随氮磷用量的增加而增加；峰值之后，萌条生物量随氮磷用量的增加而减少。可见去顶云南松苗木萌条的生长对氮磷用量具有一定的忍耐度，氮磷用量在忍耐度以内促进萌条生长，超过忍耐度则抑制萌条生长，这一研究结果符合谢尔福德耐性定律（李博，2002）。但此时，氮磷用量对其他器官生物量积累的影响有所差别，其中根、茎、叶等器官生物量随磷肥用量的增加呈先升后降的规律，而氮肥用量对根生物量影响不大，而对茎和叶生物量积累则为抑制作用。综合来看，在一定范围内，磷肥用量的增加加大了去顶后云南松苗木根、茎、叶和萌条各器官生物量的积累，但此时氮肥用量的增加则促进了萌条生物量积累，促进了萌条生长，而抑制了茎和叶的生长。

植物在不同环境条件下的资源分配格局反映了植物发育对环境的响应规律和资源分配对策（Schmid，1990；Smith，1998）。本章试验发现，第一次萌蘖完成后（施肥后 90d），去顶后云南松苗木根和萌条生物量分配比均随氮肥用量的增加呈先下降后上升的趋势，随磷肥用量增加则呈先上升后下降的趋势，而此时茎、叶分配比则不同，其中茎分配比随氮肥用量的增加而降低、随磷肥用量的增加而增加，同样磷肥对叶分配比的影响与茎一样，氮肥影响则较小。可见去顶后云南松苗木资源的分配受氮磷肥用量的影响，且氮磷肥用量对根和萌条生物量分配比的调控作用相对一致。出现这一现象的原因可能是：萌蘖植物在地上部分受到干扰（去顶）折断后会迅速利用根部的资源进行恢复更新（Bell and Ojeda，1999），因而根部资源的储存量往往影响着植物的萌蘖能力。

苗木在地上部分损失后，可通过萌蘖方式逐渐恢复生长。在其萌蘖更新过程中生长、繁殖、防御等各种机能之间在有限的资源分配上始终存在着权衡，即对某一生命过程投入的增加要以减少对另一生命过程的投入为代价（冯丽 等，2009）。因此，平茬后苗木的萌蘖更新伴随着各构件之间生物投资与分配的调整（李甜江 等，2011）。本章试验表明，在萌蘖出生、生长阶段，随着根、茎生物量投资的增加，萌蘖能力有所提高；但随着叶生物量投资的增加，萌蘖能力有所下降。这是由于苗木平茬后，需要通过根吸收养分，茎输送养分以利于萌条的生长，但叶的功能逐渐被萌条所代替，因此投资给叶的生物量有所下降。此外，本章试验还发现，云南松苗木去顶后，为了生存首先侧重于根系的生长，以获得更多的水分与养分用于萌蘖更新，而在后期生长过程中，苗木通过减少根、茎生物量分配比，特别是叶生物量的分配比而将更多的养分分配给萌条。这一种分配策略有利于提高对苗木光的吸收和利用，从而使其能适应外界环境。

综上所述，萌蘖出生后，萌条的生长对氮磷用量具有一定的忍耐度，氮磷用量在忍耐度以内促进萌条生长，超过忍耐度则抑制萌条生长。去顶后云南松苗木萌条的生长是通过对其资源分配策略的调整来进行的。去顶后的云南松苗木采取根和茎高比例的养分投资、叶低比例的养分投资方式以利于萌条的出生和生长，且需要更多的养分分配给根以利于萌蘖的发生，随后则将养分优先投资及分配给萌条，以利于萌条的快速生长。因此，去顶后云南松苗木的萌蘖出生、生长对氮磷肥的响应伴随着自身分配策略的调整。

2.4.3 氮磷根系追施对云南松苗木生物量相对生长关系的影响

施肥作为苗木促成培育的一种常用措施，是以苗木对养分的需要为基础，促进苗木的生长并提高苗木品质，但过量施肥会影响幼苗生长（杨腾，2014）。本章试验中，氮磷配施处理的去顶后苗木生物量有着丰富的变异，不施肥处理的变异性较低，单施氮肥和单施磷肥处理变异居中。变异系数的大小反映植物的变异程度，变异系数越大，表明该性状可被利用的改良潜力越大（贾晨 等，2014；Wang et al.，2018）。氮磷配施处理对器官和个体的变异性较高，变异程度较高，分化较为明显，并且去顶能够促进萌条的生长，提高了萌条的萌蘖能力。

苗木的根、茎、叶、萌条都有特定的功能，根有锚地及养分和水分的吸收作用，茎有机械支撑和水力学疏导路径的作用，叶和萌条主要是有固定 CO_2 并合成光合产物的作用，其各器官生长快慢受植株种类、大小、水分、年龄、温度及光照等因素的影响，以异速生长的形式表现出来，是维持其生长发育的一个生活史对策（王丹 等，2022）。云南松灵活的生长对策反映了其资源利用策略、能量物质投入的差异，是云南松对资源可利用水平与竞争胁迫生境的塑性适应（李钰 等，2013）。异速生长关系是指生物体的某些生物学特征（如个体形态指标）与个体大小（如质量）之间的幂函数关系（Niklas，2004）。异速生长能够揭示某物种部分与整体间或各器官间的差异和对比关系，能更好地了解物种在资源分配的外观可塑性和表型可塑性，进一步揭示其适应机制（李钰 等，2013；陈国鹏 等，2016）。

本章对不同氮磷配施处理云南松各器官生物量与萌条生物量间、各器官生物量与地下部分生物量间，以及各器官生物量与单株大小间的异速生长关系研究发现，根-萌条生物量存在显著关系，不同氮磷配施处理中各器官与萌条生物量间既有异速生长关系，也有等速生长关系。各器官生物量与地下部分生物量间及与单株生物量间也有同样情况，表明不同氮磷配施处理对云南松苗木生物量来源于各器官、各器官与地下部分生物量及与单株生物量之间不同的相对生长速率，这与生态代谢理论有所不同。生态代谢理论认为，植物地上部分生物量、地下部分生物量均表现为异速生长关系，叶-地上部分生物量也表现为异速生长关系（Geoffrey et al.，1997；Niklas，2004）。

本章试验中，地上部分生物量、地下部分生物量间除了处理 8 和处理 9 是异速生长关系，其余均是等速生长；地上部分生物量-单株生物量间均是等速生长关系；叶-萌条生物量间（除处理 1 和处理 8）均呈等速生长关系，茎-单株生物量间均呈等速生长关系，其余器官表现为异速生长关系或等速生长关系。生态代谢理论预测非木本植物或缺乏次生组织的小个体木本植物，根、茎、叶与萌条生物量间，各器官与单株生物量间均为等速生长关系，本章中有一部分生长关系也出现了等速生长关系。原因是对于小个体植物来说，除叶外，茎也含有叶绿体，也可以固定 CO_2，不同组织和器官的代谢速率不同，光合速率可能随着资源分配和苗龄发生变化。光合组织不仅限于叶片，因此背离了等速生长关系（马玉珠，2015）。这也可能是因为云南松苗木在去顶后进行不同比例施肥，致使其各器官生物量之间的异速生长关系也出现了不同情况。平茬萌蘖对各器官生物量投资与分配进行了重新调节是其生态适应对策之一，对种群稳定性和持久性的维持起着极其重要的作用（李甜江 等，2011）。这与范高华等（2017）通过调整种群密度使沙米生长出现不同异速生长关系的研究结果一致，也与郭子武等（2020）从不同坡位毛竹林下黄花远志改变各器官间的异速生长关系的研究结果相似。表明在不同环境下，植物器官间或器官与个体间不一定存在恒定的异速生长指数，也会根据环境做出不同的反应，具有不同的可塑性（张洪轩，2008；闫帮国 等，2016）。

第 3 章　云南松苗木去顶萌蘖生长对氮磷根系追施的内源响应

3.1　研究地概况与研究方法

3.1.1　研究地概况

研究地概况同 2.1.1。

3.1.2　研究材料

研究材料同 2.1.2。

3.1.3　试验设计与田间排列

试验设计与田间排列同 2.1.3。

3.1.4　指标测定

1. 营养元素测定

试验布设后 90d、180d 和 270d 各取样一次，每个处理随机选取 3 株，设置 3 次重复共 12 株苗，用于营养元素氮、磷、钾的测定，其测定方法如下：

将样品按根、茎、叶、萌条分别烘干后，用 H_2SO_4-H_2O_2 法进行消煮制备待测液。氮、磷含量采用全自动间断化学分析仪 Smartchem200（法国 Alliance）进行测定，钾含量采用火焰分光光度计测定（张志龙，2020）。

2. 转录组测序分析

（1）取样和测序

根据去顶后云南松苗木的萌蘖状况，于试验布设后 30d，分别以萌蘖数量较多、萌蘖数量较少的两组处理进行转录组测序取样（图 3-1），取样部位为去顶后萌蘖的嫩芽。取样后，立即装入标记好的采样管中，并迅速放入液氮中速冻。每个处理 3 次生物学重复，取样完成后，带回实验室，备用。转录组测序由广州基迪奥生物科技有限公司负责完成，所用高通量测序平台为 Illumina HiSeq 4000。

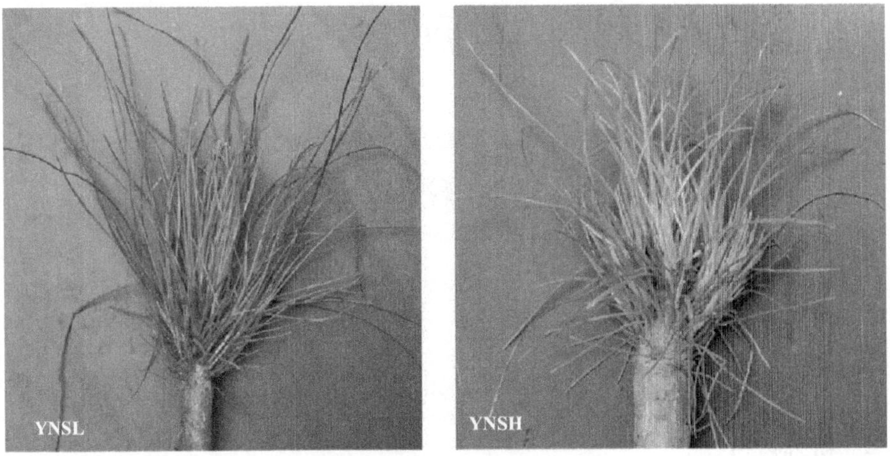

图 3-1 去顶后的云南松苗木

注：YNSL（Yunnan pine sprouts in low groups，云南松萌条少）代表萌条较少的一组；YNSH（Yunnan pine sprouts in high groups，云南松萌条多）代表萌条较多的一组。

（2）组装和注释

获得原始数据后，去除含接头（adaptor）的读长（reads），去除 N 的比例大于 10%的 reads，去除低质量 reads（质量值 Q≤5 的碱基数占整个 reads 的 50%以上），获得清除读长（clean reads），利用转录组拼接软件 Trinity 进行从头组装，k-mer 设置为 25。然后，将组装成功获得的非重复序列（Unigene），通过 Blastx 将 Unigene 比对到蛋白数据库 Nr（non-redundant protein sequence database，非冗余蛋白数据库）、Swiss-Prot（Swiss-prot protein sequence database，瑞士日内瓦大学蛋白序列数据库）、KEGG（Kyoto encyclopedia of genes and genomes，京都基因和基因组数据库）和 KOG（cluster of orthologous groups of proteins，蛋白直系同源数据库），其中 E 值（E-value）小于 1×10^{-5}，得到跟给定 Unigene 具有最高序列相似性的蛋白，从而得到该 Unigene 的蛋白功能注释信息。

（3）差异基因筛选及分析

采用 R 语言的软件包 edgeR 来处理 RNA-seq 数据，分析成对样本之间的差异显著性。将错误发现率（false discovery rate，FDR）<0.05 且 $|\log_2FC|>1$（FC 为倍数变化，fold change）的基因定义为差异基因，然后对差异表达基因进行 GO（gene ontology，基因本体论）、KEGG 富集分析。同时，根据注释结果，分析挖掘与萌蘖相关的通路及其差异基因。热图制作使用 R 语言的 pheatmap 包进行绘制。

3.1.5　数据分析

异速生长方程采用幂函数 $y=\beta x^{\alpha}$，其中，x、y 为生物属性，β 是标准化常数，α 是异速生长指数或相对生长指数。线性转化为 $\lg y=\lg\beta+\alpha\lg x$（李鑫 等，2019），采用标准主轴回归分析（standardized major axis，SMA）获取云南松不同器官相关指标间异速生长方程的参数估计（黄迎新 等，2015）。计算异速生长方程的斜率 α，并比较斜率之间及各斜率与 1.0 的差异性（林华 等，2017）。

采用 Excel 2010 对试验数据统计、整理。利用 SPSS 20.0 分析软件进行方差分析、多重比较和相关性分析等。

3.2　云南松苗木萌蘖能力响应氮磷根系追施的营养元素分配规律

3.2.1　营养元素含量对氮磷根系追施的响应规律

1. 氮磷根系追施后云南松各器官 N、P、K 含量变异来源

（1）氮磷根系追施 90d 后云南松各器官 N、P、K 含量变异来源

从表 3-1 可以看出，施肥后 90d，除了云南松根中 P 含量在氮肥和磷肥、K 含量在磷肥中差异不显著，叶中 P 含量在磷肥下无显著差异，萌条 N 含量在磷肥中无显著差异外，其余含量均有显著差异。茎中 N、P、K 含量在氮肥、磷肥及 N×P 交互作用下均存在显著差异。根中 N、K 变异来源显著性大小分别为：P>N>N×P、N>N×P>P。茎中 N、P、K 的显著性大小分别为：P>N×P>N、N>P>N×P、P>N×P>N。叶中 N、P、K 的显著性大小分别为：N×P>N>P、N>N×P>P、N>N×P>P。萌条中 N、P、K 的显著性大小分别为：N×P>N>P、N>N×P>P、N>P> N×P。

表 3-1　氮磷根系追施 90d 后云南松苗木各器官 N、P、K 含量变异来源分析

器官	变异来源	自由度	N		P		K	
			F	*P*	*F*	*P*	*F*	*P*
根	N	2	12.058	0.000	2.373	0.122	182.362	0.000
	P	2	18.444	0.000	1.373	0.279	1.787	0.196
	N×P	4	8.962	0.000	5.338	0.005	22.340	0.000
茎	N	2	5.202	0.016	12.791	0.000	9.862	0.001
	P	2	47.173	0.000	10.948	0.001	24.301	0.000
	N×P	4	32.944	0.000	9.765	0.000	12.276	0.000

续表

器官	变异来源	自由度	N		P		K	
			F	*P*	*F*	*P*	*F*	*P*
叶	N	2	5.876	0.011	26.360	0.000	48.858	0.000
	P	2	4.419	0.027	3.018	0.074	6.694	0.007
	N×P	4	16.284	0.000	9.972	0.000	11.587	0.000
萌条	N	2	7.218	0.005	61.876	0.000	55.351	0.000
	P	2	1.258	0.308	22.173	0.000	13.635	0.000
	N×P	4	10.813	0.000	27.017	0.000	3.412	0.030

注：N×P 表示氮肥和磷肥的交互作用，表中 P<0.05 为差异显著，P<0.01 为差异极显著。下同。

（2）氮磷根系追施 180d 后云南松各器官 N、P、K 含量变异来源

从表 3-2 可以看出，施肥后 180d，云南松各器官的 N、P、K 含量的变异来源均不相同。云南松根中 P 含量、K 含量在氮肥和磷肥中均无显著差异。茎中 N 含量在氮肥和磷肥中、P 含量在氮肥、N×P 交互下均无显著差异。叶中 N 含量在氮肥和磷肥中、P 含量在氮肥中均无显著差异。萌条中 N 含量在氮肥和磷肥中、P 含量在所有变异源中均无显著差异。此外，根中 N 含量在所有变异源下的显著性大小为：N>N×P>P。茎中 K 含量的显著性大小为：N×P>N>P。叶中 P、K 含量显著性大小分别为：N×P>P>N、N>N×P>P。萌条中 K 含量的显著性大小为：N>P>N×P。

表 3-2 氮磷根系追施下 180d 后云南松苗木各器官 N、P、K 含量变异来源分析

器官	变异来源	自由度	N		P		K	
			F	*P*	*F*	*P*	*F*	*P*
根	N	2	13.467	0.000	0.955	0.404	0.741	0.490
	P	2	8.197	0.003	0.669	0.524	3.020	0.074
	N×P	4	12.851	0.000	3.239	0.036	14.690	0.000
茎	N	2	2.626	0.100	3.290	0.061	49.824	0.000
	P	2	0.801	0.464	5.743	0.012	11.662	0.001
	N×P	4	7.388	0.001	1.170	0.357	69.279	0.000
叶	N	2	3.560	0.050	2.257	0.133	121.544	0.000
	P	2	0.282	0.758	3.666	0.046	5.702	0.012
	N×P	4	5.995	0.003	4.828	0.008	15.807	0.000
萌条	N	2	2.530	0.108	3.238	0.063	121.021	0.000
	P	2	1.092	0.357	1.569	0.235	49.392	0.000
	N×P	4	8.661	0.000	2.461	0.082	36.247	0.000

（3）氮磷根系追施 270d 后云南松各器官 N、P、K 含量变异来源

从表 3-3 可以看出，施肥后 270d，除根中 N 含量在磷肥中、P 含量在磷

肥、N×P 交互下均无显著差异，叶中 N 含量在氮肥、P 含量在磷肥和 N×P 交互中无显著差异以外，根和叶中其他含量均存在显著差异。茎中 P 含量在磷肥中、K 含量在所有变异源中均存在显著差异，萌条中 P 含量在 N×P 交互中存在显著差异、K 含量在所有变异源中均存在显著性差异。根中 N 含量和 K 含量在所有变异源中的显著性大小分别为：N>N×P>P、N×P>P>N。茎中 K 含量显著性大小为：N>P>N×P。叶中 N 含量、K 含量显著性大小分别为：N×P>P>N、N>N×P>P。萌条中 K 含量显著性大小为：N>P>N×P。

表 3-3　氮磷根系追施下 270d 后云南松苗木各器官 N、P、K 含量变异来源分析

器官	变异来源	自由度	N		P		K	
			F	*P*	*F*	*P*	*F*	*P*
根	N	2	39.066	0.000	6.194	0.009	54.889	0.000
	P	2	1.622	0.225	1.283	0.301	64.889	0.000
	N×P	4	35.849	0.000	0.950	0.458	122.889	0.000
茎	N	2	1.229	0.316	1.484	0.253	95.582	0.000
	P	2	0.603	0.558	5.084	0.018	43.927	0.000
	N×P	4	1.116	0.380	0.951	0.458	37.436	0.000
叶	N	2	1.846	0.187	5.980	0.010	113.011	0.000
	P	2	15.938	0.000	3.382	0.057	39.160	0.000
	N×P	4	27.459	0.000	2.344	0.094	56.426	0.000
萌条	N	2	1.640	0.222	2.201	0.140	44.381	0.000
	P	2	0.099	0.906	0.870	0.436	19.924	0.000
	N×P	4	0.241	0.241	4.923	0.007	10.025	0.000

2. 氮元素含量对氮磷根系追施响应的响应规律

（1）根氮元素对氮磷根系追施的响应

由图 3-2 可知，氮磷配施对云南松苗木根氮含量有一定影响。施肥后 90d，以处理 1（未施肥）云南松苗木根氮含量最高，显著高于其他处理；而以处理 6（中氮高磷）云南松苗木根氮含量最低。施肥后 180d，则以处理 2（低氮中磷）云南松苗木根氮含量最高，其次是处理 1，而处理 5 的根氮含量最低。施肥后 270d，则以处理 5 苗木根氮含量最高，以处理 8 的根氮含量最低。综合来看：施肥后 90d，氮磷配施对云南松苗木根氮含量的影响呈抑制作用，且较高的磷肥比例抑制明显；随着施肥时间的推移，氮磷配施对云南松苗木根氮含量的抑制作用逐渐减弱，到施肥后 180d，氮磷配施对云南松苗木根氮元素的积累转为促进作用，并以中水平磷肥的效果最好；随着施肥时间的继续推移，氮磷配施对根系氮元素积累的作用逐渐凸显，且适宜的氮磷配施（中氮中磷）更有

利于根氮元素积累。

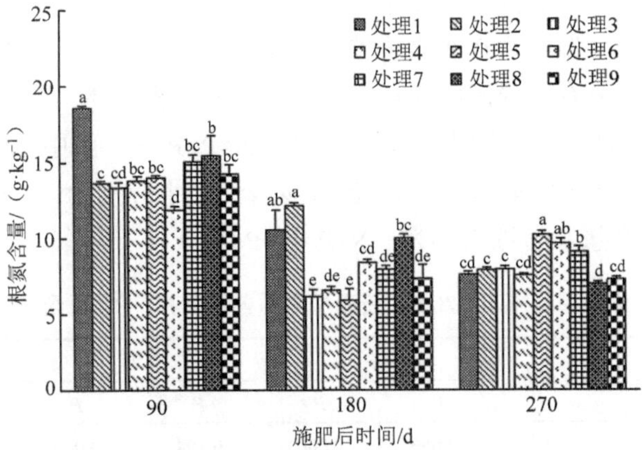

图 3-2 氮磷根系追施下云南松苗木根氮含量

注：不同小写字母表示同一时间不同处理之间的差异显著（P<0.05）。

（2）茎氮元素对氮磷根系追施的响应

由图 3-3 可知，施肥后 90d，以处理 5 云南松苗木茎氮含量最高，其次是处理 2 和处理 7，以处理 4 的茎氮含量最低。施肥后 180d，以处理 1 云南松苗木茎氮含量最高，其次是处理 6 和处理 8。施肥后 270d，不同处理云南松苗木茎氮含量无显著差异。由此表明，施肥后 90d，中水平的氮磷配施有利于云南松苗木茎氮元素的积累，但随着施肥时间的推移，氮磷配施对苗木茎氮元素积累出现一定抑制作用，且较高水平的氮磷肥单施或配施抑制作用明显，而随着施肥时间的进一步推移，氮磷配施的作用逐渐减弱直至消失。

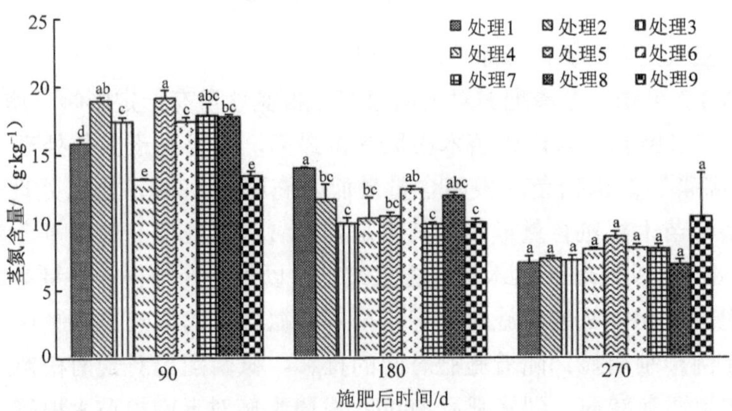

图 3-3 氮磷根系追施下云南松苗木茎氮含量

注：不同小写字母表示同一时间不同处理之间的差异显著（P<0.05）。

（3）叶氮元素对氮磷根系追施的响应

由图 3-4 可知，施肥后 90d，氮磷配施显著影响云南松苗木叶氮元素的积累。其中，以处理 4（中水平氮肥）云南松苗木叶氮含量最高，以处理 5 叶氮含量最低。施肥后 180d，云南松苗木叶氮含量则以处理 1 和处理 9 较高，以处理 3 和处理 5 较低。施肥后 270d，云南松苗木叶氮含量以处理 7 最高，处理 8 最低。由此表明，施肥后 90d，中水平氮肥有利于叶氮元素积累；随着施肥时间的推移，氮磷肥的作用逐渐减弱；到施肥后 270d 时，较高水平的氮肥则有利于叶氮元素积累。

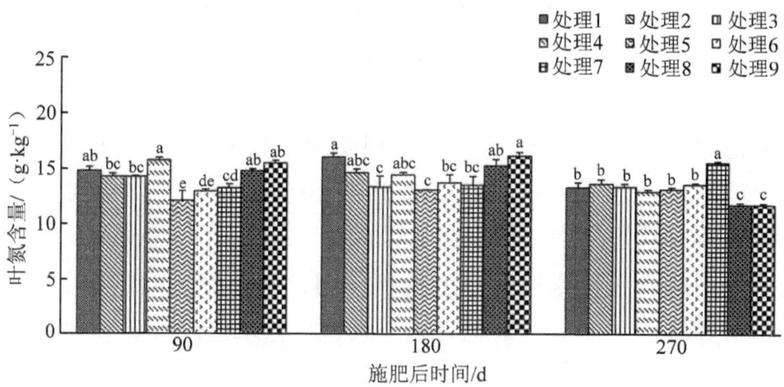

图 3-4　氮磷根系追施下云南松苗木叶氮含量

注：不同小写字母表示同一时间不同处理的差异显著（$P<0.05$）。

（4）萌条氮元素对氮磷根系追施的响应

由图 3-5 可知，施肥后 90d，除处理 3 和处理 4 外，其余处理与处理 1（对照）之间均无显著差异。处理 3 和处理 4 苗木萌条氮含量显著低于处理 1。施肥后 180d，以处理 6 云南松苗木萌条氮含量最高，处理 3 最低。施肥后 270d，不

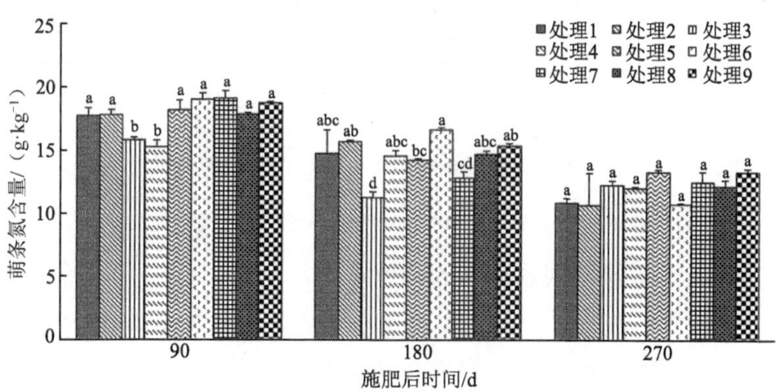

图 3-5　氮磷根系追施下云南松苗木萌条氮含量

注：不同小写字母表示同一时间不同处理之间的差异显著（$P<0.05$）。

同处理之间苗木萌条氮含量差异不显著。由此表明，施肥后 90d，较高水平的磷肥或中水平的氮肥单独施用并不利于云南松苗木萌条氮元素的积累；随着施肥时间的推移，氮磷肥对云南松苗萌条氮元素积累起促进作用，且氮磷肥水平以中氮高磷为佳；但随施肥时间的继续推移，氮磷肥对云南松苗木萌条氮元素积累的作用逐渐减弱直至消失。

3. 磷元素含量对氮磷根系追施响应的响应规律

（1）根磷元素对氮磷根系追施的响应

由图 3-6 可知，施肥后 90d，云南松苗木根磷含量以处理 8 最高，其次是处理 6，均显著高于处理 1。施肥后 180d，处理 1 云南松苗木根磷含量最高。施肥后 270d，云南松苗木根磷含量以处理 2 最高，处理 4 苗木根磷含量最低。综合来看，氮磷配施持续影响着云南松苗木根磷元素的积累，但随着施肥时间的推移，云南松苗木根磷元素的积累对氮磷肥响应有所差异。其中施肥后 90d，中氮高磷或高氮中磷有利于云南松根磷元素的积累；但随着施肥时间的推移，氮磷肥对云南松苗木根磷元素积累有一定的抑制作用，而施肥时间达到 270d 后，氮磷肥的抑制作用解除，且中水平磷肥有利于云南松苗木根磷元素积累。

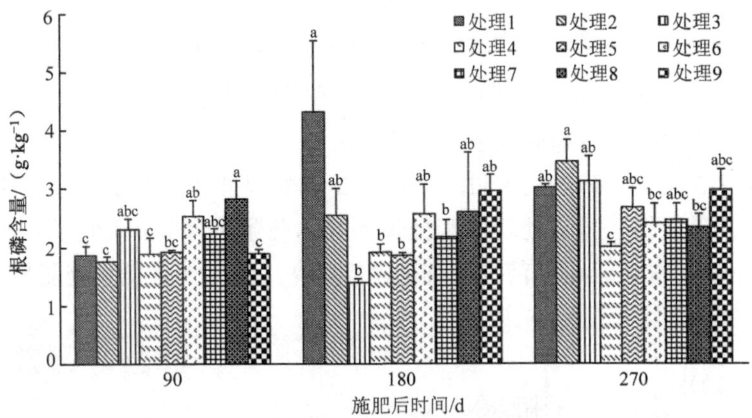

图 3-6 氮磷根系追施下云南松苗木根磷含量

注：不同小写字母表示同一时间不同处理之间的差异显著（$P<0.05$）。

（2）茎磷元素对氮磷根系追施的响应

由图 3-7 可知，施肥后 90d，处理 6、处理 8 和处理 9 云南松苗木茎磷含量显著高于处理 1。施肥后 180d，以处理 4 云南松苗木茎磷含量最高，显著高于其他处理，但其他处理之间茎磷含量差异不显著。施肥后 270d，云南松苗木茎磷元素含量则以处理 9 最高，处理 2 最低。由此表明，氮磷肥配施能在一定程度

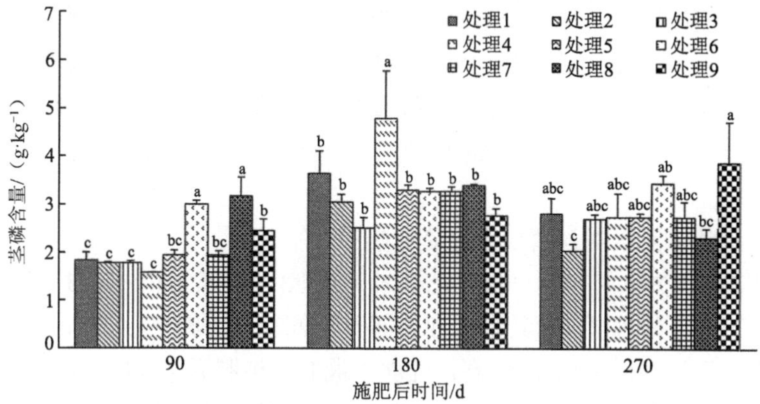

图 3-7　氮磷根系追施下云南松苗木茎磷含量

注：不同小写字母表示同一时间不同处理之间的差异显著（P<0.05）。

上促进云南松苗木茎磷元素的积累，且氮磷用量以中氮高磷或高氮中磷较佳；随着施肥时间的推移，仅单独施用中水平氮肥能起一定的促进作用；到施肥后 270d，高水平氮磷配施对云南松苗木茎磷元素积累促进作用已显现，但是中水平磷肥单独施用却对茎磷元素积累产生抑制作用。

（3）叶磷元素对氮磷根系追施的响应

由图 3-8 可知，施肥后 90d，处理 5、处理 8 和处理 9 云南松苗木叶磷含量显著高于处理 1，而处理 2 和处理 3 则显著低于处理 1，但其他处理之间则无显著差异。施肥后 180d，云南松苗木叶磷含量则以处理 1 最高，其余处理均低于处理 1。施肥后 270d，以处理 9 云南松苗木叶磷含量最高，其次是处理 6。由此

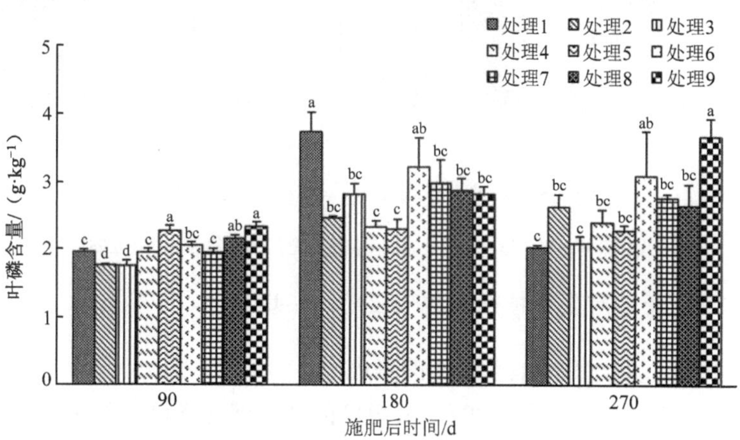

图 3-8　氮磷根系追施下云南松苗木叶磷含量

注：不同小写字母表示同一时间不同处理之间的差异显著（P<0.05）。

表明，氮磷配施能显著促进云南松苗木叶磷元素的积累，但磷肥单独施用则抑制苗木叶磷元素的积累；施肥后 180d，氮磷肥对云南松苗木叶磷元素的影响均以抑制作用为主；随着施肥时间的推移，这一现象得到改善，且到施肥后 270d，氮磷肥对叶磷元素积累已表现为促进作用，并以高水平的氮磷肥配合施用的促进效果最佳。

（4）萌条磷元素对氮磷根系追施的响应

由图 3-9 可知，施肥后 90d，处理 2、处理 3、处理 4 和处理 5 云南松萌条磷含量均显著高于处理 1，而其余处理之间无显著差异。施肥后 180d，云南松苗木萌条磷元素含量则以处理 6 最高，处理 3 最低。施肥后 270d，则以处理 1 云南松苗木萌条磷含量最高。由此表明，不同浓度氮磷配施显著影响云南松苗木萌条磷元素的积累，且中水平氮磷配施的促进效果更佳；随着施肥时间的推移，则以中水平的氮、高水平磷肥配施促进效果更佳，但随施肥时间的进一步推移，氮磷配施对云南松苗木萌条磷元素积累出现抑制作用。

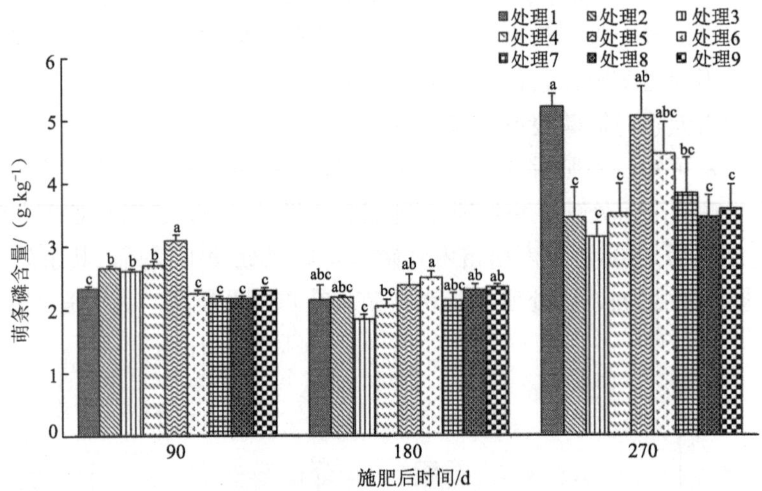

图 3-9 氮磷根系追施下云南松苗木萌条磷含量

注：不同小写字母表示同一时间不同处理之间的差异显著（$P<0.05$）。

4. 钾元素含量对氮磷根系追施响应的响应规律

（1）根钾元素对氮磷根系追施的响应

由图 3-10 可知，施肥后 90d，云南松苗木根钾含量以处理 1 最低，以处理 8 根钾含量最高。施肥后 180d，同样以处理 1 云南松苗木根钾含量最低，以处理 2 和处理 4 苗木根钾含量较高。施肥后 270d，除处理 8 外，其余处理苗木根钾含量均显著高于处理 1，且根钾含量最高的是处理 2。由此表明，随着施肥时间的

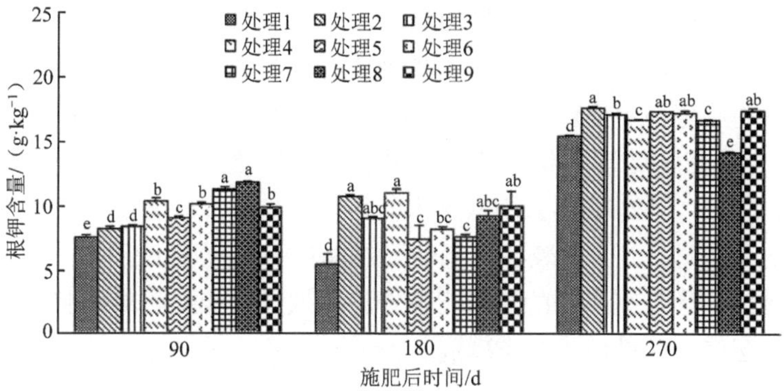

图 3-10　氮磷根系追施下云南松苗木根钾含量

注：不同小写字母表示同一时间不同处理之间的差异显著（P<0.05）。

推移，不同浓度氮磷配施后的苗木根钾含量虽有所差异，但氮磷配施对云南松苗木根钾元素的积累总体表现为促进作用，且这一促进作用可持续到施肥后 270d；随着施肥时间的推移，促进云南松苗木根钾元素积累的最佳氮磷肥用量有所差异。

（2）茎钾元素对氮磷根系追施的响应

由图 3-11 可知，施肥后 90d，云南松苗木茎钾含量以处理 2 最高，其次是处理 5，以处理 1 最低。施肥后 180d，云南松苗木茎钾含量最高的是处理 8，而以处理 7 最低。施肥后 270d，云南松苗木茎钾含量则以处理 9 最高，处理 2 最低。由此表明，随着施肥时间的变化，氮磷肥对云南松苗木茎钾元素积累的影响是不同的；施肥后 90d，氮磷配施均能在一定程度上促进茎钾元素的积累，且以单施中浓度磷肥效果最佳；随着施肥时间的推移，高浓度氮肥抑制茎钾元素的积累；但施肥后 270d，高浓度氮磷肥配施则有利于茎钾元素的积累。

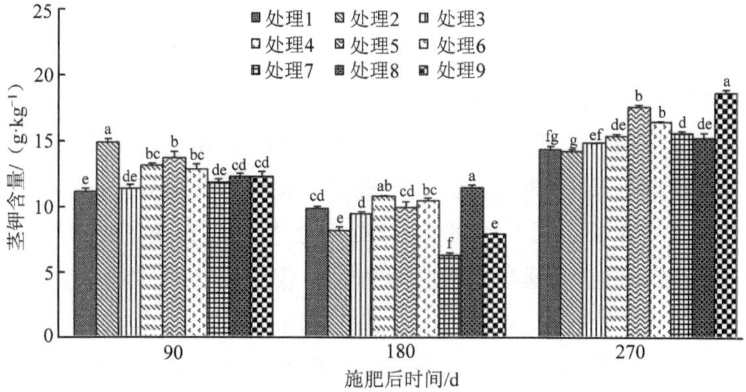

图 3-11　氮磷根系追施下云南松苗木茎钾含量

注：不同小写字母表示同一时间不同处理之间的差异显著（P<0.05）。

（3）叶钾元素对氮磷根系追施的响应

由图 3-12 可知，施肥后 90d，除处理 3 与处理 1 无显著差异外，其余处理苗木叶钾含量均显著高于处理 1，且以处理 9 苗木叶钾含量最高。施肥后 180d，以处理 6 云南松苗木叶钾含量最低，且显著低于处理 1，叶钾含量最高的是处理 9。施肥后 270d，以处理 1 云南松苗木叶钾含量最低，显著低于其他处理；叶钾含量最高的是处理 9。由此表明，氮磷配施能在一定程度上促进云南松苗木叶钾元素的积累，并且以高水平的氮磷肥配合施用效果最佳；随着施肥时间的推移，高水平氮磷配施的促进作用并未减弱。

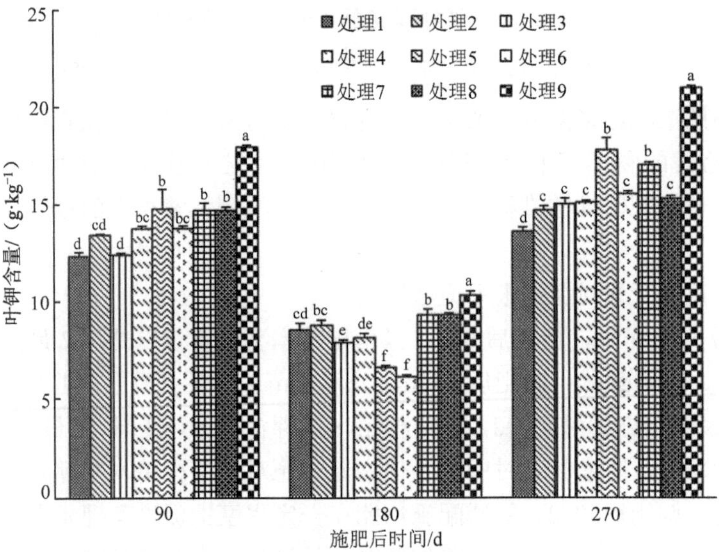

图 3-12 氮磷根系追施下云南松苗木叶钾含量

注：不同小写字母表示同一时间不同处理之间的差异显著（P<0.05）。

（4）萌条钾元素对氮磷根系追施的响应

由图 3-13 可知，施肥后 90d，处理 2、处理 3 和处理 6 云南松苗木萌条钾含量与处理 1 无显著差异，而处理 4、处理 5、处理 7 和处理 8 萌条钾含量均显著高于处理 1，且以处理 8 的萌条钾含量最高。施肥后 180d，处理 4、处理 7 和处理 9 苗木萌条钾含量显著低于处理 1，仅处理 2 和处理 6 萌条钾含量显著高于处理 1，且以处理 6 萌条钾含量最高。施肥后 270d，仅处理 2 苗木萌条钾含量显著低于处理 1，而处理 4、处理 5、处理 6、处理 7 和处理 9 苗木萌条钾含量要显著高于处理 1。由此表明，氮磷配施会影响云南松苗木萌条钾元素的积累，而影响的程度随氮磷肥的用量和施肥后生长时间的改变而改变。

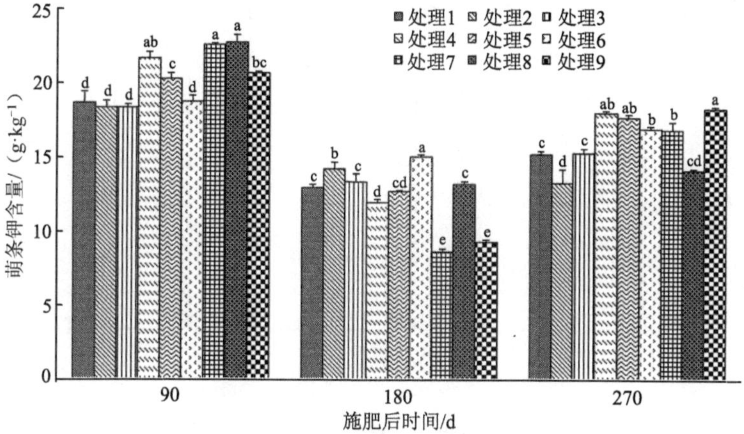

图 3-13　氮磷根系追施下云南松苗木萌条钾含量

注：不同小写字母表示同一时间不同处理之间的差异显著（P<0.05）。

3.2.2　营养元素分配对氮磷根系追施的响应规律

1. 氮磷根系追施后 90d 云南松苗木不同器官 N、P、K 的分配策略

施肥后 90d，不同处理间云南松苗木各器官 N、P、K 分配均存在显著差异（P<0.05，图 3-14），N 在根、茎、叶及萌条中的占比分别为 19.43%～27.86%、21.62%～30.21%、18.89%～27.13%和 26.00%～31.11%，其中处理 6 萌条占比最大，处理 5 中叶占比最小。就 P 在不同器官分配而言，P 含量平均相差不大，其中萌条占比最大，茎和根次之，叶最小。根据各器官 K 比重平均值比较得出，占比最大的是萌条，为 35.86%，叶和茎次之，根最小，为 16.79%。综合来看，不同处理间云南松苗木的 N、P 在营养器官的分配总体表现为萌条>茎>根>叶，而 K 表现为萌条>叶>茎>根。说明施肥后 90d 萌条分配到的 N、P、K 含量最高，根最低，这可能是母株将更多的元素分配至地上部分以满足萌条生长。在不同施肥处理间，与对照相比，单施氮肥时，随施肥量的增加，根 N 分配比显著下降，茎和萌条表现为先下降后上升，叶反之；根和茎的 P 分配比表现为先下降后上升趋势，萌条反之；根 K 分配比显著上升，茎与之相反，叶和萌条则表现为先下降后上升。单施磷肥时，根和叶的 N 分配比呈先下降后上升趋势，而茎和萌条与二者相反；茎、叶的 P 分配比均呈下降趋势，根表现为先下降后上升，萌条反之；根和萌条的 K 分配比呈先下降后上升趋势，茎与二者相反，而叶趋于稳定。氮磷配施时，根和叶的 N 分配比呈先下降后上升趋势，而茎与二者相反，萌条无统一规律；根、茎、叶及萌条的 P 分配比均无统一规律；除根 K 分

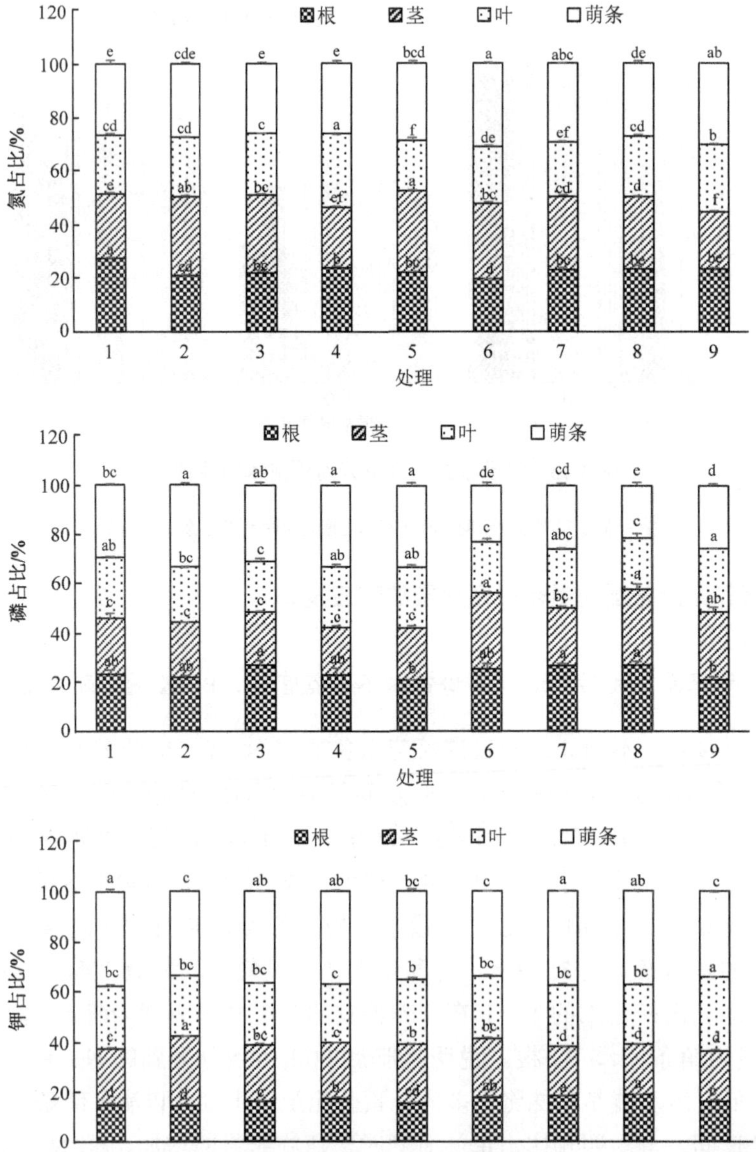

图 3-14 氮磷根系追施 90d 后云南松苗木 N、P、K 含量在各器官内的分配

注：不同小写字母表示同一时间不同处理之间的差异显著（$P<0.05$）。

配比呈先上升后下降趋势外，其余器官均无统一规律。由此可见，施肥改变了云南松苗木各器官营养元素的分配结构，主要倾向于萌条生长。

2. 氮磷根系追施后 180d 云南松苗木不同器官 N、P、K 的分配策略

如图 3-15 所示，施肥后 180d，N 在根、茎、叶及萌条中的占比分别为 13.62%～22.56%、20.34%～25.30%、26.74%～33.10%和 26.56%～32.68%，其中处理 9 的叶占比最大，处理 5 的根占比最小，萌条与叶二者 N 含量相差不大。

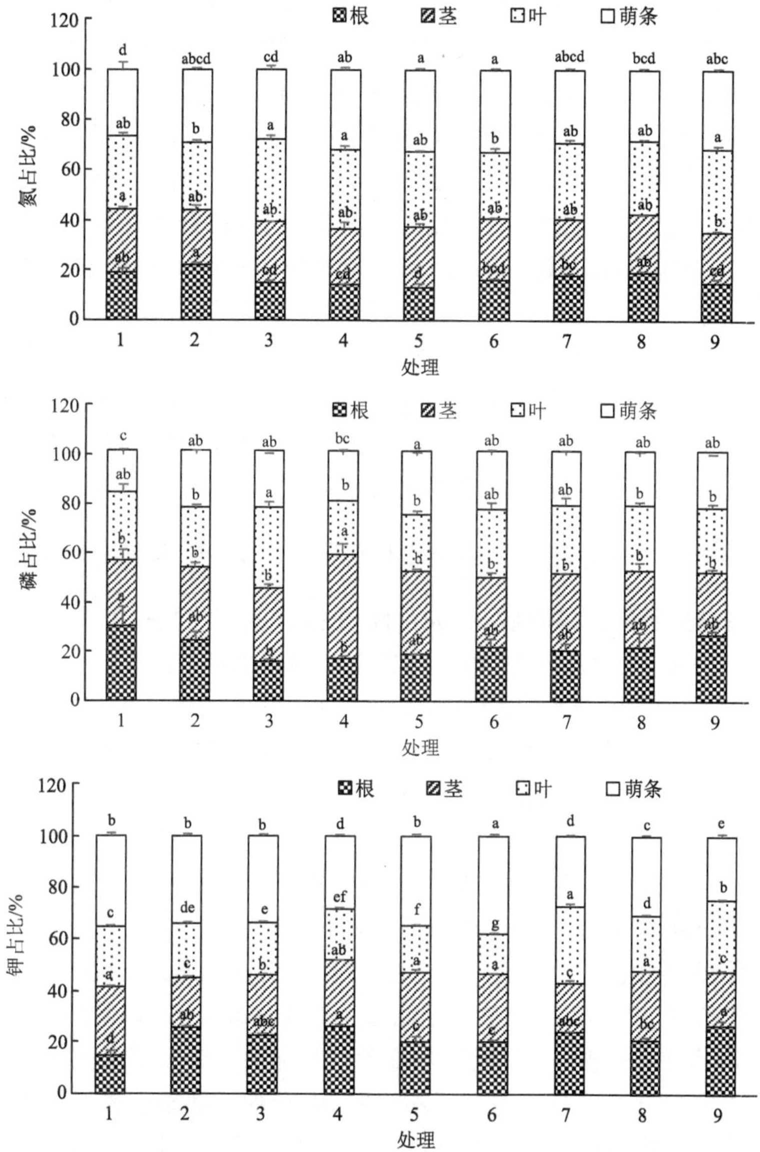

图 3-15　氮磷根系追施 180d 后云南松苗木 N、P、K 含量在各器官内的分配

注：不同小写字母表示同一时间不同处理之间的差异显著（$P<0.05$）。

就 P 在不同器官中的分配而言，根、茎、叶及萌条的占比分别为 16.17%～30.61%、25.46%～42.49%、21.49%～33.02%和 15.54%～24.07%，其中处理 4 的茎占比最大，达到 42.49%，而处理 1 的萌条占比最小。根据各器官中 K 比重平均值比较得出，萌条占比最大，茎、根次之，叶最小。综合来看，不同处理间云南松苗木的 N 在营养器官的分配表现为叶>萌条>茎>根；P 在营养器官的分配为茎>叶>根>萌条；K 在营养器官的分配为萌条>茎>根>叶。说明施肥后 180d，总体对云南松苗木地上部分营养元素分配起到促进作用。在不同施肥处理间，与对照相比，单施氮肥时，根、茎 N 分配比随施肥量增加先下降后上升，叶和萌条则反之；萌条 P 分配比升高，根、叶先下降后上升，茎反之；茎、萌条 K 分配比下降，根先上升后下降，叶反之。单施磷肥时，根、萌条的 N 和 K 分配比均随施肥量增加先上升后下降，叶则反之；萌条 P 分配比升高，茎先上升后下降，根和叶反之。中水平氮不变，磷肥用量逐渐增加，处理 5、处理 6 的根、茎 N 分配比随之升高，叶和萌条反之；根、叶 P 分配比随之升高，茎和萌条下降；根、萌条 K 分配比随之上升，茎和叶下降。氮为高水平，磷分配比逐渐增加，处理 8、处理 9 的根、茎 N 分配比显著下降，叶和萌条反之；根、萌条 P 分配比随之升高，茎和叶下降；根、叶 K 分配比显著上升，茎和萌条下降。由此可知，不同施肥时间对云南松苗木各器官营养元素分配比的影响有所差异。

3. 氮磷根系追施后 270d 云南松苗木不同器官 N、P、K 的分配策略

如图 3-16 所示，施肥后 270d，N 在根、茎、叶及萌条中的占比分别为 17.28%～23.08%、17.47%～23.45%、27.77%～34.69%和 25.60%～32.32%，其中处理 2 叶 N 含量占比最大，达到 34.69%；处理 9 叶占比最小。P 在根、茎、叶及萌条中的占比分别为 18.26%～29.90%、17.81%～26.95%、15.53%～26.14%和 25.26%～39.85%，比较平均值可知，萌条占比最大，叶最小。就 K 在不同器官中的分配而言，K 含量平均值相差不大。综合来看，N 在营养器官中的分配表现为叶>萌条>茎>根；P 为萌条>茎>根>叶；K 为根>萌条>叶>茎。说明施肥后 270d，云南松苗木 N、P 分配比地上部分大于地下部分，而 K 与之相反。不同施肥处理与处理 1 相比，单施氮肥时，根、叶 N 分配比随施肥量增加先下降后上升，茎和萌条与二者相反；叶 P 分配比随施肥量增加而升高，萌条反之，根先下降后上升，茎反之；根 K 分配比随施肥量增加而下降，萌条先上升后下降，茎、叶反之。单施磷肥时，根、茎和叶的 N 分配比随施肥量增加先上升后下降，萌条反之；根、叶 P 分配比随施肥量增加先上升后下降，茎、萌条与二者相反；根、叶 K 分配比先上升后下降，茎和萌条与二者相反。中水平氮不变，磷

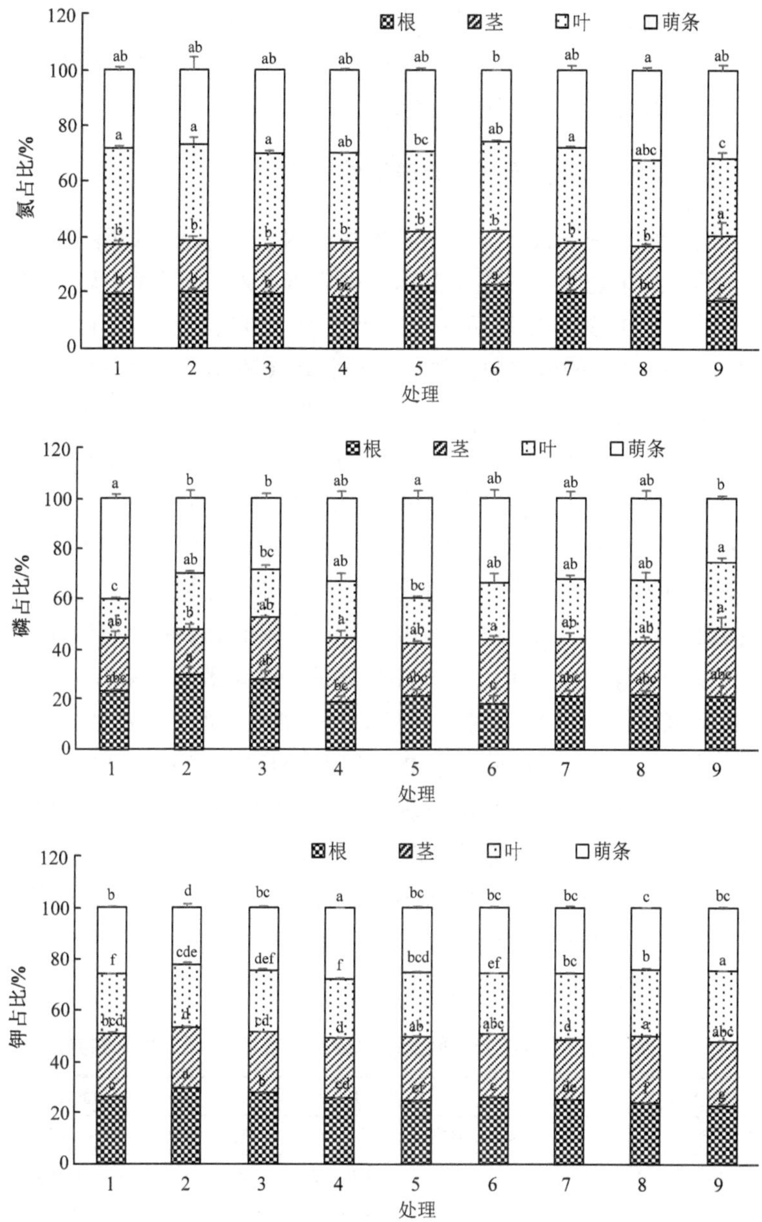

图3-16　氮磷根系追施270d后云南松苗木N、P、K含量在各器官内的分配

注：不同小写字母表示同一时间不同处理之间的差异显著（P<0.05）。

逐渐增加，处理5、处理6的根、叶N分配比随之升高，茎和萌条反之；叶P分配比显著升高，根和萌条降低；萌条K分配比显著上升，茎和叶下降。氮为高水平，磷逐渐增加，处理8、处理9的茎N分配比显著上升，根、叶和萌条反之；茎、叶 P 分配比随之升高，根和萌条降低；叶 K 分配比显著升高，根显著降低，其余无显著差异。由此可知，施肥影响苗木营养元素的投资和分配，氮磷配施使云南松苗木的营养元素分配更合理。

3.2.3 云南松各器官营养元素间的异速生长关系

对不同施肥时间去顶云南松苗木各器官的 N、P、K 含量两两间进行异速生长关系的分析，结果表明，云南松苗木各器官 N、P、K 间存在显著或极显著的异速生长关系（$P<0.05$），施肥后 90d，除根和茎的 N-P 及茎的 P-K 表现为异速生长关系外，其余两两间均表现为等速生长关系（表 3-4）。进一步比较异速生长指数发现，其在不同器官间差异不显著，其中根的 N-P 异速生长指数为−0.651，茎的 N-P 为 0.547，均表现为显著小于 1 的异速生长关系，表明根和茎中 N 的积累速度低于 P；茎的 P-K 异速生长指数为−2.642，表现为显著大于 1 的异速生长关系，即 P 的积累速度高于 K。施肥后 180d，根和叶的 N-P、叶的 N-K、根和萌条的 P-K 表现为异速生长关系，其余均表现为等速生长关系。其中，根的 N-P 异速生长指数为 0.684，叶为 0.544，均表现为显著小于 1 的异速生长关系，表明根和叶中 N 的积累速度低于 P；叶的 N-K 异速生长指数为 0.615，表明叶中 N 的积累速度低于 K；根的 P-K 异速生长指数为−1.570，而萌条为 0.658，均表现为不等于 1 的异速生长关系，即萌条中 P 的积累低于 K。施肥后 270d，除茎的 N-P 及叶和萌条 N-K 表现为等速生长关系外，其余两两间均表现为异速生长关系。其中，根、叶、萌条的 N-P 均表现为显著小于 1 的异速生长关系，表明在根、叶、萌条中 N 的积累速度低于 P；根和茎的 N-K 及根、茎、叶、萌条的 P-K 均表现为显著大于 1 的异速生长关系，即在根和茎中 N 的积累速度显著高于 K，同样地在根、茎、叶及萌条中 P 的积累速度显著高于 K。

表 3-4 氮磷根系追施下不同施肥时间云南松苗木各器官 N、P、K 间的异速生长关系

施肥后 90d					施肥后 180d					施肥后 270d				
参数	器官	斜率	$P_{-1.0}$	类型	参数	器官	斜率	$P_{-1.0}$	类型	参数	器官	斜率	$P_{-1.0}$	类型
N-P	根	−0.651a	0.036	A	N-P	根	0.684b	0.032	A	N-P	根	−0.598a	0.012	A
	茎	0.547a	0.003	A		茎	0.735ab	0.104	I		茎	0.764a	0.098	I
	叶	−0.912a	0.649	I		叶	0.544b	0.003	A		叶	−0.390a	0.000	A
	萌条	−0.722a	0.088	I		萌条	1.100a	0.448	I		萌条	0.660a	0.039	A
N-K	根	−0.859a	0.446	I	N-K	根	1.074a	0.722	I	N-K	根	1.923a	0.000	A
	茎	1.444a	0.063	I		茎	0.811a	0.275	I		茎	2.029a	0.000	A
	叶	0.847a	0.407	I		叶	0.615a	0.008	A		叶	−0.690b	0.063	I
	萌条	0.954a	0.810	I		萌条	0.724a	0.103	I		萌条	1.348a	0.071	I

续表

施肥后 90d					施肥后 180d					施肥后 270d				
参数	器官	斜率	$P_{-1.0}$	类型	参数	器官	斜率	$P_{-1.0}$	类型	参数	器官	斜率	$P_{-1.0}$	类型
P-K	根	1.321a	0.114	I	P-K	根	−1.570bc	0.027	A	P-K	根	3.216a	0.000	A
	茎	−2.642b	0.000	A		茎	1.104ab	0.605	I		茎	2.655a	0.000	A
	叶	0.929a	0.585	I		叶	1.130ab	0.544	I		叶	1.769a	0.001	A
	萌条	−1.320a	0.159	I		萌条	0.658a	0.041	A		萌条	2.044a	0.001	A

注：不同小写字母表示处理之间的差异显著（$P<0.05$）。A 表示异速生长关系，I 表示等速生长关系。$P_{-1.0}$ 表示斜率与理论值 1.0 的差异显著性 P 值。下同。

3.2.4　氮磷根系追施对云南松苗木各器官营养元素化学计量比的影响

1. 氮磷根系追施对云南松苗木根化学计量比的影响

不同时间不同处理中云南松苗木根化学计量比分析表明，施肥后 90d、180d 和 270d 的 N∶P 平均值分别为 7.05、3.74 和 3.19；N∶K 分别为 1.55、1.02 和 0.50；P∶K 分别为 0.22、0.31 和 0.16（图 3-17）。

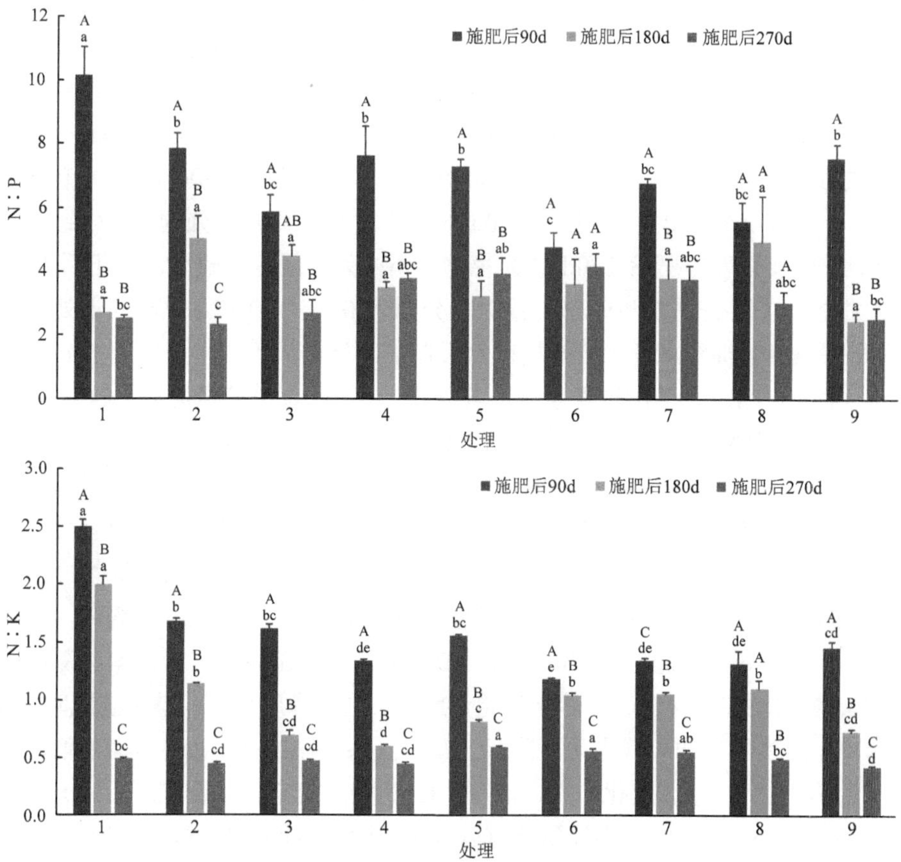

图 3-17　氮磷根系追施下云南松苗木根 N、P、K 化学计量比

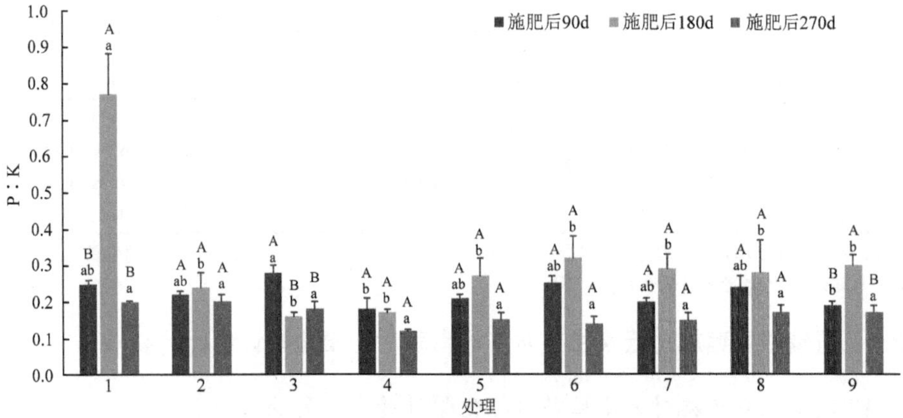

图 3-17（续）

注：不同小写字母表示同一时间不同处理之间的差异显著（$P<0.05$），不同大写字母表示不同时间同一处理之间的差异显著（$P<0.05$）。

从 N∶P 来看，不同处理施肥后 90d 和 270d 根 N∶P 存在显著差异（$P<0.05$），其中施肥后 90d 和 270d 的 N∶P 以处理 1 和处理 6 最大，分别为 10.15 和 4.13，而根在施肥后 180d 不同施肥处理间均无显著差异，差异分析表明施肥后 90d 的根 N∶P 高于施肥后 180d、270d。不同处理施肥后 90d、180d 和 270d 的根 N∶K 均存在显著差异（$P<0.05$），处理 1 施肥后 90d 和 180d 的 N∶K 最大，分别为 2.5 和 2.0；施肥后 270d 的 N∶K 最大则是在处理 5，达到 0.59。根 P∶K 的变化以施肥后 270d 较为稳定，不同处理间差异较小。施肥后 90d 和 180d 的 N∶P 以处理 3 和处理 1 最大，分别为 0.28 和 0.77，且与其他处理间均存在显著差异。综合来看，云南松苗木根在不同施肥处理中，施肥后 90d 的 N∶P、N∶K、P∶K 均存在显著差异。与处理 1 相比，单施氮肥时，N∶P、N∶K、P∶K 随氮的增加呈下降趋势；单施磷肥时，N∶P、N∶K 随磷的增加呈下降趋势，P∶K 先下降后上升；氮磷配施的 N∶P、P∶K 均无统一规律，N∶K 随氮磷的增加呈下降趋势。施肥后 180d 的 N∶K、P∶K 存在极显著差异，单施氮肥时，N∶K、P∶K 随氮的增加表现为先下降后上升；单施磷肥时，N∶K、P∶K 随磷的增加呈下降趋势；氮磷配施的 N∶K、P∶K 均无统一规律，而 N∶P 则无显著差异。施肥后 270d 的 N∶P、N∶K 存在显著差异，单施氮肥时，N∶P 随氮的增加呈先上升后趋于稳定，N∶K 先下降后上升；单施磷肥时，N∶P、N∶K 随磷的增加表现为先下降后上升；氮磷配施的 N∶P 随氮磷的增加先上升后下降，N∶K 总体变化不大，而 P∶K 则相对稳定。综合施肥后 90d、180d 和 270d 的根 N、P、K 化学计量比可以看出，随着时间的推移，各处理 N∶P 无统一规律，N∶K 呈下降趋势，P∶K 呈先上升后下降的趋势。

2. 氮磷根系追施对云南松苗木茎化学计量比的影响

不同时间不同处理中云南松苗木茎化学计量比分析表明，施肥后 90d、180d 和 270d 的 N∶P 平均值分别为 8.20、3.43 和 2.87；N∶K 分别为 1.34、1.22 和 0.50；P∶K 分别为 0.17、0.37 和 0.18（图 3-18）。茎 N∶P 的变化以施肥后 270d 较为稳定，不同处理间无显著性差异。施肥后 90d 中以处理 2 最高，达到 10.64，且与其他处理（除处理 1、处理 3、处理 5 和处理 7）间存在显著差异。不同处理施肥后 90d 和 180d 茎 N∶K 存在显著差异（$P<0.05$），其施肥后 90d 的处理 3 和施肥后 180d 的处理 7 最高，分别为 1.54 和 1.58，施肥后 270d 无显著性差异。不同处理施肥后 90d 和 180d 茎 P∶K 存在显著差异（$P<0.05$），以施肥后 90d 的处理 8 和施肥后 180d 的处理 7 最高，分别为 0.26 和 0.53，施肥后 270d 无显著性差异。综合来看，云南松苗木茎在不同施肥处理中，施肥后 90d 的 N∶P、N∶K、P∶K 均存在显著差异。与处理 1 相比，单施氮肥时，N∶P、N∶K、P∶K 随氮的增加表现为先下降后上升；单施磷肥时，N∶P 随磷的增加呈先上升后下降，P∶K、N∶K 均表现为先下降后上升；氮磷配施的 N∶P 随氮磷的增加表现为先上升后下降，N∶K、P∶K 均无统一规律。施肥后 180d 的 N∶K、P∶K 存在显著差异，单施氮肥时，N∶K 随氮的增加表现为先下降后上升，P∶K 呈上升趋势；单施磷肥时，茎的 N∶K、P∶K 随磷增加表现为先上升后下降；氮磷配施的 N∶K 无统一规律，P∶K 随氮磷的增加表现为先下降后上升，而 N∶P 则无显著差异。施肥后 270d 的 N∶P、N∶K、P∶K 均无显著差异。除

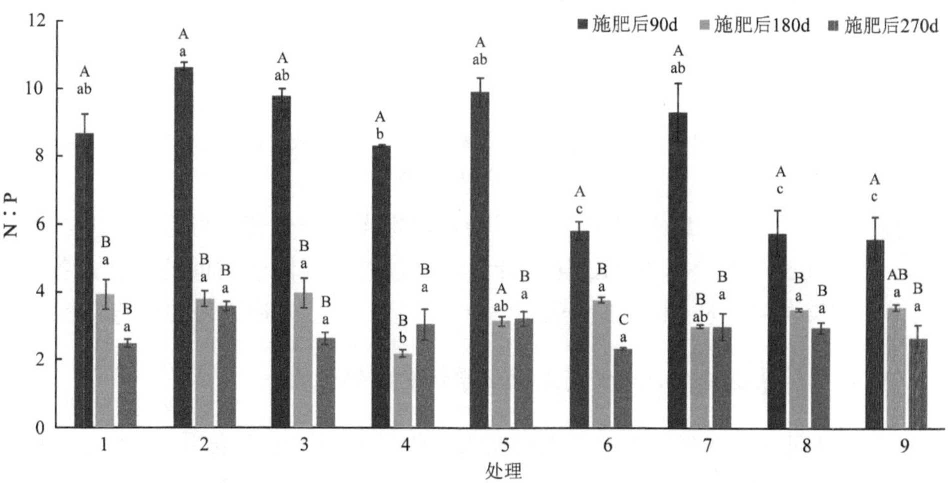

图 3-18　氮磷根系追施下云南松苗木茎 N、P、K 化学计量比

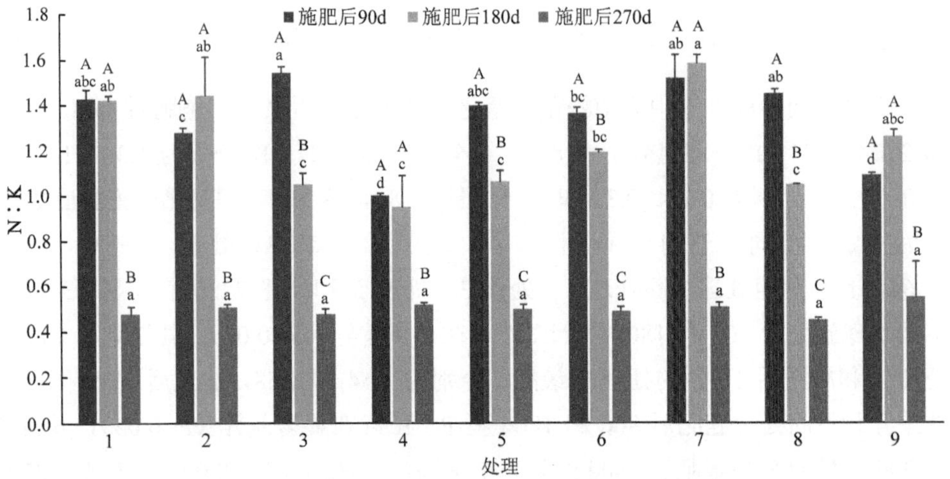

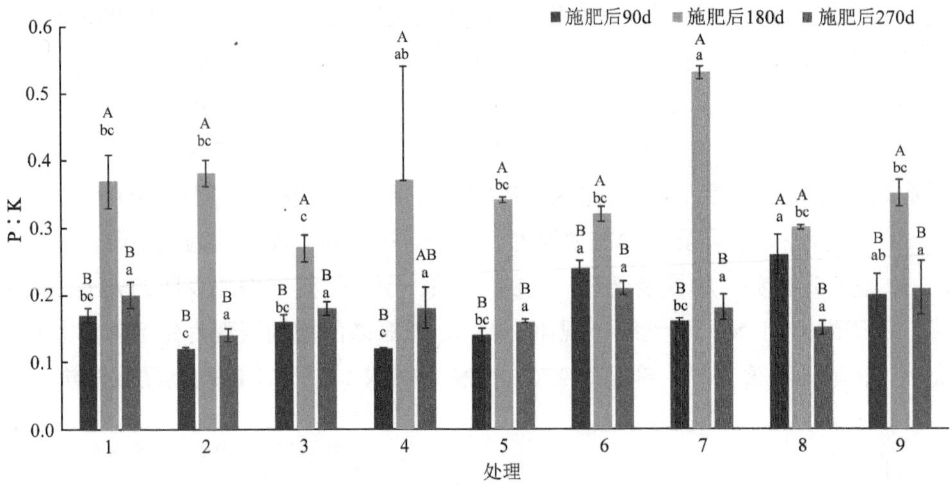

图 3-18（续）

注：不同小写字母表示同一时间不同处理之间的差异显著（$P<0.05$），不同大写字母表示不同时间同一处理之间的差异显著（$P<0.05$）。

施肥后 270d 的 N∶K 趋于稳定，其余处理均无统一规律。综合施肥后 90d、180d 和 270d 的茎 N、P、K 化学计量比可以看出，随着时间的变化，各处理 N∶P 呈下降趋势，N∶K 无统一规律，P∶K 呈现先上升后下降的趋势。

3. 氮磷根系追施对云南松苗木叶化学计量比的影响

不同时间不同施肥处理中云南松苗木叶化学计量比分析表明，施肥后 90d、180d 和 270d 的 N∶P 平均值分别为 7.04、5.20 和 5.25；N∶K 分别为 1.00、1.74 和 0.83；P∶K 则分别为 0.14、0.35 和 0.16（图 3-19）。从 N∶P 来看，不同处理施肥后 90d 和 270d 叶 N∶P 存在显著差异（$P<0.05$），其中处理 3 施肥后 90d 和处理 1 施肥后 270d 的 N∶P 最大，分别为 8.11 和 6.53，而叶在施肥后 180d 各处理间均无显著差异。不同处理施肥后 90d、180d 和 270d 叶 N∶K 均存在显著差异（$P<0.05$），处理 1 施肥后 90d 和 270d 的叶 N∶K 最大，分别为 1.19 和 0.97，施肥后 180d 叶 N∶K 最大的则为处理 6，达到 2.2。不同处理施肥后 90d 和 180d 叶 P∶K 存在显著差异（$P<0.05$），其施肥后 90d 的处理 1 和施肥后 180d 的处理 6 最高，分别为 0.16 和 0.52，施肥后 270d 无显著性差异。综合来看，云南松苗木叶在不同施肥处理中，施肥后 90d 的 N∶P、N∶K、P∶K 均存在显著差异。与处理 1 相比，单施氮肥时，N∶P 随氮的增加呈先上升后下降、N∶K、P∶K 均呈下降趋势；单施磷肥时，N∶P 随磷的增加呈上升趋势，N∶K 先下降后上升，P∶K 先下降后趋于稳定；氮磷配施的 N∶P、N∶K 均无统一规律，P∶K 趋于稳定。施肥后 180d 的 N∶K、P∶K 存在显著差异，单施氮肥时，N∶K 随氮的增加呈下降趋势，P∶K 先下降后上升；单施磷肥时，N∶K、P∶K 随磷的增加表现为先下降后上升；氮磷配施的 N∶K 随氮磷增加呈先上升后下降，P∶K 无统一规律，而 N∶P 则无显著差异。施肥后 270d 的 N∶P、N∶K 存在显著差异，单施氮肥时，N∶P、N∶K 随氮的增加表现为先下降后上升；单施磷肥时，N∶P 随磷的增加表现为先下降后上升，N∶K 呈下降趋势；氮磷配施的 N∶P 随氮磷的增加呈下降趋势，N∶K 无统一规律，而 P∶K 则相对稳定。综合施肥后 90d、180d 和 270d 的叶 N、P、K 化学计量比可以看出，随着时间的推移，各处理 N∶P 无统一规律，N∶K、P∶K 呈现先上升后下降的趋势。

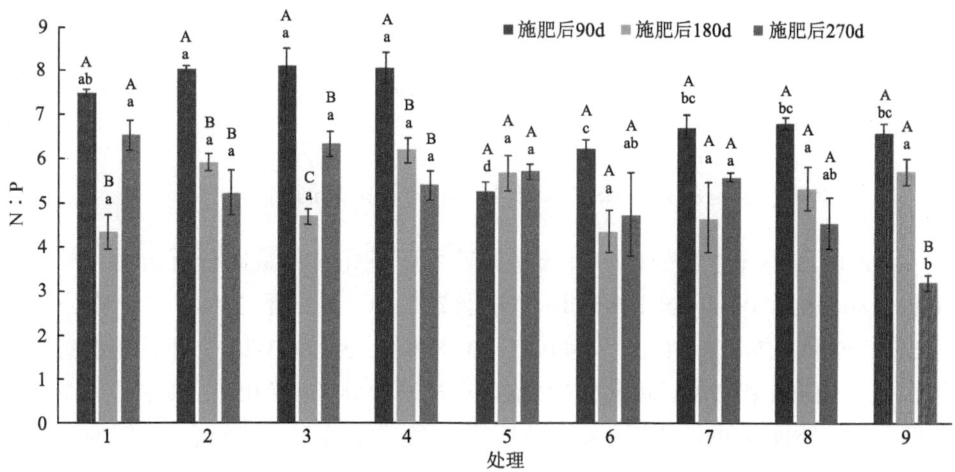

图 3-19　氮磷根系追施下云南松苗木叶 N、P、K 化学计量比

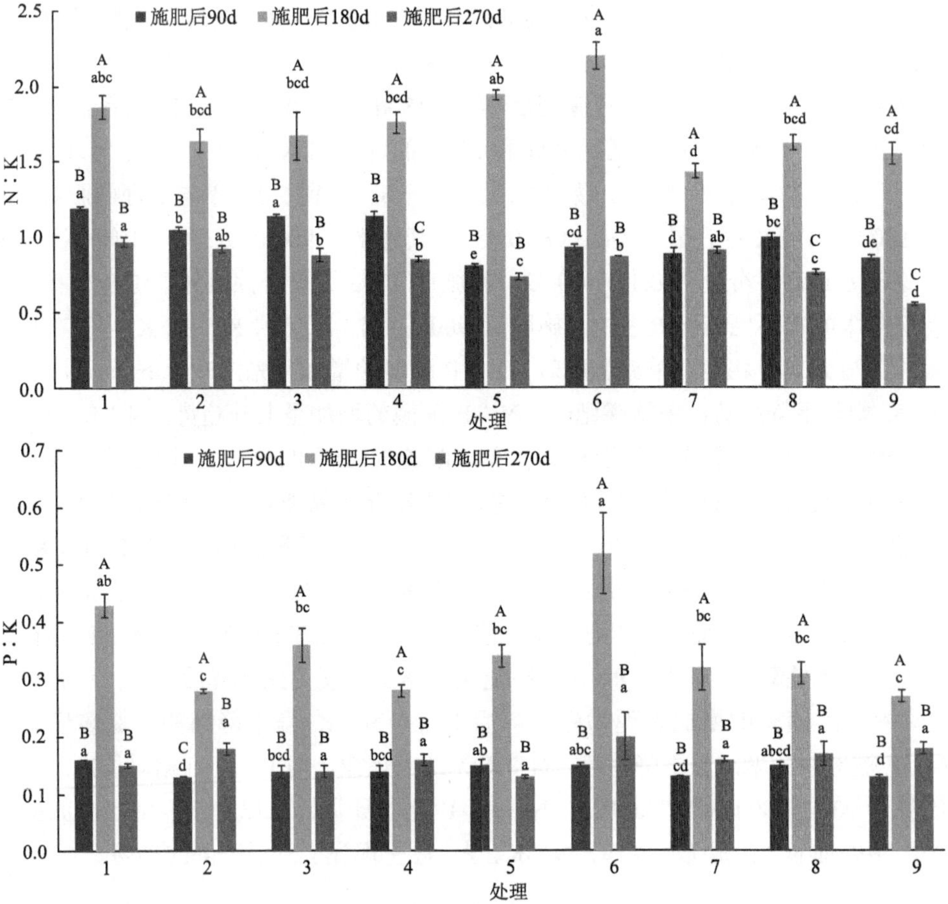

图 3-19（续）

注：不同小写字母表示同一时间不同处理之间的差异显著（$P<0.05$），不同大写字母表示不同时间同一处理之间的差异显著（$P<0.05$）。

4. 氮磷根系追施对云南松苗木萌条化学计量比的影响

不同时间不同施肥处理中，云南松苗木萌条化学计量比分析表明，施肥后 90d、180d 和 270d 的 N∶P 平均值分别为 7.29、6.55 和 3.16；N∶K 分别为 0.88、1.20 和 0.74；P∶K 分别为 0.12、0.18 和 0.25（图 3-20）。不同施肥处理施肥后 90d、180d 和 270d 萌条 N∶P 均存在显著差异（$P<0.05$），其中处理 7 的施肥后 90d、处理 2 的施肥后 180d 及处理 3 的施肥后 270d 最高，分别为 8.83、7.14 和 3.96。从 N∶K 来看，不同处理施肥后 90d 和 180d 萌条 N∶K 存在显著差异（$P<0.05$），其中处理 6 的施肥后 90d 和处理 9 的施肥后 180d 最高，分别为 1.01 和 1.65，施肥后 270d 则无显著性差异。不同处理施肥后 90d、180d 和 270d

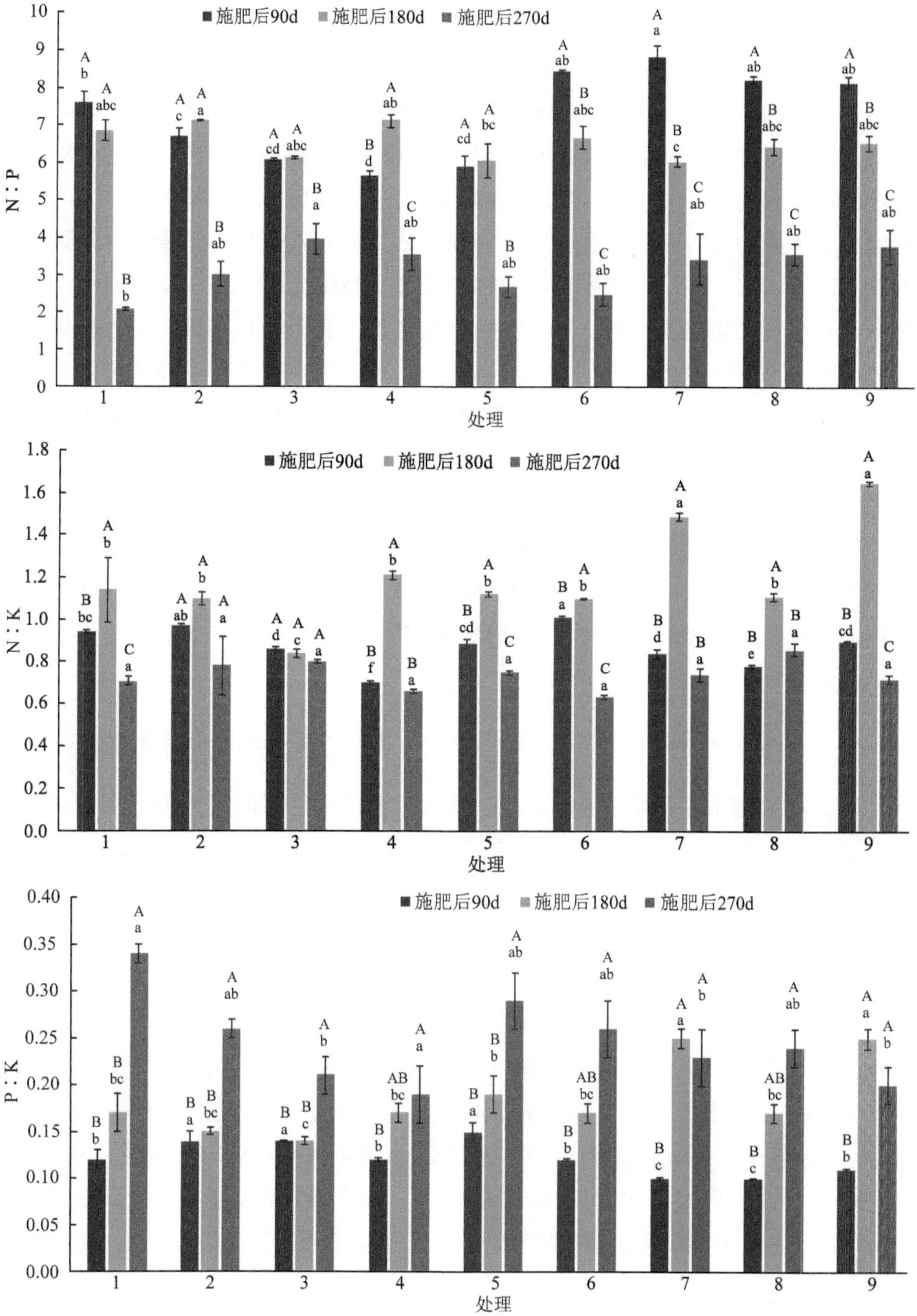

图 3-20　氮磷根系追施下云南松苗木萌条 N、P、K 化学计量比

注：不同小写字母表示同一时间不同处理之间的差异显著（$P<0.05$），不同大写字母表示不同时间同一处理之间的差异显著（$P<0.05$）。

萌条P∶K均存在显著差异（P<0.05），其中处理5的施肥后90d、处理7和处理9的施肥后180d，以及处理1的施肥后270d萌条P∶K最高，分别为0.15、0.25和0.34。综合来看，云南松苗木萌条在不同施肥处理中，施肥后90d的N∶P、N∶K、P∶K均存在显著差异；与处理1相比，单施氮肥时，N∶P、N∶K随氮的增加表现为先下降后上升，P∶K先趋于稳定后下降；单施磷肥时，N∶P随磷的增加呈下降趋势，N∶K先上升后下降，P∶K先上升后趋于稳定；氮磷配施的N∶P、N∶K、P∶K均无统一规律。施肥后180d的N∶P、N∶K、P∶K均存在显著差异，单施氮肥时，N∶P随氮的增加呈先上升后下降，N∶K呈上升趋势，P∶K先趋于稳定后上升；单施磷肥时，N∶K和P∶K随磷的增加呈下降趋势，N∶P表现为先上升后下降；氮磷配施的N∶P、N∶K、P∶K均无统一规律。施肥后270d的N∶P、P∶K存在显著差异，单施氮肥时，N∶P随氮的增加表现为先上升后下降，P∶K先下降后上升；单施磷肥时，N∶P随磷的增加呈上升趋势，P∶K呈下降趋势；氮磷配施的N∶P无统一规律，P∶K呈下降趋势，而N∶K则相对稳定。综合施肥后90d、180d和270d的萌条N、P、K化学计量比可以看出，随着时间的变化，各处理N∶P没有统一规律，N∶K呈现先上升后下降趋势，P∶K呈上升趋势。

5. 云南松苗木各器官N、P、K化学计量比间的变异来源分析和相关关系

对云南松苗木不同器官N、P、K化学计量比进行双因素方差分析，结果表明，云南松各器官之间施氮、磷及其氮磷交互作用对云南松N、P、K化学计量比的影响各不相同（表3-5）。施肥后90d，除茎的N∶K及根和叶的P∶K在P中无显著差异外，其余处理组合在氮、磷及其氮磷交互作用中均为极显著水平，即N、P及N×P间交互作用对N∶P、N∶K和P∶K均表现为显著或极显著差异（P<0.05或P<0.01）。施肥后180d，根、叶及萌条的N∶P在N、P中均无显著差异；茎和叶的N∶K在P中无显著差异；茎的P∶K在N、N×P中无显著差异，根的N∶P在N×P中无显著差异，其余处理组合在N、P及N×P中均存在显著或极显著差异。施肥后270d，根的N∶K、叶的N∶P和N∶K在N、P及N×P中均存在显著差异。从表3-5可以看出，云南松苗木各器官N、P、K化学计量比主要受N×P交互作用的影响，其次是N，影响最小的是P。

表3-5 氮磷根系追施下云南松苗木各器官N、P、K化学计量比间的变异来源分析

指标	器官	变异来源	自由度	施肥后时间		
				90d	180d	270d
N∶P	根	N	2	5.762*	0.625	13.064**
		P	2	10.596**	2.117	0.530
		N×P	4	7.315**	2.165	1.597
	茎	N	2	24.851**	10.924**	0.011
		P	2	12.043**	7.913**	5.085*
		N×P	4	13.791**	3.229*	1.389
	叶	N	2	28.895**	0.787	9.290**
		P	2	7.177**	2.391	4.397*
		N×P	4	15.477**	3.849*	3.157*
	萌条	N	2	67.914**	2.016	2.794
		P	2	7.163**	0.608	0.862
		N×P	4	33.710**	5.459**	3.645*
N∶K	根	N	2	133.810**	110.431**	20.099**
		P	2	31.445**	79.193**	3.910*
		N×P	4	44.312**	137.455**	27.490**
	茎	N	2	12.423**	8.480**	0.045
		P	2	1.844	3.336	0.081
		N×P	4	37.006**	9.040**	0.426
	叶	N	2	101.339**	20.594**	61.238**
		P	2	33.693**	1.858	38.106**
		N×P	4	34.225**	4.410*	27.663**
	萌条	N	2	24.815**	41.128**	3.033
		P	2	33.398**	7.357**	2.965
		N×P	4	60.646**	14.635**	0.767
P∶K	根	N	2	3.774*	4.478*	6.632**
		P	2	2.346	7.003**	0.744
		N×P	4	3.373*	13.904**	0.423
	茎	N	2	12.668**	1.775	0.097
		P	2	7.610**	12.545**	4.211*
		N×P	4	10.599**	2.873	0.385
	叶	N	2	7.392**	5.642*	0.536
		P	2	1.267	4.284*	0.591
		N×P	4	10.873**	9.438**	2.671
	萌条	N	2	108.300**	38.275**	2.607
		P	2	17.408**	3.754*	2.368
		N×P	4	14.479**	8.761**	5.245**

注：N×P表示N肥和P肥的交互作用。

* 表示差异显著（P<0.05）；** 表示差异极显著（P<0.01）。下同。

云南松苗木不同器官N、P、K化学计量比间的相关性分析表明（表3-6），

表 3-6 氮磷根系追施下云南松苗木各器官 N、P、K 化学计量比间的相关关系

施肥后时间	指标	根N∶P	茎N∶P	叶N∶P	萌条N∶P	根N∶K	茎N∶K	叶N∶K	萌条N∶K	根P∶K	茎P∶K	叶P∶K	萌条P∶K
90d	根N∶P	1.000											
	茎N∶P	0.280	1.000										
	叶N∶P	0.198	0.293	1.000									
	萌条N∶P	−0.180	-0.524^{**}	−0.263	1.000								
	根N∶K	0.744^{**}	0.320	0.268	−0.146	1.000							
	茎N∶K	−0.223	0.282	−0.132	0.265	0.177	1.000						
	叶N∶K	0.315	0.255	0.840^{**}	−0.331	0.509^{**}	−0.001	1.000					
	萌条N∶K	0.057	0.036	−0.208	0.326	0.290	0.265	−0.189	1.000				
	根P∶K	-0.459^{*}	−0.022	0.119	0.018	0.235	0.526^{**}	0.261	0.275	1.000			
	茎P∶K	-0.404^{*}	-0.845^{**}	−0.345	0.634^{**}	−0.241	0.226	−0.271	0.122	0.302	1.000		
	叶P∶K	0.148	−0.036	-0.396^{*}	−0.162	0.353	0.242	0.160	0.067	0.235	0.115	1.000	
	萌条P∶K	0.195	0.595^{**}	0.080	-0.799^{**}	0.308	−0.037	0.150	0.295	0.152	-0.568^{**}	0.200	1.000
180d	根N∶P	1.000											
	茎N∶P	0.038	1.000										
	叶N∶P	0.155	−0.347	1.000									
	萌条N∶P	0.077	−0.030	0.263	1.000								
	根N∶K	−0.034	0.372	-0.407^{*}	0.184	1.000							
	茎N∶K	−0.106	0.306	−0.284	−0.011	0.499^{**}	1.000						
	叶N∶K	−0.041	0.192	−0.019	0.112	0.119	−0.304	1.000					
	萌条N∶K	−0.338	−0.302	0.175	0.008	−0.071	0.385^{*}	−0.341	1.000				
	根P∶K	-0.579^{**}	0.358	−0.362	0.116	0.791^{**}	0.399^{*}	0.157	0.075	1.000			
	茎P∶K	−0.123	-0.582^{**}	0.030	0.004	0.066	0.561^{**}	-0.400^{*}	0.520^{**}	0.015	1.000		
	叶P∶K	−0.172	0.348	-0.759^{**}	−0.089	0.377	0.038	0.633^{**}	−0.310	0.370	−0.235	1.000	
	萌条P∶K	−0.340	−0.279	0.071	−0.372	−0.129	0.375	−0.357	0.923^{**}	0.030	0.496^{**}	−0.259	1.000

续表

施肥后时间	指标	根 N∶P	茎 N∶P	叶 N∶P	萌条 N∶P	根 N∶K	茎 N∶K	叶 N∶K	萌条 N∶K	根 P∶K	茎 P∶K	叶 P∶K	萌条 P∶K
270d	根 N∶P	1.000											
	茎 N∶P	−0.084	1.000										
	叶 N∶P	−0.088	0.030	1.000									
	萌条 N∶P	−0.299	0.147	−0.253	1.000								
	根 N∶K	0.594**	0.031	0.260	−0.446*	1.000							
	茎 N∶K	0.134	0.271	−0.096	−0.073	−0.015	1.000						
	叶 N∶K	0.022	−0.021	0.681**	−0.351	0.188	−0.146	1.000					
	萌条 N∶K	−0.188	0.266	−0.088	0.376	−0.125	−0.041	−0.053	1.000				
	根 P∶K	−0.888**	0.093	0.230	0.081	−0.214	−0.224	0.105	0.105	1.000			
	茎 P∶K	0.203	−0.668**	−0.103	−0.231	−0.030	0.524**	−0.064	−0.293	−0.271	1.000		
	叶 P∶K	0.155	−0.152	−0.736**	−0.013	−0.131	−0.023	−0.036	0.026	−0.214	0.151	1.000	
	萌条 P∶K	0.213	−0.052	0.265	−0.859**	0.406*	0.003	0.370	0.078	−0.013	0.068	−0.018	1.000

* 表示显著相关（P<0.05）；** 表示极显著相关（P<0.01）。

不同器官化学计量比间的相关性随时间的变化发生一定的改变，根 N∶P 与施肥后 90d、270d 根 N∶K 存在极显著正相关关系，而与施肥后 90d 茎 P∶K 存在显著负相关关系，与根 P∶K 在施肥后 90d、180d 和 270d 均存在负相关关系，其中在施肥后 180d、270d 中表现为极显著负相关关系，在施肥后 90d 中表现为显著负相关关系。茎 N∶P 与施肥后 90d 萌条 P∶K 存在极显著正相关关系，而与施肥后 90d 萌条 N∶P 存在极显著负相关关系，与茎 P∶K 在施肥后 90d、180d 和 270d 中均表现为极显著负相关关系。叶 N∶P 与施肥后 90d、270d 叶 N∶K 均存在极显著正相关关系，而与施肥后 180d 根 N∶K 存在显著负相关关系，与叶 P∶K 在施肥后 90d、180d 和 270d 均存在负相关关系，其中在施肥后 180d、270d 中表现为极显著负相关关系，在施肥后 90d 中表现为显著负相关关系。萌条 N∶P 与施肥后 90d 茎 P∶K 存在极显著正相关关系，而与施肥后 270d 根 N∶K 存在显著负相关关系，与萌条 P∶K 在施肥后 90d、270d 中表现为极显著负相关关系。根 N∶K 与施肥后 90d 叶 N∶K、施肥后 180d 茎 N∶K、施肥后 180d 根 P∶K 均存在极显著正相关关系，与施肥后 270d 萌条 P∶K 存在显著正相关关系。茎 N∶K 与施肥后 90d 根 P∶K、施肥后 180d 和 270d 茎 P∶K 均存在极显著正相关关系，与施肥后 180d 萌条 N∶K、根 P∶K 均存在显著正相关关系。叶 N∶K 与施肥后 180d 叶 P∶K 存在极显著正相关关系，而与施肥后 180d 茎 P∶K 存在显著负相关关系。萌条 N∶K 与施肥后 180d 茎 P∶K、萌条 P∶K 存在极显著正相关关系。茎 P∶K 与施肥后 180d 萌条 P∶K 存在极显著正相关关系，而与施肥后 90d 萌条 P∶K 存在极显著负相关关系。

综合来看，根 N∶P 与 P∶K 在施肥后 90d、180d 和 270d 均表现为负相关关系，其中在施肥后 180d、270d 中表现为极显著负相关关系，在施肥后 90d 中表现为显著负相关关系。茎 N∶P 与 P∶K 在施肥后 90d、180d 和 270d 中均表现为极显著负相关关系。叶 N∶P 与 P∶K 在施肥后 90d、180d 和 270d 均表现为负相关关系，其中在施肥后 180d、270d 中表现为极显著负相关关系，在施肥后 90d 中表现为显著负相关关系。萌条 N∶P 与 P∶K 在施肥后 90d、270d 中表现为极显著负相关关系。结果表明，云南松根、茎、叶及萌条 N∶P 与 P∶K 之间呈现出一种耦合关系，施肥后 90d、180d 和 270d 均表现为 N∶P 与 P∶K 之间的相关系数大且达到极显著负相关，主要受 P 元素的调控。各器官 N∶K 与 P∶K 之间也存在一定的相关性，主要受 K 元素的调控。P∶K 中，茎 P∶K 与施肥后 180d 萌条 P∶K 存在极显著正相关关系，与施肥后 90d 萌条 P∶K 表现为极显著负相关关系之外，其余两两间的正负相关性均保持不变，表现出相对独立性。云南松苗木各器官 N∶P、N∶K、P∶K 之间的相关性随着时间的推移而减弱。

3.2.5　萌蘖能力与各器官营养元素含量与分配的关系

1. 萌蘖能力与各器官营养元素含量的关系

（1）萌蘖能力与根中营养元素含量的关系

由表 3-7 可知，施肥后 90d，萌条数量、潜在萌条数、有效萌条数、萌条基径、萌条生物量与根系中的氮磷含量呈负相关关系，与钾含量呈正相关关系，但相关性未达到显著水平。由此表明，随着根系中氮磷含量的增加，萌条数量、萌条生物量下降，其萌蘖能力下降；随着根中钾含量的增加，萌蘖能力有增强的趋势。

施肥后 180d，除萌条基径外，萌条数量、潜在萌条数、有效萌条数、萌条生物量与根系中的氮含量之间存在负相关关系，而根系中的磷含量与萌条数量、有效萌条数呈正相关关系，与潜在萌条数、萌条基径、萌条生物量呈负相关关系；根系中钾含量与萌条数量、潜在萌条数、有效萌条数、萌条基径、萌条生物量均为正相关关系，且根中钾含量与有效萌条数、萌条生物量的相关性达显著水平（$P<0.05$）。由此表明，随着根中氮含量增加，萌蘖能力下降；随着根中磷含量的增加，萌条数量增加、萌条生物量下降；随着根中钾含量的增加，萌条数量、萌条生物量有所提高。

施肥后 270d，萌条数量、潜在萌条数、有效萌条数、萌条基径、萌条生物量与根中氮含量之间具有负相关关系，与磷含量呈正相关关系。由此表明，去顶后云南松苗木的萌条数量、萌条基径、萌条生物量随着根中氮、钾含量的增加而下降，而随着根中磷含量的增加而增加。

表 3-7　氮磷根系追施下云南松苗木萌蘖能力与根中营养元素含量的相关性分析

萌蘖能力	施肥后 90d			施肥后 180d			施肥后 270d		
	氮含量	磷含量	钾含量	氮含量	磷含量	钾含量	氮含量	磷含量	钾含量
萌条数量	−0.209	−0.339	0.126	−0.020	0.140	0.140	−0.171	0.317	−0.086
潜在萌条数	−0.180	−0.148	0.221	−0.249	−0.222	0.357	−0.259	0.181	0.015
有效萌条数	−0.103	−0.285	0.043	−0.113	0.064	0.393*	−0.330	0.020	0.102
萌条基径	−0.220	−0.283	0.118	0.058	−0.157	0.161	−0.259	0.441*	−0.213
萌条生物量	−0.269	−0.391*	0.207	−0.232	−0.116	0.394*	−0.449*	0.343	−0.220

* 表示显著相关（$P<0.05$）；** 表示极显著相关（$P<0.01$）。

（2）萌蘖能力与茎中营养元素含量的关系

由表 3-8 可知，施肥后 90d，萌条数量、潜在萌条数、有效萌条数、萌条基径、萌条生物量与茎中的氮磷含量存在负相关关系或显著负相关关系，与钾含量存在正相关关系。由此表明，萌条数量、萌条生物量均随着茎中氮磷含量的增加而下降，而随着茎中钾含量的增加而升高。

施肥后 180d，萌条数量、潜在萌条数、有效萌条数、萌条基径、萌条生物量与茎中的氮含量间存在负相关关系；同样地，茎中磷含量与萌条数量、潜在萌条数、萌条基径、萌条生物量存在负相关关系，而与有效萌条数存在正相关关系；茎中钾含量与萌条数量、萌条基径存在负相关关系，与潜在萌条数、有效萌条数、萌条生物量存在正相关关系。由此表明，随着茎中氮、磷、钾含量的增加，萌蘖能力下降。

施肥后 270d，萌条基径、萌条生物量与茎中氮、磷、钾含量存在负相关关系；潜在萌条数、有效萌条数与茎中氮、磷、钾含量存在正相关关系；萌条数量与茎中氮、磷含量存在正相关关系，而与钾含量存在负相关关系。由此表明，随着茎中氮、磷含量的增加，萌条数量增多，萌条生物量下降；随着茎中钾含量的增加，萌蘖能力下降。

表 3-8 氮磷根系追施下云南松苗木萌蘖能力与茎中营养元素含量的相关性分析

萌蘖能力	施肥后 90d			施肥后 180d			施肥后 270d		
	氮含量	磷含量	钾含量	氮含量	磷含量	钾含量	氮含量	磷含量	钾含量
萌条数量	−0.223	−0.317	0.361	−0.354	−0.297	−0.387*	0.194	0.025	−0.130
潜在萌条数	−0.220	−0.145	0.160	−0.536**	−0.140	0.025	0.355	0.115	0.083
有效萌条数	−0.405*	−0.192	0.072	−0.337	0.022	0.210	0.390*	0.373	0.215
萌条基径	−0.312	−0.115	0.431*	−0.331	−0.333	−0.119	−0.144	−0.110	−0.144
萌条生物量	−0.336	−0.224	0.317	−0.526**	−0.117	0.005	−0.066	−0.101	−0.121

* 表示显著相关（P<0.05）；** 表示极显著相关（P<0.01）。

（3）萌蘖能力与叶中营养元素含量的关系

针叶中氮、磷、钾含量与萌蘖能力的相关性分析结果见表 3-9。施肥后 90d，针叶中氮含量与萌条数量、有效萌条数、萌条生物量之间呈正相关关系，与潜在萌条数、萌条基径呈负相关关系；针叶中磷含量与萌条数量、有效萌条数呈负相关，与潜在萌条数、萌条基径、萌条生物量间呈正相关关系；针叶中钾含量与萌条数量、潜在萌条数、有效萌条数、萌条基径、萌条生物量均呈正相关关系，且与萌条基径的相关性达极显著水平（P<0.01）。由此表明，随着针叶中氮含量增加，萌条数量增加、萌条生物量增加；随着针叶磷含量增加，萌条数量减少、萌条生物量增加；随着针叶中钾含量增加，萌蘖能力有所提高。

施肥后 180d，萌条数量、潜在萌条数、有效萌条数、萌条生物量均与针叶中氮磷含量呈负相关关系，与钾含量呈正相关关系。由此表明，随着针叶中氮磷含量的增加，萌条数量、萌条生物量降低，随着针叶中钾含量增加，萌条数量、萌条生物量上升。

施肥后 270d，针叶中的氮、磷、钾含量与萌条数量、萌条基径均呈负相关关系，萌条生物量与针叶中氮磷含量呈负相关关系，与钾含量呈正相关关系。由此表明，随着针叶中氮、磷、钾含量的增加，萌条数量下降。

表 3-9　氮磷根系追施下云南松苗木萌蘖能力与叶中营养元素含量的相关性分析

萌蘖能力	施肥后 90d			施肥后 180d			施肥后 270d		
	氮含量	磷含量	钾含量	氮含量	磷含量	钾含量	氮含量	磷含量	钾含量
萌条数量	0.051	−0.080	0.161	−0.111	−0.210	0.169	−0.160	−0.057	−0.065
潜在萌条数	−0.061	0.012	0.134	−0.237	−0.195	0.029	−0.139	0.123	0.258
有效萌条数	0.352	−0.087	0.031	−0.120	−0.178	0.093	−0.120	0.328	0.447*
萌条基径	−0.028	0.321	0.507**	−0.193	0.020	0.071	−0.141	−0.262	−0.052
萌条生物量	0.165	0.008	0.250	−0.150	−0.257	0.133	−0.262	−0.079	0.004

注：*表示显著相关（$P<0.05$）；**表示极显著相关（$P<0.01$）。

2. 萌蘖能力与各器官营养元素分配的关系

（1）萌蘖能力与各器官氮分配的相关性分析

由表 3-10 可知，施肥后 90d，萌条数量、潜在萌条数、有效萌条数、萌条基径、萌条生物量与根、茎氮分配比呈负相关关系，而与叶和萌条的氮分配比呈正相关关系。可见随着分配给叶和萌条氮的增加，萌蘖能力有所提高，而分配给根、茎氮的增加则不利于去顶后云南松苗木的萌蘖。

施肥后 180d，萌条数量、萌条基径与根中氮分配比呈正相关关系，潜在萌条数、有效萌条数、萌条生物量与根氮分配比呈负相关。萌条数量、潜在萌条数、有效萌条数、萌条生物量与茎氮分配比呈负相关关系，与叶和萌条氮分配比呈正相关。由此表明，随着根中氮分配的增加有利于去顶后云南松苗木的二次萌蘖。

施肥后 270d，萌条数量、潜在萌条数、有效萌条数、萌条生物量与根、叶氮分配比呈负相关，而与茎、萌条氮分配比呈正相关（除萌条生物量与茎氮分配比呈负相关关系外）。由此表明，随着根、叶氮分配比增加，萌蘖能力下降，而随着茎、萌条氮分配比增加，萌蘖能力有所增强。

表 3-10　氮磷根系追施下云南松苗木萌蘖能力与各器官氮元素分配的相关性分析

萌蘖能力	施肥后 90d				施肥后 180d				施肥后 270d			
	根	茎	叶	萌条	根	茎	叶	萌条	根	茎	叶	萌条
萌条数量	−0.093	−0.142	0.202	0.082	0.067	−0.313	0.152	0.027	−0.333	0.134	−0.277	0.301
潜在萌条数	−0.084	−0.142	0.089	0.211	−0.108	−0.324	0.294	0.098	−0.542	0.302	−0.368	0.342
有效萌条数	−0.004	−0.364	0.434*	0.023	−0.039	−0.304	0.091	0.208	−0.633**	0.333	−0.358	0.358

续表

萌蘖能力	施肥后90d				施肥后180d				施肥后270d			
	根	茎	叶	萌条	根	茎	叶	萌条	根	茎	叶	萌条
萌条基径	−0.088	−0.219	0.147	0.263	0.216	−0.213	0.074	−0.155	−0.144	−0.073	0.101	0.068
萌条生物量	−0.157	−0.260	0.306	0.210	−0.124	−0.402	0.296	0.192	−0.444	−0.001	−0.073	0.322

* 表示显著相关（$P<0.05$）；** 表示极显著相关（$P<0.01$）。

（2）萌蘖能力与各器官磷分配的相关性分析

由表 3-11 可知，施肥后 90d，萌条数量、潜在萌条数、有效萌条数、萌条基径、萌条生物量与根、茎磷分配比呈负相关关系，而与叶和萌条的磷分配比呈正相关关系。可见随着分配给叶和萌条的磷元素增加，萌蘖能力有所提高，而分配给根、茎的磷元素增加则不利于去顶后云南松苗木的萌蘖。

施肥后 180d，萌条数量和有效萌条数与根中磷分配比呈正相关关系，潜在萌条数、萌条基径、萌条生物量与根中磷分配比呈负相关关系。萌条数量和萌条基径与茎中磷分配比呈负相关关系，潜在萌条数、有效萌条数、萌条生物量与茎中磷分配比呈正相关关系。萌条数量、有效萌条数、萌条生物量与叶中磷分配比呈负相关关系，潜在萌条数、萌条基径与叶中磷分配比呈正相关关系。萌条数量、潜在萌条数、萌条基径、萌条生物量与萌条磷分配比呈正相关关系。由此表明，随着分配给根、茎的磷元素增加，有效萌条数有增加的趋势，而萌条基径有降低的趋势；随着分配给叶、萌条的磷元素增加，潜在萌条数、萌条基径有上升趋势。

施肥后 270d，萌条数量、萌条基径、萌条生物量与根磷分配比呈正相关，与茎、叶磷分配比呈负相关。由此表明，随着根中磷分配比的增加，有利于萌条生长。

表 3-11 氮磷根系追施下云南松苗木萌蘖能力与各器官磷元素分配的相关性分析

萌蘖能力	施肥后90d				施肥后180d				施肥后270d			
	根	茎	叶	萌条	根	茎	叶	萌条	根	茎	叶	萌条
萌条数量	−0.238	−0.271	0.254	0.302	0.220	−0.241	−0.092	0.108	0.159	−0.182	−0.209	0.134
潜在萌条数	−0.131	−0.142	0.125	0.168	−0.201	0.101	0.106	0.110	0.116	0.020	0.078	−0.174
有效萌条数	−0.277	−0.173	0.156	0.287	0.076	0.069	−0.210	−0.007	−0.042	0.340	0.258	−0.385
萌条基径	−0.391	−0.145	0.352	0.251	−0.120	−0.103	0.241	0.130	0.470*	−0.048	−0.208	−0.240
萌条生物量	−0.374	−0.172	0.284	0.296	−0.075	0.077	−0.061	0.111	0.313	−0.141	−0.065	−0.136

* 表示显著相关（$P<0.05$）。

（3）萌蘖能力与各器官钾分配的相关性分析

由表 3-12 可知，施肥后 90d 萌条数量与根、叶、萌条中钾分配比呈负相关关系，而与茎钾分配比呈正相关关系，萌条生物量与根、茎、叶的钾分配比呈正相关关系，与萌条中的钾分配比呈负相关，可见随着茎中钾分配比的增加，萌条数量和萌条生物量有上升趋势。

施肥后 180d，萌条数量、潜在萌条数、有效萌条数、萌条基径、萌条生物量与根中钾分配比呈正相关，而与萌条钾分配呈负相关。由此表明，随着分配给根的钾元素增加，萌蘖能力有上升趋势。

施肥后 270d，萌条数量、潜在萌条数、有效萌条数、萌条基径、萌条生物量与萌条钾分配比呈负相关关系。综合来看，随着分配给萌条的钾元素增加，去顶后云南松苗木的萌蘖能力有所下降。

表 3-12　氮磷根系追施下云南松苗木萌蘖能力与各器官钾元素分配的相关性分析

萌蘖能力	施肥后 90d				施肥后 180d				施肥后 270d			
	根	茎	叶	萌条	根	茎	叶	萌条	根	茎	叶	萌条
萌条数量	−0.005	0.149	−0.018	−0.167	0.265	−0.388	0.249	−0.219	0.082	−0.087	−0.038	−0.082
潜在萌条数	0.114	−0.082	−0.099	0.106	0.320	−0.135	−0.072	−0.134	−0.087	−0.061	0.394	−0.246
有效萌条数	−0.046	−0.052	−0.107	0.217	0.291	0.030	−0.096	−0.207	−0.243	−0.188	0.564**	−0.125
萌条基径	−0.114	0.098	0.357	−0.394	0.212	−0.159	0.055	−0.142	0.124	0.259	0.348	−0.513
萌条生物量	0.010	0.022	0.000	−0.038	0.364	−0.142	0.008	−0.263	−0.021	0.015	0.192	−0.171

** 表示极显著相关（P<0.01）。

3.3　云南松苗木萌蘖能力响应氮磷根系追施的转录组分析

3.3.1　测序及组装结果

使用 Illumina 测序技术对云南松新萌蘖的嫩芽材料进行转录组测序，获得的 reads 采用 Trinity 软件进行无参转录组的 *de novo* 拼接后，获得 73 798 条 Unigene（表 3-13），N50 长度为 1679bp，GC 含量为 42.62%。Unigene 平均长度为 906bp，其中 Unigene 长度在 200～499bp 的 Unigene 数量最多，为 38 582 条，占 Unigene 总数的 52.28%；随着 Unigene 长度的增加，Unigene 数量逐渐减少；但长度大于 3000bp 的 Unigene 有 3686 个，其占比为 4.99%。可见，云南松的测序和组装效果较好，可进行下一步分析。

表 3-13　云南松测序数据及 Unigene 组装结果

指标	数值
总碱基对	66 908 719
GC 含量/%	42.62
Unigene	73 798

续表

指标	数值
平均长度/bp	906
最大长度/bp	17 837
最小长度/bp	201
N50 长度/bp	1 679

3.3.2 序列比对及功能注释

1. 云南松注释结果统计

将获得的 Unigene 进行注释，分别在 Nr、Swiss-Prot、KOG 和 KEGG 数据库进行 Blastx（E 值<10^{-5}）比对，其比对结果如表 3-14 所示。从表 3-14 中可以看出，云南松共有 39 355 个 Unigene 能比对到四大数据库，注释率为 53.33%。其中，Nr 数据库中有 38 956 个 Unigene 匹配到相似序列，注释率为 52.79%，Swiss-Prot 数据库中有 22 707 个 Unigene 匹配到相似序列，注释率为 30.77%，而能比对到 KOG 和 KEGG 数据库的 Unigene 数量分别为 19 128 个、14 085 个，注释率分别为 25.92%和 19.09%。

表 3-14 云南松转录组注释结果统计

注释数据库	Unigene 数量/个	注释率/%
Nr	38 956	52.79
Swiss-Prot	22 707	30.77
KOG	19 128	25.92
KEGG	14 085	19.09
注释基因	39 355	53.33

每个 Unigene 与 Nr 数据库进行比对后，选取其在 Nr 库中比对结果最好（E 值最低）的那一条序列为对应同源序列，确定同源序列所属物种，经比对后发现，与云南松同源序列较多的物种有：无油樟（3685 条）、西加云杉（2766 条）、中国莲（2620 条）、润生花烛（2061 条）、火炬松（1482 条）等。

2. 云南松功能注释分类

本试验中能比对到 KOG 数据库的 Unigene 数量是 19 128 个，注释率为 25.92%。这些比对到 KOG 数据库的 Unigene 被划分到 25 个功能中。在这些功能分类中，Unigene 数量最多的一类是一般功能预测，为 5699 个；其次是翻译后修饰、蛋白翻转，伴侣信号传递机制，其 Unigene 数量分别是 3347 个和 3076

个，而最少的是细胞活性，仅有 9 个 Unigene。

3. GO 功能分类情况

利用 GO 数据库可将已注释到的云南松 Unigene 归到生物学过程、分子功能、细胞组分三大类中（图 3-21）。其中，有 16 033 个 Unigene 被分类到生物学过程中，7078 个 Unigene 被归类到分子功能中，10 299 个 Unigene 归类到细胞组分中。在生物学过程中，具有代谢过程、细胞过程和单一有机体过程功能的 Unigene 最多，其占比分别为 24.28%、21.01%和 16.75%。在分子功能小类中，具有催化活性和结合的 Unigene 所占的比例较高，其占比分别为 54.15%和 35.79%。在细胞组分中，Unigene 数量占比较高的是细胞和细胞部分，其占比分别是 24.01%和 24.00%。

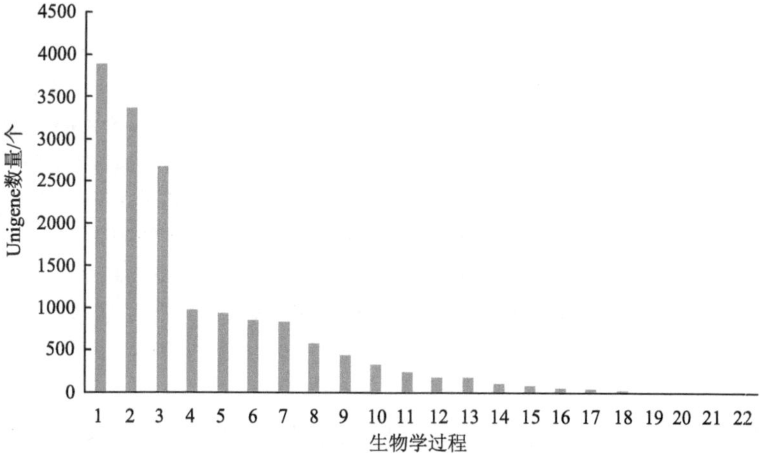

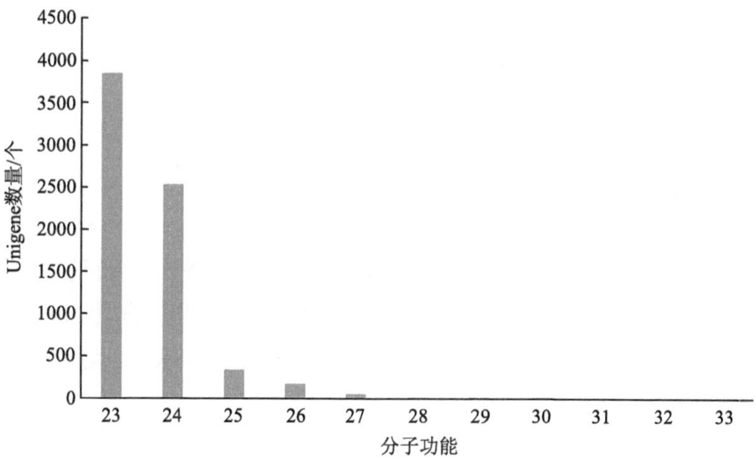

图 3-21　云南松 Unigene 的 GO 注释分类

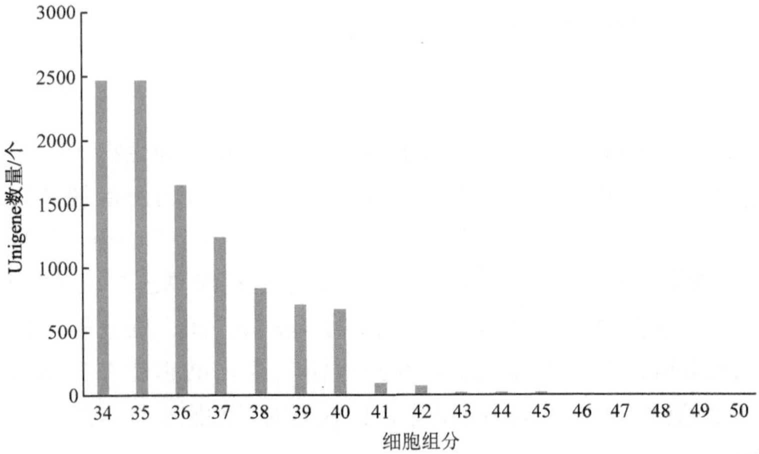

图 3-21（续）

注：1：代谢过程；2：细胞过程；3：单一有机体过程；4：刺激应答；5：生物调节；6：生物量过程调节；7：定位；8：细胞组分及来源；9：发育过程；10：多细胞生物过程；11：信号转导；12：繁殖；13：生殖过程；14：多有机体过程；15：生物过程负调控；16：生物过程正调控；17：生长；18：免疫系统过程；19：生物黏附；20：节律过程；21：解毒；22：细胞杀伤；23：催化活性；24：结合；25：转运活性；26：结构分子活性；27：核酸结合转录因子活性；28：信号转导活性；29：分子转导活性；30：分子功能的调节；31：抗氧化活性；32：蛋白结合转录因子活性；33：电子载体；34：细胞；35：细胞部分；36：细胞器；37：膜；38：大分子复合物；39：膜部分；40：细胞器部分；41：细胞连接；42：胞外区域；43：膜蛋白：44：病毒；45：病毒部分；46；超分子纤维；47：细胞外基质；48：类核；49：细胞外基质成分；50：胞外区域部分。

3.3.3 Unigene 代谢途径分析

经测序结果所得的 Unigene 比对到 KEGG 数据库中，进行 Pathway 注释，分析这些 Unigene 在代谢途径中的功能定位。共有 14 085 个 Unigene 得到注释，共涉及 133 个 KEGG 代谢通路，涉及代谢信号转导通路的 Unigene 最多，有 3096 个，其次与次级代谢产物的生物合成相关的 Unigene 有 1817 个，其余主要富集核糖体、植物与病原体碳代谢等代谢通路。

3.3.4 SSR 位点分析

利用 MISA 软件找出 2175 个 SSR 标记位点，其中，三碱基型重复最为丰富，达 1081 个，其他类型依次为：双碱基型 563 个、四碱基型 224 个、五碱基型 98 个及六碱基型 209 个（表 3-15）。通过对云南松 SSR 位点的分析，为云南松苗木萌蘖遗传标记研究提供基础依据。

表 3-15　云南松转录组 SSR 分析统计结果

搜索项目	数量/条
检测的总序列数	73 798
检测序列总长度/bp	66 908 719
检测 SSR 序列数	2 175
含有 SSR 序列数	1 904
大于 1 个 SSR 序列数	212
复合型 SSR 序列数	124
双碱基型	563
三碱基型	1 081
四碱基型	224
五碱基型	98
六碱基型	209

3.3.5　差异基因分析

1. 差异基因表达量分析

经过分析发现，与对照组（萌条数量少的一组）相比，萌条数量多的云南松中有 14 203 个差异表达基因。其中，上调表达基因为 9906 个，下调表达基因为 4297 个。

2. 差异表达基因的 GO 分析

对差异基因做 GO 注释和功能富集分析，获得生物学过程、细胞组分和分子功能 3 类注释的上调表达基因分别为 2806 个、1638 个和 1138 个，而下调表达的基因分别为 807 个、528 个和 445 个。其中，生物学过程组分中，代谢过程、细胞过程和多细胞生物过程的差异表达基因所占比例较高，分别为 22.94%、20.26%和 17.13%。在细胞组分分组中，细胞和细胞部分的差异表达基因所占比例最高，分别为 23.82%和 23.78%。在分子功能中，差异表达基因在催化活性和结合所占比例最高，分别为 54.77%和 33.67%。

3. 差异表达基因的 KEGG 分析

对差异表达基因 KEGG 注释结果按 KEGG 中通路类型进行富集分析，共有 1818 个差异基因被定位到 128 条 KEGG 通路中，占总差异表达基因的 12.8%。其中，显著性富集的通路包括：角质、木栓质和蜡质的合成，植物-病原体互作，脂肪酸的延长，苯丙素生物合成，DNA 复制，单萜的合成，二萜生物合成，次生代谢物合成，戊糖与葡萄糖醛酸转换，亚油酸代谢，油菜素内酯的生物合成，光合作用-天线蛋白，类胡萝卜素生物合成，植物激素信号转导，核糖体，类黄酮生物合成等。

3.3.6 与萌蘖相关差异基因的分析

前人研究已表明，林木萌蘖能力受植物体内激素水平的调控（朱万泽 等，2007）。基于前人的研究结果，选择植物激素信号转导相关通路做进一步分析，植物激素信号转导通路中共注释到了 71 个差异表达基因（附录），其中生长素信号转导途径注释到的差异表达基因最多，为 26 个，包括 *AUX1*（1 个）、*AUX/IAA*（3 个）、*GH3*（2 个）和 *SAUR*（20 个）家族蛋白，在这 26 个基因中，有 21 个基因显著上调，5 个基因显著下调。其次是茉莉酸（JA）信号转导通路，共注释到了 10 个差异表达基因，涉及 *JAZ*（6 个）、*MYC2*（1 个）、*COI1*（2 个）和 *JAR1*（1 个）家族蛋白。油菜素内酯信号转导通路注释到了 9 个差异表达基因，包括 *BSK*（1 个）、*BRI1*（1 个）、*CYCD3*（2 个）和 *TCH4*（5 个）家族蛋白。细胞分裂素（CTK）信号转导途径，也注释到 8 个差异基因，包括 *A-ARR*（1 个）、*B-ARR*（1 个）、*AHP*（3 个）和 *CRE1*（3 个）家族蛋白，在这 8 个基因中，有 6 个基因显著上调，2 个基因显著下调。此外，赤霉素信号转导途径注释到了 5 个差异表达基因，且这 5 个差异表达基因均显著上调。脱落酸信号转导途径注释到的差异表达基因为 8 个。由此表明，去顶后云南松苗木的萌蘖出生、生长受多种激素的调控。

3.4 氮磷根系追施下云南松苗木的营养元素特征及转录组分析

3.4.1 氮磷根系追施对云南松苗木营养元素的影响

营养元素不仅是植物体内许多重要有机化合物的组分，还调节着植物的生理生化代谢过程，因此营养元素对植物的生长发育具有重要作用（武维华，2008）。植物体各器官营养元素的含量常随植物的生长、发育而呈一定的变化规律（蒋向辉 等，2015；王燕燕 等，2018）。一般情况下，氮、磷、钾等可移动元素在叶片生长初期含量较高，随着叶片干物质的迅速积累并伴随着土壤养分含量的减少，叶片中的氮磷钾含量逐渐降低（高甲荣，1991）。本章试验中，去顶后云南松苗木根、茎、叶和萌条中的氮元素含量均以施肥后 90d 的最高，且根、茎、叶和萌条中的氮元素含量随施肥时间的推移而下降。这与核桃、毛白杨和油松的研究相似（陈甜 等，2009；王燕燕 等，2018）。但与之不同的是：本章试验中根、茎、叶和萌条中的磷元素含量并不随季节的变化而下降，而是随施肥时间的推移而上升。出现这一现象的原因可能是氮磷配施提高了土壤的营养状况，可为去顶后云南松苗木的生长提供足够的磷元素。此外，在本章试验中去顶后云南松苗木各器官中的钾元素含量随施肥时间的推移呈先降后升的趋势。钾是易于淋洗的元素，7 月、8 月降雨多，从而直接影响了 9 月去顶后云南松苗各构件中钾元素的含量（张硕新，1990）。

在林业生产过程中，常采用施肥的方式增加土壤中有效养分含量，使植物体内的营养元素含量产生变化，进而提高植物的产量和果实的品质（梁宏温和梁杏清，1996；褚军，2010）。本章试验中，施肥早期并不能显著促进去顶后云南松苗木根系中氮元素的积累，但随着施肥时间的推移，一定浓度的氮磷配施可显著促进根中氮元素的积累。苗木去顶后，叶面积减少，光合产物向根系的分配减少，根生物量的减少使根系对氮的吸收固定能力减弱（Kadiata and Mulongoy，1998）。因而云南松苗木去顶后，一方面需要将根系中的氮元素供给地上部分的生长；另一方面由于自身获得的同化物较少，使去顶后根系中氮元素的积累受到一定影响。随着施肥时间的推移，地上部分得到重建，使其合成的光合产物可分配给根，促进了根的生长，提高了根系吸收土壤中养分的能力。本章试验还发现，一定浓度的氮磷肥施用也会导致根、茎、叶和萌条中氮、磷、钾元素含量发生变化。

对萌蘖植物而言，地上部分遭到破坏之后，地上部分恢复和重建所需的营养物质大多由根系不断供应（Fang et al.，2008）。本章试验中，苗木的萌蘖能力与苗木根系中氮含量、磷含量呈负相关关系。柠条在地上组织破坏之后，会将更多的氮供应于地上组织的生长，同时伴随着根系氮质量分数的下降（方向文 等，2007）。因此，去顶后云南松苗木地上部分所需要的氮磷由根系供给，从而导致根系自身的氮磷含量降低。此外，萌蘖能力与根系中钾含量在萌蘖生长初期主要呈正相关关系，后期呈负相关关系，平茬 330d 后萌蘖植株生长所需的钾元素大部分由根系提供。本章试验还发现，在萌蘖生长初期，针叶中的氮含量与萌蘖能力呈正相关关系，而在萌蘖后期则呈负相关关系。植物进行光合作用必须有充足的氮，而在萌蘖初期，需要叶进行光合作用合成足够的同化物以满足植物的生存、生长；在后期生长过程中，萌条已经产生光合产物，此时若叶中氮含量较多反而不利于萌条的生长。

本章试验还发现，氮磷配施改变了去顶后云南松苗木的氮、磷、钾营养元素的分配格局。一定浓度的氮磷配施可使第一次萌蘖出生完成后的苗木将较多的氮磷分配给萌条，而分配给根的氮磷有所下降；此时施肥对钾元素分配的影响主要是加大根的分配、减少萌条的分配。这一分配策略有利于去顶后云南松苗木的萌蘖出生和生长。

3.4.2 氮磷根系追施对云南松苗木化学计量的影响

氮磷营养元素作为限制性元素变异较大，在油松（李茜 等，2017）、樟子松（王凯 等，2020a）中也有报道。相关研究表明，植物 N∶P 往往与植株的生长速率有关（Yu et al.，2012），同时也是反映环境中养分制约的重要指标（Güsewell，2004）。当 N∶P<14 时，N 为植物生长的主要限制性元素；当 N∶P>16 时，P 为植物生长的主要限制性元素；当 14<N∶P<16 时，N 和 P 都是植物生长的限制性元素（姜沛沛 等，2016；皮发剑 等，2016）。本章试验发现，处理 1 云南松苗木各器官 N∶P 平均为 5.45，说明在初始情况下云南松的生长受氮的限制，单施磷肥时 N∶P 呈现上升的趋势，说明施用磷肥能缓解氮对植物生长的限制；单施氮肥后 N∶P 呈现下降的趋势，说明施用氮肥使植物的生长仍受到氮的限制；氮磷配施各器官 N∶P 平均为 4.97，氮磷配施并不能有效缓解氮受限的情况，但在处理 5 中氮受限最小，表明氮的吸收利用受磷的影响，这与蔡年辉等（2022）对云南松苗木 N∶P 的研究结果相似，也与陈婵等（2016）对会同杉木器官间 N∶P 研究结果相近。总体而言，本章试验中各器官 N∶P 的平均值介于 3.62～7.39（平均 5.25），远远低于 14，表明云南松苗木生长受氮元素的限制。与云南松前期研究报道相比，分别为 5.33（蔡年辉 等，2022）、5.82（刘俊雁和董廷发，2020）和 11.32（黄小波，2016），本章试验中受限程度表现更为明显。随着施肥季节的变化，N∶P 在根、茎和萌条中逐渐下降，在叶中先下降后上升，但总体差异不大。云南松苗木对于不同器官的营养元素分配没有统一的规律，这可能与云南松分配模式上的变异有关（李鑫 等，2019）。参考关于钾元素阈值的划分标准（N∶K>2.1，K∶P<3.4，植物生长受钾元素的限制）（Venterink et al.，2003），本章试验发现，处理 1 云南松苗木各器官 N∶K 平均为 1.26，K∶P 则为 3.57，单施氮肥、单施磷肥和氮磷配施的 N∶K 介于 1.00～1.04，均低于处理 1，而 K∶P 介于 4.35～5.00，均高于处理 1，说明钾元素的吸收利用受外源氮磷添加的影响。综合来看，本章试验中云南松苗木各器官 N∶K 平均值介于 0.64～1.29（平均 1.04），低于 2.1，K∶P 平均值介于 3.33～5.9（平均 4.55），高于 3.4，表明其生长基本不受钾元素的限制。从植物的生存策略的角度考虑，植物在生长过程中的主要特点是对资源的获取和分配，即在生长和生存之间权衡。去顶后施肥，云南松倾向于促进伐桩母株萌生出萌条，植物在进行光合作用、呼吸作用及合成遗传物质时需要氮、磷、钾元素。云南松苗木生长前期，根

系不发达，需大量侧根共同吸收大量营养支撑苗木生长，且初期受氮元素限制，在生长过程中主要受磷元素的限制，但基本不受钾元素的限制。这与闫景明等（2021）对大别山五针松枝叶化学计量关系研究结果相近。

植物有机体化学计量特征是植物长期适应环境的结果，反映其对环境的适应策略，且比例变化受环境变化的影响（蔡国俊，2016），同一元素在不同器官之间的相关性表现不同器官对同一养分利用的协同性，同一器官不同元素间的相关关系是植物对不同养分利用方式的综合体现（Zhang et al.，2018）。本章试验发现，云南松苗木根、茎、叶及萌条 N∶P 与 P∶K 之间存在耦合性，施肥后 90d、180d 和 270d 均表现为 N∶P 与 P∶K 之间的相关系数大且达到极显著负相关，表明云南松苗木器官具有相同的限制性元素。这种调控在云南松天然次生林植物也有研究报道，总体受磷元素限制（黄小波，2016）。各器官 N∶K 与 P∶K 之间也存在一定的相关性，主要受钾元素的调控。本章试验中 P∶K 随季节的变化同样具有很大的变异性，茎 P∶K 与施肥后 180d 萌条 P∶K 存在极显著正相关关系，与施肥后 90d 萌条 P∶K 表现为极显著负相关关系，因此茎的变异性在一定程度上是受到萌条的影响，这在其他研究中也有所报道（闫景明 等，2021）。其余两两间的正负相关性均保持不变，表现出相对独立性。

随着植物的生长，氮、磷、钾化学计量比往往会发生变化（张新洁，2019），研究发现华北落叶松 N∶P 随植物生长先增加后下降（赵亚芳 等，2015），这是由于落叶植物生长旺盛期对养分需求量较大，促使 N∶P 升高，而后期生长速率减慢，N∶P 随之下降。杉木 N∶P 随植物生长呈现不规则波动现象，其在 10 月达到最低值（陈婵 等，2016）。本章试验发现，云南松苗木 N∶P、N∶K 和 P∶K 的变异特征主要受氮磷交互作用的影响，其次是氮，影响最小的是磷。张新洁（2019）研究氮磷施肥对水曲柳生长和生态化学计量特征的影响，表明氮磷配施有助于水曲柳细根对氮的吸收，并且效果优于单施氮肥或磷肥。本章试验结果与其较为一致，表明生长过程中云南松自身对养分的利用能力较强，在不同生长阶段所需的元素及对养分的利用效率有所差异，且氮磷配施对氮、磷、钾化学计量特征的影响大于单施氮肥或磷肥。

3.4.3　氮磷根系追施对云南松苗木营养元素相对生长关系的影响

植物对生活环境的适应策略可以通过不同器官中氮、磷、钾的分配来反映（姜沛沛 等，2016）。在植物生长发育过程中，所能获得的营养资源是有限的，为提高自身在群落中的适应性，需要对有限的资源进行分配，在获取营养元素的根、负责支撑并传导水分的茎、获取光同化产物的叶及萌条之间进行权衡。营养元素如氮、磷、钾的含量及其在器官上的分配规律反映了物种对生境的适应策略及该阶段的生理活动情况（陈婵 等，2016）。

不同器官的营养元素分配存在显著差异，其中氮、磷、钾在植物不同器官中均存在较大差异性，这可能与这些元素的功能有关。从氮、磷、钾元素的分配来看，在各器官中云南松苗木的氮、钾分配表现为萌条>叶>茎>根；磷分配表现为萌条>茎>叶>根。总体表现为地上部分器官大于地下部分，即萌条、茎、叶大于根。根系是植物吸收养分和物质交流的主要器官（刘盈盈 等，2020；邵畅畅 等，2021），营养元素在植物体内运输以供给生长代谢需求，进而导致其在部分器官中含量降低（Bertiller et al.，2005；Gargallo-Garriga et al.，2014）。为满足生理活动及代谢需求，根从土壤中吸收大量养分并运往地上器官，进而使根系的养分含量下降（Kim，2001）。与柏方敏等（2010）对洞庭湖西岸区防护林土壤和植物营养元素含量特征的研究类似，根在各个阶段均具有较小且相对稳定的氮、磷、钾含量。本章试验中可能是母株将更多的元素分配至地上部分以满足萌条生长，因此萌条的元素分配比最高，而根的最低。但也有研究表明，不同植物干扰后资源的分配优先有所差异（卢德亮 等，2020），平茬后不同器官的氮、磷、钾分配会发生变化（高凯 等，2017）。因此，萌条生长所需养分存在多种来源，但究竟何种因素决定萌条的养分利用，仍存在不确定性（卢德亮 等，2020）。叶为光合作用的主要场所，而氮和磷是构成光合作用所需酶（如叶绿素a 和叶绿素 b），及合成遗传物质的主要元素（孙雪娇 等，2018）。茎是植物运输水分、养料的组织器官，具有与周围环境响应较差的韧皮部和木质部（Frederickc et al.，2009），表明茎中氮、磷、钾含量较为稳定。这与孙雪娇等（2018）对雪岭云杉不同器官氮、磷、钾化学计量特征随生长阶段变化的研究结果类似。

在不同施肥处理中，随施肥时间的推移，处理 2 中根氮分配比表现为先上升后下降，处理 8 呈下降趋势，其余处理均表现为先下降后上升，说明随着施肥时间的变化，分配给根的氮也有所不同，总体呈先上升后下降趋势，且高氮中磷对其有抑制作用；茎在处理 1 中表现为先上升后下降，处理 9 反之，其余处理均呈下降趋势，说明随施肥时间的变化，分配给茎的氮总体呈下降趋势，其中低氮低磷和高氮高磷效果相反；除处理 9 之外，其余处理的叶氮分配比均呈上升趋势，分配给叶的氮总体呈上升趋势；萌条中各处理间无统一规律。随施肥时间的推移，茎磷分配比在处理 9 中表现为先下降后上升，处理 6 呈下降趋势，其余处理均表现为先上升后下降；根和叶各处理间无统一规律；萌条磷分配比随施肥时间的推移呈先下降后上升的趋势。叶钾分配比在处理 1 中呈下降趋势，处理 7 表现为先上升后下降，其余处理均表现为先下降后上升，而萌条中除处理 2 和处理 6 表现为先上升后下降，其余处理均下降；根和茎钾分配比在各处理间无统一规律。总体而言，随着施肥时间的变化，云南松苗木地上部分的氮、磷、钾分配比高于地下部分，进一步说明，为获得更多的光照和生存空间，云南松幼苗生长主要倾向于地上部分，且分配给叶的氮及分配给根和茎的钾呈上升趋势，可能是植物进行光合作用，需要更多的活化剂，从而促进植株生长及新陈代谢。该结果与井卉竹等（2022）研究生长调节剂喷施对白枪杆幼苗氮、磷、钾化学计量特征的影响结果类似。施肥有利于苗木生长，有针对性地对苗木进行施肥，可以使苗木获取相应的营养成分，提高苗木品质，但过量施肥会影响幼苗生长（王瑜 等，2022）。

随着施肥时间的推移，云南松苗木不同器官各营养元素间的异速生长关系也随之发生变化。施肥后 90d，根与茎中氮的积累速度低于磷，同时茎中钾的积累速度也低于磷；施肥后 180d，根和叶中氮的积累速度低于磷，叶中氮的积累速度也低于钾，与此同时，根和萌条中磷的积累速度均低于钾；施肥后 270d，根、叶、萌条中氮的积累速度均低于磷，根和茎中氮的积累速度显著高于钾，同样地，在根、茎、叶、萌条中磷的积累速度也显著高于钾。很多情况下各器官表现为氮、磷的积累速度相接近，但总体表现为钾的积累速度低于氮、磷。这在云南松的其他研究中也揭示相似的趋势，该元素分配的相对稳定性可能是物种的一种维持机制（刘俊雁和董廷发，2020）。

一些研究表明，植物体内不同器官营养元素的线性模型斜率相同截距不同，是受到环境因素的直接影响所导致的（Leishman et al.，2007）。本章试验中，叶、根的 N-P 存在斜率相似，异速生长指数相近，但其截距不同，可能是因为云南松的叶、根所处环境具有差异性，叶暴露在空气中，而根则位于土壤中。刘建国等（2016）对荒漠短命植物的研究表明，N-P 的异速生长指数为 2/3，高于本章试验中云南松叶 N-P 的异速生长指数（−0.390～0.544），趋近于根 N-P 的异速生长指数（−0.651～0.684），这可能是由于不同物种间对氮和磷的利用策略及荒漠与森林的环境差异所致；施肥后 270d，茎的 N-P、叶与萌条 P-K 均未表现出显著的异速生长关系，该结果与盐地碱蓬不同器官异速生长结果相似（Liu et al.，2015），表明不同器官各自的养分分配具有一定的相似性，并未由于生长发育的不同而产生较大的差异。

异速生长指数在不同器官间均具有显著差异，表明各器官的养分分配具有一定的差异性，利用规律不一致，生长发育不同而产生较大差异（陈婵 等，2016），即云南松苗木各器官之间营养元素的异速生长轨迹发生显著变化（蔡年辉 等，2022），进而导致不同的营养元素分配特征，也进一步阐明各器官间化学计量特征变异模式的复杂性。同时也意味着云南松在平茬后会按一定的比例关系吸收氮、磷、钾，并在其器官内相互耦合保持相对平衡（张慧 等，2016）。当然，氮磷的吸收利用还与植株生长发育、环境因素有关，植物异速生长关系可能受管理措施（施肥时间）的影响（蔡年辉 等，2022），但随着云南松苗木的生长，之后会如何发生变化还有待研究。

3.4.4 氮磷根系追施对云南松苗木基因表达的影响

苗木萌蘖的出生、生长是一个复杂的生理过程。萌芽松和沙棘的研究均表明，苗木平茬后萌条的出生、生长涉及多个基因表达，基因功能涉及物质代谢、转录调节、胁迫反应、生长发育、信号转导、激素调控等方面（Liu et al.，2011）。此外研究还发现，与沙棘萌蘖出生、生长相关的基因显著富集的通路包括：核糖体，植物激素信号转导，剪接体，RNA 聚合酶，单萜的合成，苯丙素的生物合成，角质、木栓质和蜡质的合成等（邹旭，2018）。对去顶后云南松苗木转录组分析也发现，与萌蘖相关基因显著富集的通路涉及角质、木栓质和蜡质的合成，苯丙素生物合成，DNA 复制，单萜的合成，二萜生物合成，油菜素内酯的生物合成，光合作用-天线蛋白，类胡萝卜素生物合成，植物激素信号转导，核糖体等，这一结果与沙棘得到的结果基本一致。

在植物萌蘖生长、发育过程中植物激素发挥着重要作用。其中，细胞分裂素与萌蘖特性有密切关系，对休眠芽的萌发具有一定的启动作用，是促进休眠芽萌发的原始动力（林武星 等，1996）。激素调控假说就曾指出：森林的萌生更新能力受植物体内激素水平的调控，其中生长素和细胞分裂素在萌芽中起着重要作用，两者的比率调控器官的再生（朱万泽 等，2007）。但是，通过沙棘的进一步研究却发现，萌蘖的出生、生长过程与平茬后的内源激素含量、比值有着必然的内在联系，主要表现为平茬后沙棘整个萌蘖出生、生长过程中 GA_3/ABA、ZR/ABA、IAA/ABA 提高，ABA 含量降低（张泽宁 等，2019）。可见，林木的萌蘖出生、生长过程涉及多种激素的调控。在对云南松苗木的转录组分析中也发现，植物激素信号转导通路被显著富集，一共注释到 71 个差异表达基因，涉及生长素信号转导途径、茉莉酸信号转导通路、油菜素内脂信号转导、细胞分裂素信号转导途径、脱落酸信号转导途径、赤霉素信号转导途径等。由此表明，云南松苗木的萌蘖特性也由多种激素进行调控，这与平茬后沙棘中激素的测定结果一致（张泽宁 等，2019）。

第 4 章　氮磷底肥配施对云南松苗木去顶萌蘖生长的影响

4.1　研究地概况与研究方法

4.1.1　试验地概况

试验地概况同 2.1.1。

4.1.2　研究材料

试验种子采自云南省弥渡县云南松无性系种子园，采种母树生长状况良好，采集当年生的成熟球果。做好标记并晒干，取出发育良好的种子。统一对种子进行消毒浸泡，于 2021 年 5 月进行播种，待种子完全萌发后，8 月进行移苗，移栽至育苗盆中（容器规格为底径 18cm×高 32cm），基质为腐质土∶红土=3∶1。选择个体大小一致的苗木进行后期试验，其间对苗木统一管理，每隔两个星期除草，每隔 3～5d 浇水，每次浇透即可。

4.1.3　试验设计与田间排列

试验氮、磷 2 因素的 3 个水平各自两两组合，根据前期的试验结果，对其进行了优化设计，设置施入氮肥为尿素，总氮 46.40%，施氮量 0.0g·株$^{-1}$、0.6g·株$^{-1}$、1.2g·株$^{-1}$。磷肥为过磷酸钙，$P_2O_5$85%，施磷量 0.0g·株$^{-1}$、2.0g·株$^{-1}$、4.0g·株$^{-1}$（表 4-1），共 9 个处理。于 2022 年 2 月对苗木进行统一去顶，去顶高度为 5cm。另增设了一个处理为未去顶作为对照，每个处理组合 35 株苗，3 个重复，30 个小区，共 1050 株苗。3 月按照试验设计进行氮磷底肥配施，将不同配比的氮磷肥与基质充分混匀，6 月进行追肥，为平均追肥，共施肥 2 次。

表 4-1　云南松苗木氮磷底肥配施下的试验方案

处理	氮磷组合（氮磷水平说明）	氮肥用量/（g·株$^{-1}$）	磷肥用量/（g·株$^{-1}$）
1	N1P1（低氮低磷）	0.0	0.0
2	N1P2（低氮中磷）	0.0	2.0

续表

处理	氮磷组合（氮磷水平说明）	氮肥用量/（g·株$^{-1}$）	磷肥用量/（g·株$^{-1}$）
3	N1P3（低氮高磷）	0.0	4.0
4	N2P1（中氮低磷）	0.6	0.0
5	N2P2（中氮中磷）	0.6	2.0
6	N2P3（中氮高磷）	0.6	4.0
7	N3P1（高氮低磷）	1.2	0.0
8	N3P2（高氮中磷）	1.2	2.0
9	N3P3（高氮高磷）	1.2	4.0

按照田间布设图（图 4-1）将育苗盆整齐摆放在苗床上，每个处理组合 35 株苗，设置 3 次重复，10 为未去顶处理。

I-1	I-2	I-3	I-4	I-5	I-6	I-7	I-8	I-9	I-10
II-4	II-5	II-6	II-7	II-8	II-9	II-1	II-2	II-3	II-10
III-7	III-8	III-9	III-1	III-2	III-3	III-4	III-5	III-6	III-10

图 4-1　云南松苗木氮磷底肥配施下的田间排列

4.1.4 指标测定

1. 生长量测定

于 2022 年 3 月开始，每月固定时间对每个处理 3 个重复苗木使用直尺（精确至 0.1cm）和游标卡尺（精确至 0.01mm）进行苗高、地径测量。

2. 生物量和根系测定

（1）生物量测定

2022 年 6 月、9 月、12 月，从每个处理每个重复随机选择 3 株苗木（因为处理 7、处理 8、处理 9 苗木后期死亡率较高，为保证试验能继续进行，所以 9 月、12 月未采样测定）。用整株收获法进行苗木挖取。测定样株的萌条长度和基径，用直尺直接测量萌条长度，精确至 0.1cm，萌条基径用游标卡尺进行测量，精确至 0.01mm。用清水小心冲洗根系土壤，晾干，保持根系完整。用电子天平分别称量其根、茎、叶、萌条的鲜重，放入纸袋并做好标记。在 105℃的烘箱中杀青 30min 后，调至 80℃进行烘干处理至质量恒定，分别称其干重，即为生物量，精确至 0.0001g。放入自封袋中贴好标签，后续用于碳氮磷和可溶性糖、淀粉等指标测定。生物量相关指标计算同 2.1.4.2。

（2）根系测定

将 10 个处理中选取的苗木用爱普生（Epson）根系扫描仪进行根系扫描，扫描后用 WinRHIZO 分析软件获取总根长（cm）、根投影面积（cm^2）、根系表面积（cm^2）等数据。

3. 萌蘖能力调查

去顶后对云南松苗木的萌蘖能力进行调查。于 2022 年 3～12 月，每月固定时间对每个处理每个重复苗木萌条数量进行观测。2022 年 12 月，测定萌条长度。

4.1.5　数据分析

采用 Excel 对采集的数据进行数据整理，SPSS20.0 进行单因素和双因素方差分析，Duncan 法进行多重比较，数据皆为平均值±标准误。采用 Pearson 相关性分析不同指标间的相关关系。在 Origin 和 GraphPad Prism 中完成绘图。

萌条数量的动态变化，以生长时间为自变量，萌条数量为因变量，进行逻辑斯谛模型的拟合，根据公式计算出萌条数量日生长速度最大的日期，也就是萌条数量的速生点 $t_0=a/b$，其余分析同 2.1.5。

4.2　云南松苗木萌蘖能力对氮磷底肥配施的响应规律

4.2.1　萌条数量对氮磷底肥配施的响应规律

从表 4-2 可以看出，不同处理下云南松苗木萌条数量逻辑斯谛模型拟合均为极显著（$P<0.01$），且各处理的拟合相关系数为 0.9312～0.9933。其中，未去顶处理、处理 1、处理 3 的速生点相接近，为 47d、57d、33d。处理 2、处理 4、处理 5、处理 6、处理 9 的速生点为 70～120d，处理 7、处理 8 相对于其他处理速生点出现较晚，其速生点分别为 149d、143d。各处理间的速生点虽然不同，但都随着时间的增加呈现出“慢—快—慢”的生长节律。

表 4-2　氮磷底肥配施下云南松苗木萌条数量逻辑斯谛模型拟合

处理	k	a	b	速生点/d	R^2	F	P
未去顶	3.5120	2.2182	0.0474	47	0.9629	44.5306	0.0001
1(N1P1)	4.7653	1.9419	0.0342	57	0.9834	102.6989	0.0001
2(N1P2)	5.7798	2.0278	0.0274	74	0.9859	121.5784	0.0001
3(N1P3)	3.8985	2.8698	0.0868	33	0.9520	33.8638	0.0003
4(N2P1)	4.7023	4.0690	0.0378	108	0.9312	22.8561	0.0009

续表

处理	k	a	b	速生点/d	R^2	F	P
5(N2P2)	5.2583	2.6462	0.0285	93	0.9580	39.0263	0.0002
6(N2P3)	5.1589	1.8408	0.0235	78	0.9738	64.0891	0.0001
7(N3P1)	3.1775	554.1437	3.7198	149	0.9705	56.7338	0.0001
8(N3P2)	4.8160	584.9613	4.0933	143	0.9933	257.4364	0.0001
9(N3P3)	4.6200	336.0917	2.7758	121	0.9769	73.1296	0.0001

4.2.2 萌条增量对氮磷底肥配施的响应规律

不同处理下云南松苗木萌条增量随施肥时间的变化规律如图 4-2 所示。从图 4-2 中可以看出，不同施肥处理下云南松苗木每月的萌条增量随时间推移出现不同程度的双峰现象。处理 1、处理 2、处理 6、处理 7、处理 8、处理 9 和未去顶处理的第一个萌蘖高峰均在 30d，即 4 月底。处理 3、处理 4、处理 5 的第一个萌蘖高峰则是在 60d，即 5 月底。不同处理下第二次萌蘖高峰出现的时间均在

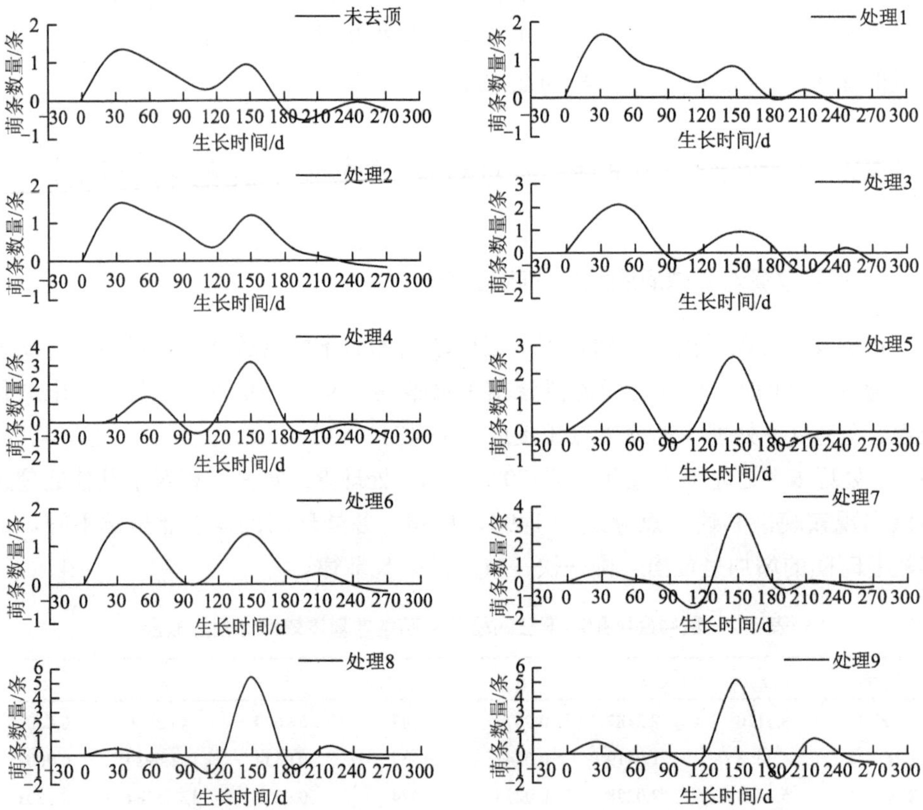

图 4-2　氮磷底肥配施下云南松苗木萌条数量随施肥时间的变化规律

150d，即 8 月底。综合来看，去顶后云南松苗木第一次萌蘖出生主要集中在 4～5 月。因氮磷底肥配施比例的不同，除处理 1、处理 2 和未去顶处理外，其他处理在 90d 时急剧下降，出现负增长。第二次萌蘖高峰期均集中在 8 月底，且在 11 月底趋于 0。从萌蘖高峰期的萌条数量来看，未去顶处理、处理 1、处理 2、处理 3、处理 6 第一次萌蘖高峰期的萌条数量高于第二次萌蘖高峰期的萌条数量，处理 4、处理 5、处理 7、处理 8、处理 9 则相反，第二次萌蘖高峰期的萌条数量高于第一次萌蘖高峰期的萌条数量。

4.2.3　萌条长度对氮磷底肥配施的响应规律

进一步探讨不同施肥处理对云南松苗木萌条生长的影响，以施肥后 270d 的萌条为研究对象，把所有萌条进行等级分类（陈素传 等，2000；张薇 等，2015），第一类萌条（长度 0～2cm）为初始萌条，第二类萌条（长度 2～5cm）为潜在萌条，第三类萌条（长度>5cm）为有效萌条。由图 4-3 可知，施肥后 270d 各处理的初始萌条、潜在萌条、有效萌条占比存在差异。在各处理中，初始萌条、潜在萌条占比大于有效萌条。对于初始萌条，与去顶处理相比，除处理 8、处理 9 外，未去顶处理的初始萌条占比为 50.24%，大于其他去顶处理；在施肥处理中，处理 8、处理 9 的初始萌条占比最大，分别为 64.71%、68.08%，处理 6 最低（32.91%）。对于潜在萌条数，与去顶处理相比，未去顶处理的潜在萌条占比为 29.37%，小于去顶处理；在施肥处理中，处理 4、处理 5、处理 6、处理 7 大于其他施肥处理。对于有效萌条数，处理 3（23.60%）、处理 5（23.44%）的占比较大，处理 7、处理 8、处理 9 的占比最小。综上所述，各施肥处理中初始萌条数和潜在萌条数的占比较大，有效萌条数占比较小。处理 4、处理 5、处理 6、处理 7 的潜在萌条数占比较大，说明氮磷肥有利于潜在萌条的生长，且单施高氮效果较好。

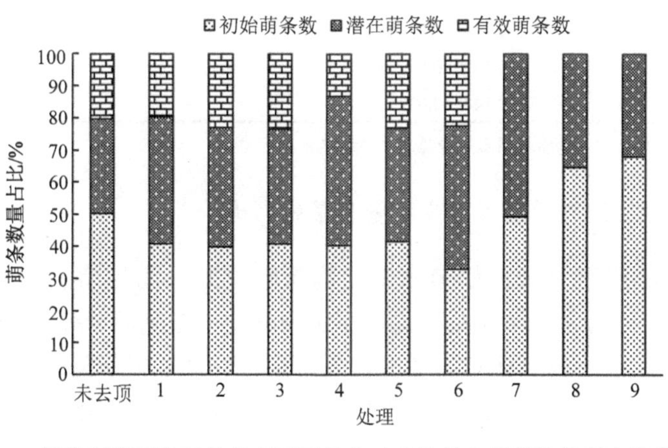

图 4-3　氮磷底肥配施下各处理不同长度云南松苗木萌条数量所占的比例

4.3 云南松苗木生物量对氮磷底肥配施的响应规律

4.3.1 氮磷底肥配施对云南松苗木生物量积累的影响

1. 氮磷底肥配施对苗木根生物量积累的影响

如表 4-3 所示，云南松苗木根生物量随施肥时间的增加而增加。在施肥后 90d，各处理间的根生物量均不显著（$P>0.05$），未去顶处理的生物量均高于去顶处理；各施肥处理中，处理 3、处理 5 高于其他处理。施肥后 180d，苗木根生物量在各处理间无显著差异（$P>0.05$），与未去顶处理相比，处理 2、处理 3 高于未去顶处理；各去顶处理中，处理 3 高于其他处理，其次是处理 2 和处理 5，处理 1 最低。施肥后 270d，各处理间的根生物量差异显著（$P<0.05$），未去顶处理根生物量高于其他处理，各去顶处理中，处理 3、处理 4、处理 5 的根生物量积累较高。由此可见，施肥能够促进苗木根生物量的积累。

表 4-3 氮磷底肥配施下云南松苗木根生物量积累动态变化情况 （单位：g）

处理	施肥后 90d	施肥后 180d	施肥后 270d
未去顶	0.2723±0.0354a	0.6708±0.1009a	1.9918±0.2362a
1(N1P1)	0.1389±0.0084a	0.4655±0.0542a	1.2771±0.2237b
2(N1P2)	0.1715±0.0179a	0.7266±0.1249a	1.5451±0.1819ab
3(N1P3)	0.2720±0.061a	0.7936±0.1128a	1.8649±0.1182ab
4(N2P1)	0.1934±0.032a	0.5127±0.1170a	1.6033±0.2175ab
5(N2P2)	0.2268±0.0535a	0.5412±0.1034a	1.6013±0.2351ab
6(N2P3)	0.1674±0.0196a	0.5370±0.0767a	1.3358±0.1184b
7(N3P1)	0.1441±0.0360a		
8(N3P2)	0.1390±0.0429a		
9(N3P3)	0.1476±0.0324a		

注：同列数据后不同小写字母表示差异显著（$P<0.05$）。下同。

2. 氮磷底肥配施对苗木茎生物量积累的影响

如表 4-4 所示，云南松苗木茎生物量随施肥时间的增加而增加，施肥后 90d、180d 和 270d 的未去顶处理均高于去顶处理。施肥后 90d，各处理的茎生物量积累有显著差异（$P<0.05$），各去顶处理中，处理 2 低于处理 1，处理 5 的茎生物量最高，比处理 1 高 62%。施肥后 180d，茎生物量在不同处理间差异不显著（$P>0.05$），除处理 4 外，其他处理均高于处理 1，处理 2、处理 3 高于其他施肥处理。施肥后 270d，各处理的茎生物量积累有显著差异（$P<0.05$），其他施肥处理均高于处理 1，且处理 3 较高，其次是处理 4。由此可知，施肥能够促进云南松苗木生物量的积累，其中处理 3、处理 4 的效果较好。

表 4-4　氮磷底肥配施下云南松苗木茎生物量积累动态变化情况　（单位：g）

处理	施肥后 90d	施肥后 180d	施肥后 270d
未去顶	0.2015±0.0470a	0.6297±0.1258a	1.4458±0.0589a
1(N1P1)	0.1189±0.0097ab	0.4492±0.0537a	0.8577±0.1258b
2(N1P2)	0.1130±0.0111b	0.5354±0.1024a	0.9207±0.1080b
3(N1P3)	0.1690±0.0194ab	0.5238±0.0900a	1.1198±0.1340b
4(N2P1)	0.1494±0.0170ab	0.3877±0.0293a	1.0988±0.0962b
5(N2P2)	0.1924±0.0289ab	0.4904±0.0460a	1.0647±0.1283b
6(N2P3)	0.1359±0.0099ab	0.4766±0.0826a	1.0228±0.0674b
7(N3P1)	0.1563±0.0479ab		
8(N3P2)	0.1311±0.0366ab		
9(N3P3)	0.1348±0.0315ab		

3. 氮磷底肥配施对苗木叶生物量积累的影响

如表 4-5 所示，云南松苗木叶生物量随施肥时间的增加而增加，未去顶处理都高于去顶处理。在施肥后 90d，各处理间叶生物量差异不显著（$P>0.05$），各施肥处理中，处理 6 生物量均高于其他处理，处理 4 最低。施肥后 180d，各施肥处理间叶生物量有显著差异（$P<0.05$），处理 2 叶生物量积累最多，处理 4 最少。施肥后 270d，处理 5 的叶生物量积累最多，其次是处理 6。

表 4-5　氮磷底肥配施下云南松苗木叶生物量积累动态变化情况　（单位：g）

处理	施肥后 90d	施肥后 180d	施肥后 270d
未去顶	0.4118±0.1784a	1.6214±0.4242a	2.6308±0.4022a
1(N1P1)	0.1597±0.0812a	1.2342±0.4667ab	0.8539±0.2134b
2(N1P2)	0.1447±0.0442a	1.3110±0.4715ab	0.6404±0.1124b
3(N1P3)	0.3066±0.1413a	0.9595±0.4774ab	0.7746±0.1911b
4(N2P1)	0.0766±0.0338a	0.6871±0.1229b	0.8556±0.1822b
5(N2P2)	0.2439±0.0869a	0.7334±0.2133ab	0.9346±0.3731b
6(N2P3)	0.3494±0.1098a	0.7266±0.1622ab	0.8609±0.2704b
7(N3P1)	0.3222±0.1924a		
8(N3P2)	0.0922±0.0839a		
9(N3P3)	0.0814±0.0723a		

4. 氮磷底肥配施对苗木萌条生物量积累的影响

如表 4-6 所示，云南松苗木萌条生物量随施肥时间的增加而增加。施肥后 90d，各处理间的萌条生物量积累无显著差异（$P>0.05$），大部分去顶处理低于未去顶处理；各施肥处理中，除处理 8 低于处理 1 外，其他处理均高于处理 1，且处理 5 的萌条生物量积累最多。施肥后 180d，各处理间差异不显著（$P>0.05$），除处理 1 低于未去顶处理外，其他去顶处理均高于未去顶处理；各施肥处理中，处理 3、处理 5 的萌条生物量高于其他处理。施肥后 270d，各处理间的萌条生物量存在显著差异（$P<0.05$）。各去顶处理的萌条生物量均高于未去顶处理；各施肥处理中，处理 2 的萌条生物量积累最多。由此可见，施肥能够促进萌条生物量的积累，其中处理 3、处理 5 的效果较好。

表 4-6 氮磷底肥配施下云南松苗木萌条生物量积累动态变化情况 （单位：g）

处理	施肥后 90d	施肥后 180d	施肥后 270d
未去顶	0.2888±0.0184a	0.8451±0.1316a	1.0018±0.2416c
1(N1P1)	0.2366±0.0926a	0.8103±0.1764a	2.0829±0.3493ab
2(N1P2)	0.2470±0.0433a	1.0329±0.2016a	3.0609±0.3914a
3(N1P3)	0.3477±0.1117a	1.2661±0.2889a	2.6280±0.3594ab
4(N2P1)	0.2843±0.0646a	0.9565±0.2259a	1.8977±0.1944bc
5(N2P2)	0.5177±0.1650a	1.1002±0.1484a	2.0722±0.3513ab
6(N2P3)	0.2788±0.0875a	0.9303±0.1764a	1.8051±0.2921bc
7(N3P1)	0.3612±0.0530a		
8(N3P2)	0.2251±0.1611a		
9(N3P3)	0.2851±0.0655a		

5. 氮磷底肥配施对苗木地上部分生物量积累的影响

如表 4-7 所示，云南松苗木地上部分生物量随施肥时间的增加而增加。施肥后 90d，各处理间地上部分生物量有显著差异（$P<0.05$），未去顶处理地上部分生物量高于处理 7、处理 8、处理 9；各施肥处理中，处理 3 的地上部分生物量积累最多，其次是处理 5、处理 6。施肥后 180d，各处理间的地上部分生物量有显著差异（$P<0.05$），去顶处理均低于未去顶处理；各施肥处理中，处理 2、处理 3 的地上部分生物量积累最多，其次是处理 5。施肥后 270d，各处理间的地上部分生物量差异不显著（$P>0.05$），去顶处理均高于未去顶处理；各施肥处理中，处理 2、处理 3 高于其他处理，其次是处理 5。由此可知，施肥促进了去顶后云南松地上部分生物量的积累。由此可见，施肥能够促进地上部分生物量积累，其中处理 2、处理 3、处理 5 的效果较好。

表 4-7　氮磷底肥配施下云南松苗木地上部分生物量积累动态变化情况　（单位：g）

处理	施肥后 90d	施肥后 180d	施肥后 270d
未去顶	0.3007±0.1495c	3.0962±0.5573a	3.3857±0.8790a
1(N1P1)	0.4797±0.0959abc	2.0823±0.3717ab	3.6047±0.5343a
2(N1P2)	0.4772±0.0546abc	2.4422±0.3982ab	4.4797±0.4582a
3(N1P3)	0.7893±0.1650a	2.4296±0.3799ab	4.4363±0.3270a
4(N2P1)	0.4775±0.0660bc	1.6386±0.2365b	3.7570±0.2359a
5(N2P2)	0.7577±0.1495a	2.1610±0.2817ab	3.9677±0.4211a
6(N2P3)	0.7252±0.1272ab	1.9720±0.2492ab	3.4974±0.1999a
7(N3P1)	0.2822±0.1610c		
8(N3P2)	0.1494±0.0896c		
9(N3P3)	0.1671±0.0945c		

6. 氮磷底肥配施对苗木单株生物量积累的影响

如表 4-8 所示，云南松苗木单株生物量随施肥时间的增加而增加。施肥后 90d，各处理间的单株生物量有显著差异（$P<0.05$），未去顶处理的单株生物量均低于去顶处理；各施肥处理中，处理 3、处理 5 高于其他处理，处理 4 最低。施肥后 180d，各处理间的单株生物量差异不显著（$P>0.05$），未去顶处理的单株生物量均高于去顶处理；各施肥处理中，除处理 4、处理 6 单株生物量低于处理 1，其他处理均高于处理 1，处理 3 的单株生物量积累最多，其次是处理 2 和处理 5。施肥后 270d，各处理间无显著差异（$P>0.05$），除处理 6 外，其他处理都高于未去顶处理；各施肥处理中，除处理 6 外，其他处理均高于处理 1，处理 3 的单株生物量积累最多，其次是处理 2 和处理 5。由此可知，施肥能够促进苗木单株生物量积累，其中处理 3、处理 5 的效果较好。

表 4-8　氮磷底肥配施下云南松苗木单株生物量积累动态变化情况　（单位：g）

处理	施肥后 90d	施肥后 180d	施肥后 270d
未去顶	0.3915±0.1773b	3.7670±0.5932a	4.7136±1.2348a
1(N1P1)	0.6186±0.0982ab	2.5478±0.3741ab	4.8818±0.6965a
2(N1P2)	0.6487±0.0646ab	3.1688±0.5053ab	6.0248±0.5909a
3(N1P3)	1.0105±0.2128a	3.2231±0.4299ab	6.3012±0.4265a
4(N2P1)	0.5218±0.1217ab	2.1513±0.3279b	5.3603±0.4214a
5(N2P2)	0.9845±0.1940ab	2.7022±0.3704ab	5.5690±0.6229a
6(N2P3)	0.7926±0.0958ab	2.5090±0.3111ab	4.6554±0.2384a
7(N3P1)	0.9839±0.3028ab		
8(N3P2)	0.5873±0.2139ab		
9(N3P3)	0.6489±0.1714ab		

4.3.2 氮磷底肥配施对云南松苗木生物量分配的影响

1. 氮磷底肥配施对云南松苗木根生物量分配的影响

如图 4-4 所示，根生物量分配比随施肥时间的推移呈先减少后增加的趋势。施肥后 90d、180d 和 270d 各处理间根生物量分配比无显著差异（P>0.05）。施肥后 90～180d，未去顶处理的根生物量分配比均高于其他去顶处理，施肥后 180d 的根生物量分配比最低。处理 1、处理 2、处理 4 在施肥后 90d 时，根生物量分配比较高。施肥后 180d，处理 2、处理 3、处理 4 的根生物量分配比也略高。施肥后 270d，处理 3、处理 4、处理 5 高于其他处理。由此表明，所有处理的根生物量分配比随施肥时间的推移先降低后上升的趋势，随时间的推移，施肥后 180d 处理 3 的根生物量分配比最高。

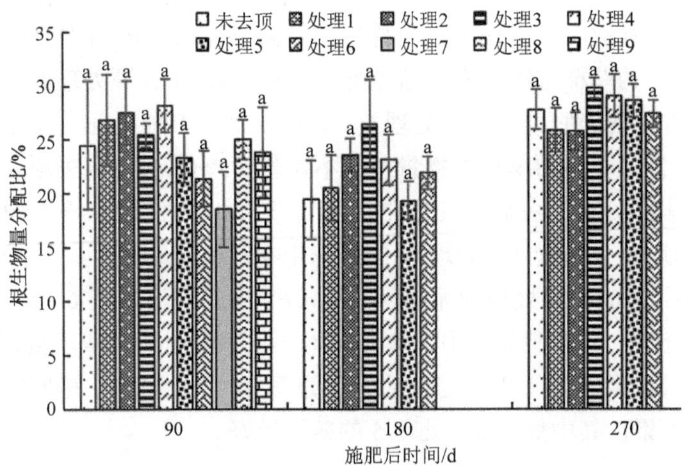

图 4-4 氮磷底肥配施下云南松苗木根生物量分配动态变化情况

2. 氮磷底肥配施对云南松苗木茎生物量分配的影响

如图 4-5 所示，所有处理在施肥后 270d 内的茎生物量分配比均有显著差异（P<0.05）。在施肥后 90d，处理 8 的茎生物量分配比高于其他处理，其次是处理 4、处理 5。施肥后 180d，处理 1 高于其他处理，其次是处理 4。施肥后 270d，处理 4、处理 6 高于其他处理。由此可知，不同施肥处理分配给苗木的茎生物量较稳定，随施肥时间的推移变化较小。

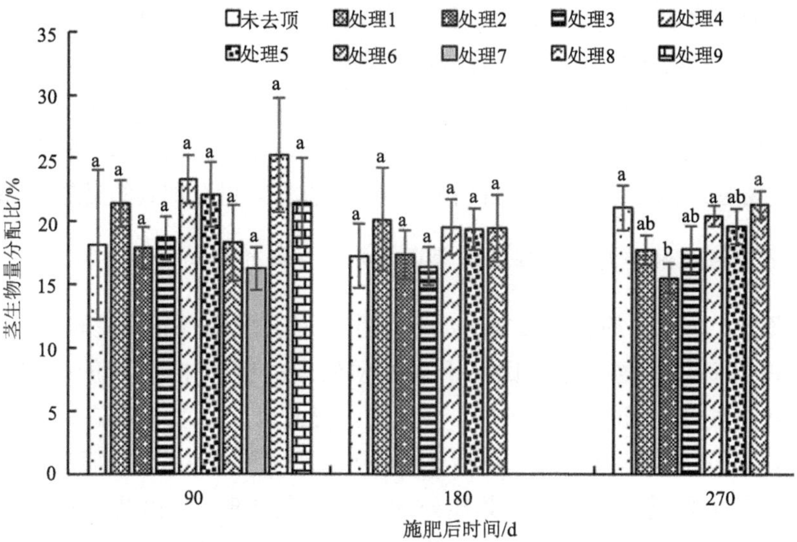

图 4-5　氮磷底肥配施下云南松苗木茎生物量分配动态变化情况

3. 氮磷底肥配施对云南松苗木叶生物量分配的影响

如图 4-6 所示，所有处理在施肥后 270d 内的叶生物量分配比均有显著差异（$P<0.05$）。未去顶的叶生物量分配比显著高于去顶处理。随施肥时间的推移，苗木叶生物量分配比逐渐降低。施肥后 90d，各施肥处理中，除处理 4、处理 9 外，

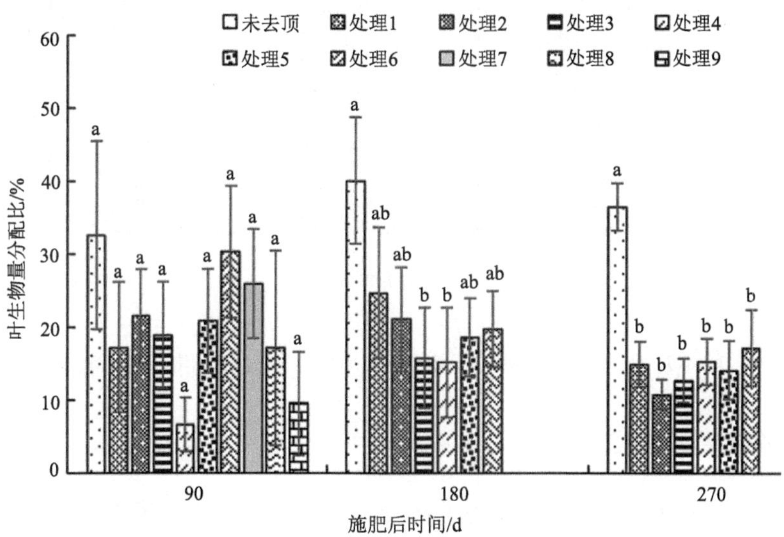

图 4-6　氮磷底肥配施下云南松苗木叶生物量分配动态变化情况

其他处理分配比均高于处理 1，处理 6、处理 7、处理 8 的分配比较高，其中处理 6 分配给叶的生物量最多。施肥后 180d，各处理的分配比逐渐减少，各施肥处理的叶生物量分配比与处理 1 相比，均有不同程度的降低。施肥后 270d，除处理 2、处理 3 外，其他处理生物量分配比均高于处理 1。由此可知，随着苗木的生长，叶生物量分配比逐渐减少，说明随着苗木的生长，叶分配到的资源逐渐减少。

4. 氮磷底肥配施对云南松苗木萌条生物量分配的影响

如图 4-7 所示，施肥后 270d 的萌条生物量分配比有显著差异（$P<0.05$）。去顶处理的萌条生物量分配比高于未去顶处理。整体来看，随施肥时间的推移，萌条生物量分配比逐渐增加，处理 3、处理 4、处理 5 则随时间的推移先升后降。处理 3、处理 5 在施肥后 180d 分配比达到最大值。施肥后 270d，处理 2 的萌条生物量分配比高于其他处理，其次是处理 3。由此可知，随施肥时间的推移，萌条生物量分配比呈上升趋势，不同施肥处理中萌条生物量分配比有所变化。

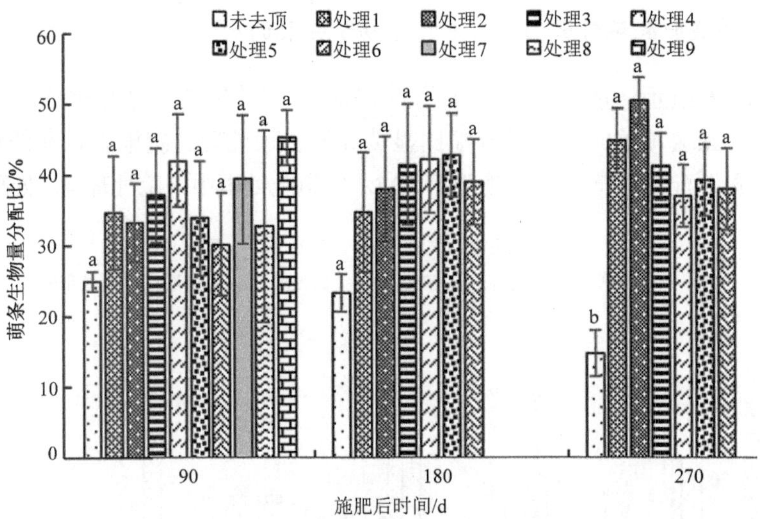

图 4-7 氮磷底肥配施下云南松苗木萌条生物量分配动态变化情况

5. 氮磷底肥配施对云南松苗木地上部分生物量分配的影响

如图 4-8 所示，去顶处理的地上部分生物量分配比高于未去顶处理（施肥后 270d 除外）。随施肥时间的推移，苗木地上部分生物量分配比先增加后降低。施肥后 90d，处理 7 的地上部分生物量分配比最高，其次是处理 5、处理 6。施肥后 180d，处理 5 的分配比高于其他处理，其他处理均低于处理 1，处理 3 的分配比最低。施肥后 270d，处理 2 的分配比最高，其次是处理 1。由此可知，随施肥时间的推移，地上部分生物量分配比先增加后逐渐降低，说明苗木生物量逐渐分配到地下部分。

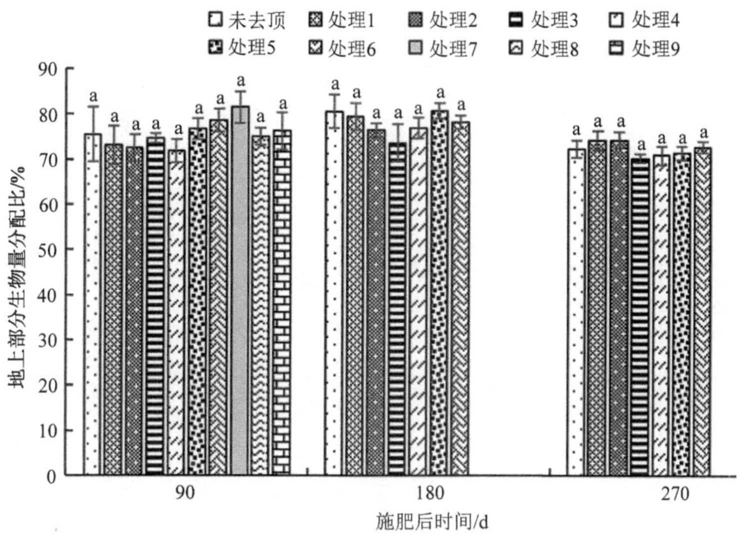

图 4-8　氮磷底肥配施下云南松苗木地上部分生物量分配动态变化情况

4.3.3　云南松苗木萌蘖能力与生物量的相关性分析

对苗木萌蘖能力与生物量进行相关性分析，结果见表 4-9。萌条数量与根生物量积累、茎生物量积累、叶生物量积累、叶生物量分配之间存在显著负相关关系，与萌条生物量分配之间存在极显著正相关关系且相关系数最高（0.891）。潜在萌条数与叶生物量积累、叶生物量分配存在显著的负相关关系，与萌条生物量分配呈显著的正相关关系。在不同器官生物量中，叶生物量积累与叶生物量分配的相关系数最大，为 0.995。根生物量与茎生物量，茎生物量与叶生物量、叶生物量分配，叶生物量与叶生物量分配、萌条生物量与地上部分生物量、单株生物量、萌条生物量分配，地上部分生物量与单株生物量之间存在显著或极显著的正相关关系；叶生物量分配与萌条生物量分配，根生物量分配与地上部分生物量分配，地上部分生物量与茎生物量分配，萌条生物量与茎、叶生物量分配之间存在显著或极显著的负相关关系。

表 4-9　云南松苗木萌蘖能力与生物量的相关性分析

指标	萌蘖指标				生物量积累						生物量分配				
	萌条数量	初始萌条数	潜在萌条数	有效萌条数	根	茎	叶	萌条	地上部分	单株	根	茎	叶	萌条	地上部分
萌条数量	1														
初始萌条数	0.055	1													
潜在萌条数	0.559	−0.564	1												
有效萌条数	0.547	−0.486	0.574	1											
根生物量	−0.694	0.256	−0.725	−0.480	1										
茎生物量	−0.856*	0.118	−0.730	−0.690	0.853*	1									
叶生物量	−0.824*	0.318	−0.786*	−0.584	0.636	0.877**	1								
萌条生物量	0.749	0.215	0.553	0.705	−0.258	−0.702	−0.805*	1							
地上部分生物量	0.435	0.283	0.179	0.429	0.217	−0.311	−0.515	0.875**	1						
单株生物量	0.349	0.144	0.142	0.326	0.299	−0.220	−0.503	0.814*	0.980**	1					
根生物量分配	−0.365	−0.601	−0.120	−0.407	0.461	0.460	0.027	−0.214	0.009	0.203	1				
茎生物量分配	−0.486	−0.484	−0.121	−0.582	0.080	0.539	0.456	−0.837*	−0.818*	−0.702	0.525	1			
叶生物量分配	−0.850*	0.257	−0.765*	−0.622	0.626	0.895**	0.995**	−0.841*	−0.563	−0.538	0.086	0.529	1		
萌条生物量分配	0.891**	−0.053	0.759*	0.732	−0.662	−0.943**	−0.952**	0.887**	0.580	0.511	−0.300	−0.654	−0.972**	1	
地上部分生物量分配	0.365	0.601	0.120	0.407	−0.461	−0.460	−0.027	0.214	−0.009	−0.203	−1.000**	−0.525	−0.086	0.300	1

* 表示在 $P<0.05$ 水平上相关性显著；** 表示在 $P<0.01$ 水平上相关性显著。下同。

4.4　云南松苗木根系生长对氮磷底肥配施的响应规律

4.4.1　氮磷底肥配施对苗木总根长的影响

由表 4-10 可知，随施肥时间的推移，苗木总根长先增加后减少。施肥后 90～270d，处理 3 的总根长均大于其他处理。施肥后 90d，处理 3 的总根长最大，其次是处理 6 和处理 5。与未去顶处理相比，施肥后 90～270d，处理 3 的总根长大于未去顶处理，其他处理都小于未去顶处理。由此可知，适宜的氮磷添加能够增加苗木总根长，过量添加则会起抑制作用。

表 4-10　氮磷底肥配施下云南松苗木总根长的分析　（单位：cm）

处理	施肥后 90d	施肥后 180d	施肥后 270d
未去顶	456.677±35.671a	558.011±77.421a	326.839±78.135a
1(N1P1)	325.990±15.602a	507.528±52.899a	297.575±48.049a
2(N1P2)	301.669±26.271a	506.926±53.227a	308.480±42.699a
3(N1P3)	475.631±80.076a	567.030±68.474a	418.889±23.660a
4(N2P1)	371.012±32.686a	431.317±13.346a	260.898±36.068a
5(N2P2)	416.767±49.254a	545.774±72.533a	243.422±25.732a
6(N2P3)	423.053±52.438a	427.147±13.085a	249.076±24.162a
7(N3P1)	410.574±55.988a		
8(N3P2)	376.517±60.291a		
9(N3P3)	387.138±77.576a		

4.4.2　氮磷底肥配施对苗木根投影面积的影响

由表 4-11 可知，苗木根投影面积随施肥时间推移先上升后降低。施肥后 90d，各处理间的投影面积差异显著，处理 7、处理 8、处理 9 投影面积均大于未去顶处理；各施肥处理中，除处理 2 小于处理 1 外，其他处理均大于处理 1，且处理 7 的投影面积最大。在施肥后 180d，各处理间的投影面积无显著差异，处理 5、处理 3 大于未去顶处理，处理 5 的投影面积最大。施肥后 270d，各处理间差异显著，处理 3 大于未去顶处理，且处理 3 的投影面积最大。由此可知，施肥能增加苗木的投影面积，适宜的氮磷添加能够促进投影面积的增加，过量添加则会起抑制作用。

表 4-11 氮磷底肥配施下云南松苗木根投影面积的分析 （单位：cm²）

处理	施肥后 90d	施肥后 180d	施肥后 270d
未去顶	31.767±6.185ab	28.321±3.961a	25.093±5.813ab
1(N1P1)	20.114±0.576ab	26.763±2.668a	23.453±3.259ab
2(N1P2)	19.174±0.935b	26.956±2.619a	23.858±3.110ab
3(N1P3)	27.167±3.806ab	29.964±3.453a	31.866±1.839a
4(N2P1)	29.543±6.356ab	23.502±0.587a	20.218±2.592b
5(N2P2)	29.930±4.282ab	29.990±3.928a	18.613±1.907b
6(N2P3)	30.239±5.345ab	23.567±0.396a	18.711±1.838b
7(N3P1)	37.757±7.399a		
8(N3P2)	33.160±6.108ab		
9(N3P3)	35.872±9.261ab		

4.4.3 氮磷底肥配施对苗木根表面积的影响

由表 4-12 可知，随施肥时间的推移，苗木根表面积呈先升后降的趋势。施肥后 90d，各处理间无显著差异，处理 7、处理 9 大于未去顶处理，其他处理小于未去顶处理。施肥后 180d，各处理间的根表面积无显著差异，处理 3 的根表面积大于未去顶处理；各施肥处理中，处理 3 的根表面积最大，其次是处理 5。施肥后 270d，在施肥情况下，各处理间差异显著，处理 3 的根表面积最大。由此可知，施肥能增加苗木的根表面积，适宜的氮磷添加能够促进根表面积的增加，过量添加则会起抑制作用。

表 4-12 氮磷底肥配施下云南松苗木根表面积的分析 （单位：cm²）

处理	施肥后 90d	施肥后 180d	施肥后 270d
未去顶	25.694±4.378a	22.974±3.244a	19.521±4.590ab
1(N1P1)	16.137±0.369a	21.074±2.205a	18.150±2.650ab
2(N1P2)	15.573±0.776a	20.899±2.256a	18.609±2.423ab
3(N1P3)	21.359±3.179a	23.127±2.902a	24.829±1.427a
4(N2P1)	20.416±2.734a	18.348±0.310a	15.709±2.037b
5(N2P2)	22.670±2.791a	22.238±2.720a	14.520±1.491b
6(N2P3)	23.897±4.079a	18.098±0.327a	14.788±1.459b
7(N3P1)	27.287±5.654a		
8(N3P2)	24.620±5.220a		
9(N3P3)	27.567±5.867a		

4.4.4 氮磷底肥配施对苗木根体积的影响

由表 4-13 可知，随施肥时间的推移，苗木根体积呈先升后降的趋势，施肥后 180d 达到最大值。施肥后 90d，各处理间的根体积存在显著差异，去顶处理（除处理 3 外）小于未去顶处理；各施肥处理的根体积均大于处理 1，处理 3、处理 5 的根体积大于其他施肥处理。施肥后 180d，各处理间的根体积差异显著，未去顶处理根体积大于去顶处理；各施肥处理中，处理 2、处理 3 大于其他处理。施肥后 270d，各处理间的根体积无显著差异，未去顶处理的根体积大于去顶处理中除处理 3、处理 6 外的其余处理；各施肥处理中，处理 3 的根体积最大，其次是处理 6。由此可知，施肥能增加苗木的根体积，适宜的氮磷添加能够促进根体积的生长，过量添加则会起抑制作用。

表 4-13　氮磷底肥配施下云南松苗木根体积的分析　（单位：cm^3）

处理	施肥后 90d	施肥后 180d	施肥后 270d
未去顶	1.376±0.276ab	4.987±0.562a	1.180±0.171a
1(N1P1)	0.571±0.041b	2.919±0.622b	0.977±0.186a
2(N1P2)	0.996±0.357b	2.930±0.589b	1.160±0.139a
3(N1P3)	2.006±0.619a	3.135±0.527b	1.406±0.111a
4(N2P1)	0.611±0.077b	2.184±0.428b	1.073±0.145a
5(N2P2)	1.062±0.270b	2.643±0.536b	1.049±0.115a
6(N2P3)	0.864±0.164b	1.983±0.258b	1.190±0.131a
7(N3P1)	0.928±0.276b		
8(N3P2)	0.702±0.146b		
9(N3P3)	0.582±0.086b		

4.4.5　氮磷底肥配施对苗木根平均直径的影响

由表 4-14 可知，随施肥时间的推移，苗木根平均直径呈先升后降的趋势。未去顶苗木的根平均直径普遍大于去顶苗木。施肥后 90d，各处理间的平均直径有显著差异，处理 8 高于其他处理，其次是处理 9，处理 1 最低。施肥后 180d，处理 5 的根平均直径最大，其次是处理 3。施肥后 270d，各处理间差异显著，处理 3 显著高于其他处理。由此可知，施肥能促进苗木根平均直径的生长，适宜的氮磷添加能够促进根平均直径的生长，过量添加则会起抑制作用。

表 4-14　氮磷底肥配施下云南松苗木根平均直径的分析　（单位：mm）

处理	施肥后 90d	施肥后 180d	施肥后 270d
未去顶	1.447±0.473ab	0.991±0.118a	0.741±0.117ab
1(N1P1)	0.517±0.033b	0.872±0.116a	0.694±0.087ab
2(N1P2)	0.523±0.071b	0.827±0.102a	0.654±0.071ab

续表

处理	施肥后 90d	施肥后 180d	施肥后 270d
3(N1P3)	0.932±0.202b	0.896±0.108a	0.848±0.062a
4(N2P1)	0.958±0.303b	0.832±0.050a	0.575±0.056b
5(N2P2)	1.183±0.305ab	0.946±0.115a	0.520±0.048b
6(N2P3)	1.240±0.379ab	0.748±0.032a	0.572±0.062b
7(N3P1)	1.150±0.298ab		
8(N3P2)	2.222±0.804a		
9(N3P3)	1.360±0.354ab		

4.4.6 云南松萌蘖能力与根系指标的关系

对云南松苗木萌蘖能力和根系指标进行相关性分析，得到各指标间的相关系数。由表 4-15 可知，各指标间存在不同的相关性，萌条数量、萌条长度与根系之间相关性不显著。根总长度与根投影面积、根表面积、根体积之间存在极显著的正相关性，与根平均直径之间存在显著的正相关性；根投影面积与根表面积、根体积呈极显著的正相关，根投影面积与根平均直径之间相关性不显著；根表面积与根体积也存在极显著的正相关关系；根表面积和根体积与根平均直径之间相关性不显著。其中，根投影面积与根表面积的相关系数最高，为 1.000，其次是根总长度与根表面积、根投影面积的相关系数，分别为 0.999、0.997。由此可知，云南松的萌条数量和萌条长度与根系生长无明显相关性。

表 4-15 云南松苗木萌蘖能力与根系指标的相关性分析

指标	萌蘖指标				根系指标				
	萌条数量	初始萌条数	潜在萌条数	有效萌条数	根总长度	根投影面积	根表面积	根体积	根平均直径
萌条数量	1								
初始萌条数	0.055	1							
潜在萌条数	0.559	−0.564	1						
有效萌条数	0.547	−0.486	0.574	1					
根总长度	−0.376	0.324	−0.462	0.201	1				
根投影面积	−0.374	0.330	−0.483	0.197	0.997**	1			
根表面积	−0.368	0.334	−0.469	0.207	0.999**	1.000**	1		
根体积	−0.491	0.354	−0.562	0.156	0.966**	0.971**	0.971**	1	
根平均直径	−0.243	0.227	−0.087	0.200	0.763*	0.716	0.733	0.656	1

4.5　氮磷底肥配施下云南松苗木形态指标与萌条数量的通径分析

氮磷添加对去顶后云南松苗木生长有促进作用，为更好地了解萌蘖能力与其他指标间的关系，对萌条数量与生物量、根系指标进行了通径分析，将生物量、根系指标作为自变量，进一步明确各因素对因变量的影响大小。由表 4-16 可以看出，各指标对萌条数量的影响有正向和负向效应，其中根生物量、总根长、根体积对萌条数量有负向效应，其他指标则为正向效应。在正向效应中，茎生物量对萌条数量的直接作用最大，系数为 3.109，其次是萌条生物量（2.639），根生物量对萌条数量的直接作用最小。在间接通径分析中，根生物量、总根长对萌条数量有正向影响。从间接通径分析来看，根生物量、总根长起到间接影响，其中根生物量最大（2.604），其次是总根长（1.153）。叶生物量通过茎生物量对萌条数量产生的正向间接作用最大（2.727），其次是根生物量通过茎生物量对萌条数量产生了正向间接作用（2.652）。

表 4-16　云南松苗木生物量、根系、光合色素含量与萌条数量的通径分析

自变量	与萌条数量的简单相关系数	直接通径系数	间接通径系数									间接通径系数之和
			RB	SB	LB	SPB	TRL	RPA	RSA	RD	RV	
RB	−0.694	−3.933		2.652	0.864	−0.681	−1.164	0.129	0.106	0.962	−0.264	2.604
SB	−0.856	3.109	−3.355		1.192	−1.854	−0.482	0.049	0.041	0.506	−0.163	−4.066
LB	−0.824	1.360	−2.501	2.727		−2.124	−0.238	0.027	0.021	0.468	−0.021	−1.641
SPB	0.749	2.639	1.015	−2.184	−1.094		−0.551	0.065	0.054	0.207	−0.103	−2.591
TRL	−0.376	−1.978	−2.314	0.757	0.163	0.735		0.226	0.186	1.748	−0.348	1.153
RPA	−0.374	0.227	−2.236	0.677	0.160	0.753	−1.972		0.187	1.757	−0.327	−1.001
RSA	−0.368	0.187	−2.237	0.683	0.155	0.761	−1.976	0.227		1.757	−0.334	−0.964
RD	−0.491	1.810	−2.090	0.869	0.351	0.301	−1.911	0.220	0.181		−0.299	−2.378
RV	−0.243	−0.456	−2.279	1.110	0.062	0.594	−1.509	0.162	0.137	1.187		−0.536

注：RB 为根生物量；SB 为茎生物量；LB 为叶生物量；SPB 为萌条生物量；TRL 为总根长；RPA 为根投影面积；RSA 为根表面积；RD 为根平均直径；RV 为根体积。

4.6 氮磷底肥配施对云南松苗木去顶萌蘖生长及生物量特征的影响

4.6.1 氮磷底肥配施对云南松苗木萌蘖数量与萌条生长的影响

本章试验发现，氮磷添加下云南松苗木去顶后，苗木萌条数量的变化符合逻辑斯谛增长规律，即“慢—快—慢”的生长节律，这与沙棘的萌蘖生长的规律相符（聂恺宏 等，2018）。在云南松萌蘖过程中，萌条数量随时间的推移出现双峰曲线。去顶后云南松苗木第一次萌蘖出现在4月和5月，大部分处理均在4月底达到萌蘖高峰期，在6月急剧下降，8月迅速增长，出现第二次萌蘖高峰期，不同浓度的氮磷添加，致使第二次萌蘖增长有所不同。第二次萌蘖高峰期过后，各处理的萌条数量呈不同的变化趋势，均在11月后趋于0。说明不同氮磷添加随时间的推移对萌蘖生长有明显的影响。去顶后苗木的生长节律可能是受环境因子变化的影响（胡建忠，1991）。生境假说和营养假说均提到萌蘖能力与生长环境息息相关，苗木的萌枝生长和萌蘖能力与土壤的营养含量密不可分（朱万泽 等，2007）。随着人们大量研究发现，施肥能提高苗木萌蘖能力（朱万泽 等，2007；李志良 等，2019）。本章试验发现，未去顶处理苗木的月萌条数量低于去顶处理，进一步说明苗木去顶后能明显增加萌条数量，萌蘖能力高于未去顶苗木。在施肥处理中，施肥处理的萌条数量均高于未施肥处理，这也说明了氮磷添加对云南松苗木萌蘖能力起到促进作用。随着施肥时间的推移，萌条数量对不同氮磷底肥配施的响应有所不同。在施肥后30d，单施磷肥对萌条数量增加的效果较好，在进行追肥后，随着氮肥的添加，处理4、处理5、处理7、处理8、处理9萌蘖量到达二次高峰，且萌蘖量高于第一次萌蘖高峰期。这说明了追肥为苗木生长提供了充足的养分，保证了萌蘖生长，同时也说明苗木在每个生长阶段所需的养分是不一致的，进而导致去顶后苗木对营养吸收、利用程度不同。

获得大量优质萌条是云南松苗木无性繁殖的前提。在无性繁殖时，不仅要能提供大量的萌条，还要保证萌条的质量（胡勐鸿 等，2016）。萌条数量的多少，取决于枝干上萌芽的数量，而萌条数量越多，萌条长度可能会受到一定的影响。本章试验也发现了有效萌条数与萌条数量有密切联系。各施肥处理中，初始萌条和潜在萌条的占比较大，有效萌条占比较小，这可能是因为培育周期较短，苗木处于幼苗阶段，进而导致有效萌条较少而萌发出了大量的初始萌条和潜在萌条，在萌条生长过程中成为有效萌条的比例较大，需要在后期生长中进一步进行观察。处理4、处理5、处理6、处理7的潜在萌条数较多，也再次说明了氮、磷的添加在苗木促萌初期起到促进作用，确保了在萌条生长发育中所需的养分，潜在萌条生长的营养物质基础以氮肥为主。施肥在满足苗木促萌生长所需的同时，随着苗木发育和时间推移，会产生大量的有效萌条，处理 3 的有效萌条占比最大，说明在萌条发育过程中磷肥促进了萌条的生长。未去顶苗木的初始萌条、潜在萌条和有效萌条数量少于去顶后苗木，表明去顶对萌条的生长有明显的促进作用。

4.6.2　氮磷底肥配施对云南松苗木生物量及根系生长的影响

生物量反映了苗木对环境的适应能力，生物量积累是植物吸收能量的体现（李亚麒 等，2020），苗木获得净碳的综合结果和重要驱动因素则通过生物量分配来反映，对苗木的生长发育有重要意义（王娇 等，2021；孙迎涛 等，2022）。氮磷底肥配施对去顶后云南松苗木各器官生物量影响不同。本章试验发现，根生物量积累在施肥后 90d 和 180d 的各处理间均没有显著差异，这可能是因为前期对苗木进行移栽后，苗木需要大量的营养供给根的生长来维持苗木的正常生长，处理 2、处理 3、处理 5 略大于其他处理；施肥后 270d，各施肥处理中，根生物量在高磷（处理 3）、中氮中磷（处理 5）处理下大于其他处理。未去顶苗木茎生物量积累大于去顶后苗木茎生物量积累。整体来看，处理 3、处理 5 茎生物量积累大于其他处理，高磷、中氮中磷能够促进茎的生物量积累。未去顶苗木的叶生物量大于去顶苗木生物量，在施肥后 90d 后，处理 2、处理 5、处理 6 的生物量积累大于其他处理，其中处理 5 最大，处理 4 最小。也就是说，施中浓度的氮肥抑制了叶的生长，随着时间的推移，中氮中磷、中氮高磷促进叶生物量积累。随着施肥时间的推移，处理 3、处理 5 萌条生物量大于其他处理，说明高磷、中氮中磷能够促进萌条生长。地上部分生物量和单株生物量随施肥时间的推移，处理 3、处理 5 的效果最佳。各器官生物量积累都随施肥时间的推移逐渐增加，处理 3、处理 5 有利于各器官生物量积累。未去顶苗木的根生物量、茎生物量、叶生物量积累均大于去顶苗木，去顶去除了顶端优势，改变了苗木的生长规律，苗木通过调节各器官的营养含量，刺激苗木补偿生长，提高光合效率来适应环境的变化。

生物量分配是苗木通过对各器官养分分配来适应环境，各器官间生物量分配直接影响苗木的生长（王晨 等，2014；李亚麒 等，2020）。本章试验发现，施肥对苗木生物量分配有影响。在不同施肥时间下，去顶与不去顶苗木生物量分配存在差异，去顶后苗木生物量分配格局均为：萌条>根>茎>叶，说明去顶后云南松苗木通过调节不同器官生长快速适应环境，优先萌条生长争夺光合资源，在养分充足的情况下，把养分转移到根部储存，再把营养运输到光合器官中，从而促进萌条生长（朱万泽 等，2007；卢德亮 等，2020）。苗木不去顶，其生物量分配策略主要以叶和根为主，在苗木不受人为干扰时，在资源有限的情况下，苗木会优先争取光合资源来提高自己的生存能力（蔡年辉 等，2019）。施肥后 180d，处理 5 的萌条生物量分配比最大，而施肥后 270d 则是处理 2 最大；施肥后 90d 处理 4 有利于根的生长，施肥后 90d 处理 3 的根生物量占比最大；随时间的推移，茎生物量分配在施肥后 180d 以处理 1 最大，其他时间则以处理 4 较大；施肥后 270d 以处理 2 最大，其他时间以处理 5 更利于叶的生长。表明去顶后苗木在不同生长阶段所需的养分具有针对性。中氮中磷配施有助于叶、萌条的生长，高磷更能促进根的生长，中氮则促进茎的生长。去顶与不去顶苗木均倾向于地上部分的生长，云南松幼苗时期，优先倾向地上部分生长，以获得生长所需的光照和营养，拥有足够的生存空间，这与汪梦婷等（2019）研究结果类似。本章试验对苗木萌蘖能力与生物量进行了相关性分析，发现萌条数量与根生物量积累、根生物量分配、茎生物量分配呈负相关，与茎生物量积累、叶生物量积累、叶生物量分配呈显著负相关，与萌条生物量分配呈极显著正相关关系，这一结果与张泽宁等（2021）研究结果一致，说明萌条数量与根、茎、叶存在相关关系。

苗木根系对养分的吸收效率具有重要意义，土壤养分的有效性和分布状况是影响根系形态的重要环境因子之一（Li et al.，2017），苗木可通过根系来调节适应不良环境。本章试验中，总根长、根投影面积、根表面积、根平均直径、根体积随施肥时间的增加呈先上升后下降的变化。不同施肥时间下，不同施肥量对根系指标存在不同的影响。整体来看，处理 3、处理 5 的根系指标大于其他处理，以处理 3 效果最佳。表明氮磷添加影响根系生长，尤其是磷肥加快地下部分的生长，这一结果与杨阳等（2021）研究结果类似。氮磷添加对根系生长有一定的促进作用，根系生长发育受苗木体内营养物质的调控，适宜的施肥促进了根系生长，提高其吸收能力。由于幼苗期根部不发达，需要大量的营养来维持正常生长，正好单施高磷、中氮中磷添加能促进去顶后苗木根系的生长，提高了根系细胞中渗透调节物质的积累，增加了根系细胞活力（梁尧 等，2019），有效缓解了幼苗对环境的不适应，提高了根系的吸收能力，但在施肥时需要注意施肥量，不宜过多，否则使其吸收养分的能力下降，造成苗木生长缓慢（邓云 等，2006，刘鑫 等，2021）。在本章中，对萌蘖能力与根系指标进行相关性分析，初始萌条和有效萌条与根系各指标均呈正相关关系；萌条数量与根总根长、根投影面积、根表面积、根平均直径、根体积均呈负相关关系。这可能是在本章试验中，移栽苗木的容器规格略小，使其生长环境受到限制，根系空间狭小，不利于根系的生长。在今后苗木生长发育阶段应注意根系生长环境，保证地下部分生长最优来满足苗木健康生长。

第 5 章　云南松苗木去顶萌蘖生长对氮磷底肥配施的生理响应

5.1　试验地概况与研究方法

5.1.1　试验地概况

试验地概况同 2.1.1。

5.1.2　研究材料

研究材料同 4.1.2。

5.1.3　试验设计与田间排列

试验设计与田间排列同 4.1.3。

5.1.4　指标测定

1. 叶绿素含量的测定

叶绿素含量的测定采用丙酮提取法。于 2022 年 6 月、9 月、12 月对每个重复每个处理的 5 株苗木进行采样，采摘萌条针叶，测定并计算叶绿素含量（Xue et al.，2018）。

2. 养分含量的测定

于 2022 年 6 月、9 月、12 月，各测定 1 次，与测定生物量为同一批样品（因为处理 7、处理 8、处理 9 的苗木后期死亡率较高，为保证试验能继续进行，所以 9 月、12 月未采样测定）。将根、茎、叶、萌条的干样过筛，采用 H_2SO_4-H_2O_2 消煮法对采集后的植物样品进行消煮，土壤采用 H_2SO_4-$HClO_4$ 消煮法，对消煮后的样液进行定容，用来测定根、茎、叶、萌条各部位的氮、磷含量。氮、磷含量使用全自动间断化学分析仪进行测定，碳含量采用外加热-重铬酸钾容量法进行测定（张志龙，2020），养分含量测定是同一重复内 3 株混合作为 1 个生物学重复，重复3次。后续分析中储量为同一重复内3株之和，重复3次。

各器官营养元素储量=各器官营养元素含量×各器官生物量

3. 非结构性碳水化合物（non-structural carbohydrate，NSC）的测定

NSC含量=可溶性糖含量+淀粉含量

（1）可溶性糖含量的测定

采用苏州梦犀生物医药科技有限公司试剂盒进行测定，步骤按其实验指导说明进行。于2022年6月、9月、12月各测定1次，与测定生物量为同一批样品测定和计算（Jan and Roel，1993）。由于处理7、处理8、处理9的苗木后期死亡率较高，为保证试验能继续进行，9月、12月未采样测定。

（2）淀粉含量的测定

采用苏州梦犀生物医药科技有限公司试剂盒进行测定，步骤按其实验指导说明进行。于2022年6月、9月、12月各测定1次，与测定生物量为同一批样品测定和计算（Xie et al.，2018）。由于处理7、处理8、处理9的苗木后期死亡率较高，为保证试验能继续进行，9月、12月未采样测定。

5.1.5 数据分析

采用Excel对采集的数据进行数据整理，SPSS20.0进行单因素和双因素方差分析，Duncan法进行多重比较，数据皆为平均值±标准误。采用Pearson相关性分析不同指标间的相关关系。绘图在Origin和GraphPad Prism中完成。

5.2 云南松苗木光合色素对氮磷底肥配施的响应规律

5.2.1 氮磷底肥配施对云南松苗木叶绿素a含量的影响

由图5-1可知，云南松苗木叶绿素a含量在施肥后90d达到了最大值。去顶处理中叶绿素a含量整体上低于未去顶处理。从施肥时间来看，施肥后90d、180d和270d，各施肥处理间的叶绿素a含量间差异显著（$P<0.05$）。施肥后90d，除处理5外，其他处理均低于未去顶处理，各施肥处理中，施肥处理均高于处理1，处理5的叶绿素a含量高于其他处理，处理7的叶绿素a含量最低。施肥后180d，与未去顶处理相比，处理2、处理6低于未去顶处理，从施肥来看，处理4的叶绿素a含量高于其他处理，其次是处理3。施肥后270d，与未去顶处理相比，未去顶处理高于处理1而低于其他处理。各施肥处理中，处理5、处理9高于其他处理，处理1最低。

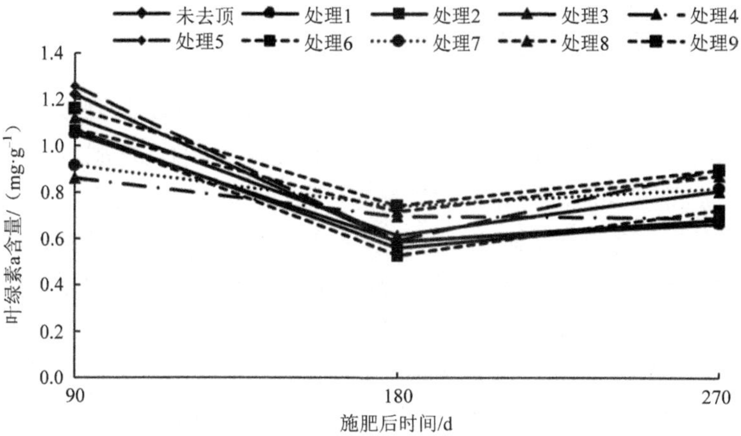

图 5-1　氮磷底肥配施下云南松苗木叶绿素 a 含量动态变化情况

5.2.2　氮磷底肥配施对云南松苗木叶绿素 b 含量的影响

由图 5-2 可知，云南松苗木叶绿素 b 含量在施肥后 90d 达到最高值。去顶处理的叶绿素 b 含量整体低于未去顶处理。施肥后 90d、180d 和 270d，各施肥处理间的叶绿素 b 含量差异显著（$P<0.05$）。施肥后 90d，除处理 5 外，其他处理均低于未去顶处理；各施肥处理中，处理 5 的叶绿素 b 含量最高，处理 4 的含量最低。施肥后 180d，处理 4、处理 5、处理 7、处理 8、处理 9 高于未去顶处理，其中处理 9 的叶绿素 b 含量最高，其次是处理 8。高氮、中磷及高磷能够促进苗木叶绿素 b 含量的增加。施肥后 270d，处理 1、处理 6 低于未去顶处理，所有施肥处理均高于处理 1，处理 5 的叶绿素 b 含量最高，其次是处理 3。

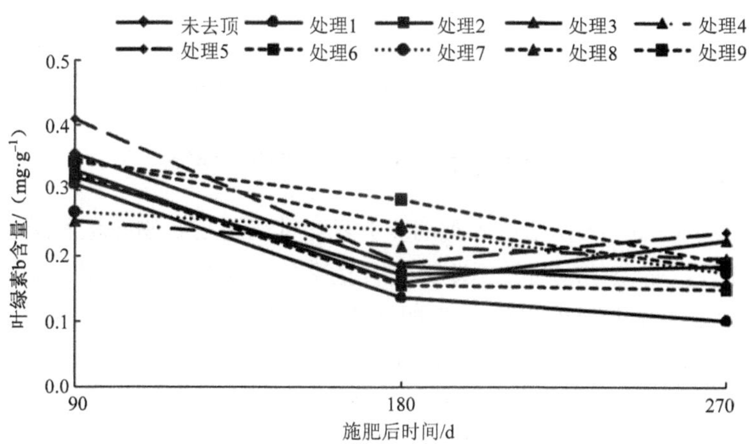

图 5-2　氮磷底肥配施下云南松苗木叶绿素 b 含量动态变化情况

5.2.3 氮磷底肥配施对云南松苗木总叶绿素含量的影响

由图 5-3 可知，云南松苗木总叶绿素含量在施肥后 90d 达到最高值。去顶处理的总叶绿素含量整体低于未去顶处理。从施肥时间来看，施肥后 90d、180d 和 270d，各施肥处理间的总叶绿素含量差异显著（P<0.05）。施肥后 90d，处理 5 高于未去顶处理；各施肥处理中，除处理 4 外，其他处理的总叶绿素含量均高于处理 1，其中处理 5 的总叶绿素含量最高。施肥后 180d，与去顶处理相比，未去顶处理高于处理 1、处理 2、处理 6；各施肥处理中，除处理 6 外，其他处理均高于处理 1，处理 9 的总叶绿素含量最多，其次是处理 7。高氮处理中随着磷肥用量的增加，总叶绿素含量也随之增加。施肥后 270d，处理 1 低于未去顶处理，所有施肥处理的总叶绿素含量均高于处理 1，处理 5 的总叶绿素含量最高，其次是处理 9。

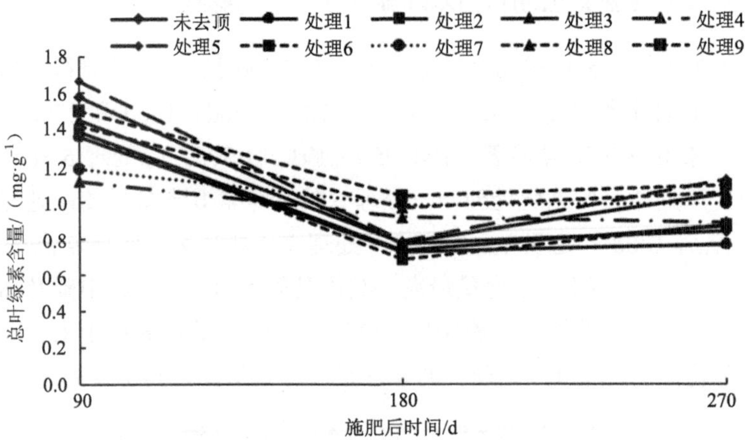

图 5-3 氮磷底肥配施下云南松苗木总叶绿素含量动态变化情况

5.2.4 氮磷底肥配施对云南松苗木类胡萝卜素含量的影响

由图 5-4 可知，云南松苗木类胡萝卜素含量在施肥后 90d 达到最高值。除施肥后 180d 外，去顶处理的类胡萝卜素含量整体低于未去顶处理。施肥后 90d、180d 和 270d，各施肥处理间的类胡萝卜素含量差异显著（P<0.05）。施肥后 90d，除处理 5 外，其他去顶处理均低于未去顶处理。各施肥处理中，处理 5 的类胡萝卜素含量最高，其次是处理 9，处理 6 最低。施肥后 180d，处理 2、处理 6 低于未去顶处理；各施肥处理中，处理 9、处理 7 的类胡萝卜素含量最高，处理 2 最低。施肥后 270d，未去顶处理的类胡萝卜素含量低于去顶处理，各施肥

处理的类胡萝卜素含量均高于处理 1，处理 5 最高，其次是处理 9。

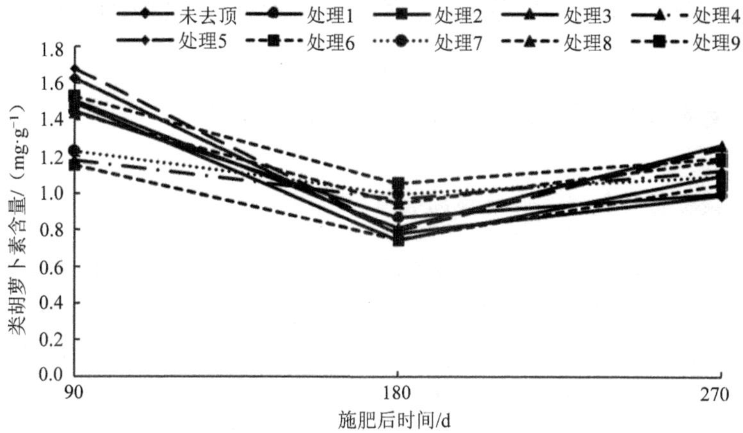

图 5-4　氮磷底肥配施下云南松苗木类胡萝卜素含量动态变化情况

5.2.5　云南松苗木萌蘖能力与光合色素含量的相关性分析

对苗木萌蘖能力和光合色素含量进行了相关性分析，得到各指标间的相关系数。由表 5-1 可知，萌条数量与萌条长度、叶绿素 a 含量、叶绿素 b 含量、总叶绿素含量、类胡萝卜素含量均呈正相关关系。初始萌条数对光合色素含量均为正相关关系。说明光合色素含量的增加有利于苗木萌条数量、萌条长度的增加。潜在萌条数与光合色素含量存在负相关关系。从光合色素含量看，除叶绿素 a 含量与叶绿素 b 含量的相关性不显著外，其他两两指标均存在显著的正相关关系，相关系数为 0.778～0.961。综上所述，光合作用对去顶后云南松苗木萌条数量的增加有明显的促进作用，特别是对于初始萌条数量的增加促进作用更明显。

表 5-1　云南松苗木萌蘖能力与光合色素含量的相关性分析

指标	萌蘖指标				光合色素含量			
	萌条数量	初始萌条数	潜在萌条数	有效萌条数	叶绿素 a 含量	叶绿素 b 含量	总叶绿素含量	类胡萝卜素含量
萌条数量	1							
初始萌条数	0.055	1						
潜在萌条数	0.559	−0.564	1					
有效萌条数	0.547	−0.486	0.574	1				
叶绿素 a 含量	0.008	0.442	−0.242	−0.531	1			
叶绿素 b 含量	0.061	0.010	−0.013	−0.082	0.567	1		
总叶绿素含量	0.073	0.146	−0.073	−0.323	0.961**	0.792*	1	
类胡萝卜素含量	0.248	0.171	−0.055	−0.141	0.778**	0.877**	0.889**	1

5.3 云南松苗木营养元素含量对氮磷底肥配施的响应规律

5.3.1 云南松苗木碳含量对氮磷底肥配施的响应规律

1. 根碳含量对氮磷底肥配施的响应

由表 5-2 可知，总体上，根碳含量随施肥时间的推移呈现出先增加后减少的变化趋势。施肥后 90d、180d，各处理之间的根碳含量有显著差异（$P<0.05$），施肥后 270d，各处理之间的根碳含量无显著差异（$P>0.05$）。施肥后 90d，从去顶处理来看，处理 1、处理 2、处理 5、处理 7、处理 9 低于未去顶处理。从施肥处理来看，处理 4 的根碳含量最高，显著高于处理 1、处理 2、处理 5、处理 7、处理 9，其次是处理 3、处理 8，处理 7 的根碳含量最低。单施氮肥时，根碳含量随施氮量的增加呈先增加后减少的趋势。在中磷处理下，随施氮量的增加，根碳含量逐渐升高。在高磷处理下，根碳含量随施氮量的增加逐渐减少。施肥后 180d，根碳含量达到最大值，未去顶处理低于其他去顶处理；各施肥处理中，处理 6 高于其他处理，处理 4 较低。在中氮处理下，根碳含量随施磷量的增加逐渐增加。施肥后 270d，未去顶处理的根碳含量高于处理 1、处理 2、处理 6，施肥处理中处理 4 的根碳含量最高，其次是处理 5，处理 2 最低。在中氮处理下，根碳含量随施磷量的增加逐渐减少。

表 5-2 氮磷底肥配施下云南松苗木根碳含量的动态变化情况 （单位：$mg \cdot g^{-1}$）

处理	施肥后 90d	施肥后 180d	施肥后 270d
未去顶	280.392±1.079ab	287.845±1.703b	276.503±40.874a
1(N1P1)	242.647±21.542b	373.858±7.665a	239.235±12.723a
2(N1P2)	240.490±15.886b	357.677±14.174a	223.607±19.863a
3(N1P3)	294.412±12.249ab	367.045±5.584a	282.514±24.667a
4(N2P1)	333.235±52.301a	353.420±11.520a	311.366±9.840a
5(N2P2)	242.647±20.204b	355.122±0.852a	284.918±39.011a
6(N2P3)	281.471±38.598ab	378.968±17.945a	258.470±28.271a
7(N3P1)	214.608±3.888b		
8(N3P2)	292.255±25.222ab		
9(N3P3)	230.784±9.402b		

2. 茎碳含量对氮磷底肥配施的响应

由表 5-3 可知，总体上，茎碳含量随施肥时间的推移呈现出先增加后减少的变化趋势。施肥后 90d、270d，各处理之间的茎碳含量有显著差异（$P<0.05$），施肥后 180d，各处理之间的茎碳含量无显著差异（$P>0.05$）。施肥后 90d，与去顶处理相比，未去顶处理的茎碳含量高于去顶处理。各施肥处理中，处理 5、处理 9 高于其他施肥处理。在中磷处理下，随施氮量的增加，茎碳含量先增加后减少，在高磷处理下，茎碳含量则随着施氮量的增加逐渐增加。单施氮肥时，茎碳含量呈先升后降的趋势；单施磷肥时相反，茎碳含量表现为先降后升。施肥后 180d，各处理的茎碳含量达到最大值，除处理 3、处理 4、处理 6 外，其他处理均高于未去顶处理。各施肥处理中，处理 5 的茎碳含量高于其他处理，处理 4 最低。在中氮处理下，随施磷量的增加，茎碳含量先增加后减少。单施磷肥时，茎碳含量随施磷量的增加逐渐减少。施肥后 270d，各去顶处理的茎碳含量均低于未去顶处理。在去顶处理中，处理 6 高于其他处理，其次是处理 5，处理 1 最低。

表 5-3　氮磷底肥配施下云南松苗木茎碳含量的动态变化情况　（单位：$mg\cdot g^{-1}$）

处理	施肥后 90d	施肥后 180d	施肥后 270d
未去顶	325.686±1.079a	350.865±1.475a	326.995±14.625a
1(N1P1)	275.000±30.579b	355.123±14.326a	207.978±4.335c
2(N1P2)	257.745±15.886bc	355.122±14.921a	250.055±15.063bc
3(N1P3)	267.451±18.710b	344.903±20.721a	250.055±21.064bc
4(N2P1)	291.176±10.400ab	325.316±10.325a	239.235±18.894bc
5(N2P2)	299.804±3.888ab	357.678±4.742a	277.705±22.036ab
6(N2P3)	282.549±8.827b	331.278±9.013a	290.929±31.533ab
7(N3P1)	223.235±1.868c		
8(N3P2)	222.157±1.078c		
9(N3P3)	296.569±1.078ab		

3. 叶碳含量对氮磷底肥配施的响应

由表 5-4 可知，总体上，叶碳含量随施肥时间的推移呈现出先增加后减少的变化趋势。施肥后 180d，各处理间差异不显著（$P>0.05$），施肥后 90d、270d，各处理间存在显著差异（$P<0.05$）。与去顶处理相比，未去顶处理的叶碳含量普遍高于去顶处理。施肥后 90d，除处理 3、处理 4、处理 5、处理 9 低于处理 1 外，其他处理均高于处理 1。处理 7 的叶碳含量最高，其次是处理 2，处理 4 最低。在中磷处理下，随施氮量的增加，叶碳含量先降低后升高。在高磷处理下，叶碳含量的变化则相反，表现为先升高后降低。单施磷肥时，随施磷量的增加，叶碳含量先增加后减少。单施氮肥则反之，表现为先减少后增加。施肥后

180d，各施肥处理中，处理 5 的叶碳含量最高，处理 4 最低。单施磷肥时，随施磷量的增加，叶碳含量呈现出先降低后升高的变化规律。在中氮处理下，叶碳含量随施磷量的增加先增加后减少。施肥后 270d，去顶处理均低于未去顶处理，各施肥处理中，处理 2 高于其他处理，其次是处理 4，处理 5 最低。单施磷肥时，叶碳含量随施磷量的增加先升高后降低。在中氮处理下，随施磷量的增加，叶碳含量呈先降低后升高的趋势。

表 5-4 氮磷底肥配施下云南松苗木叶碳含量的动态变化情况 （单位：$mg \cdot g^{-1}$）

处理	施肥后 90d	施肥后 180d	施肥后 270d
未去顶	333.235±1.868a	356.826±7.424a	318.579±13.387a
1(N1P1)	259.902±6.560bcde	346.607±8.387a	268.087±1.202ab
2(N1P2)	296.569±1.078abc	344.052±20.721a	290.929±20.857ab
3(N1P3)	248.039±17.655de	350.864±12.774a	264.481±17.463ab
4(N2P1)	230.784±2.853e	334.684±6.141a	284.918±24.014ab
5(N2P2)	249.118±27.133de	356.826±7.424a	246.448±6.362b
6(N2P3)	276.078±10.288bcd	349.161±6.141a	277.705±21.132ab
7(N3P1)	300.882±15.289ab		
8(N3P2)	278.235±15.959bcd		
9(N3P3)	255.588±3.736cde		

4. 萌条碳含量对氮磷底肥配施的响应

由表 5-5 可知，总体上，萌条碳含量随施肥时间的推移呈现出先增加后减少的变化趋势。施肥后各处理的萌条碳含量无显著差异（P>0.05），施肥后 180d 达到最大值。施肥后 90d，未去顶处理的萌条碳含量高于去顶处理。各施肥处理中，处理 6 的萌条碳含量高于其他处理，处理 7 最低。在中磷和高磷处理下，随着施氮量的增加，萌条碳含量均先上升后降低。单施氮肥或磷肥时，随施肥量的增加，萌条碳含量逐渐减少。施肥后 180d，除处理 4、处理 5 外，其他去顶处理均高于未去顶处理。各施肥处理中，处理 6 的萌条碳含量最高，其次是处理 2，处理 4 最低。单施磷肥时，萌条碳含量随施磷量的增加先增加后降低。在中氮处理下，萌条碳含量随施磷量的增加逐渐增加。施肥后 270d，去顶各处理均低于未去顶处理。各施肥处理中，处理 2、处理 5 的萌条碳含量高于其他处理。单施磷肥时，随施肥量的增加，萌条碳含量先增加后降低。在中氮处理下，随施磷量的增加，萌条碳含量呈先上升后降低的变化趋势。

表 5-5　氮磷底肥配施下云南松苗木萌条碳含量的动态变化情况　（单位：$mg \cdot g^{-1}$）

处理	施肥后 90d	施肥后 180d	施肥后 270d
未去顶	308.431±1.078a	320.207±6.430a	270.492±7.507a
1(N1P1)	256.667±12.437b	321.910±12.545a	235.628±12.201a
2(N1P2)	240.490±4.701b	329.574±2.253a	251.257±32.280a
3(N1P3)	227.549±23.355b	323.613±12.282a	226.011±21.064a
4(N2P1)	238.333±8.423b	312.542±22.899a	209.180±26.007a
5(N2P2)	250.196±1.078b	314.245±17.721a	236.831±12.201a
6(N2P3)	265.294±15.959b	330.426±6.759a	228.415±8.669a
7(N3P1)	225.392±19.621b		
8(N3P2)	239.412±9.340b		
9(N3P3)	234.019±2.157b		

5. 土壤碳含量对氮磷底肥配施的响应

由表 5-6 可知，不同的氮磷添加对土壤碳含量有不同程度的影响。随着施肥时间的推移，土壤碳含量呈现先减少再增加后减少的规律。随着施肥时间的推移，各施肥处理除在施肥后 270d 不显著外（$P>0.05$），其余施肥时间各处理间均存在显著差异（$P<0.05$）。施肥后 90d，去顶处理的土壤碳含量整体高于未去顶处理。各施肥处理中，处理 2 的土壤碳含量最高，其次是处理 4。施肥后 180d，各去顶处理的土壤碳含量均高于未去顶处理。处理 7 的土壤碳含量最高，其次是处理 3。施肥后 270d，处理 3、处理 4、处理 5 的土壤碳含量高于未去顶处理，其余处理均低于未去顶处理。各施肥处理中，处理 5 的土壤碳含量最高，其次是处理 3，处理 1 最低。由此可知，施肥能够促进土壤碳含量的积累。就施肥处理来说，施肥后 180d，土壤碳含量达到最大值。

表 5-6　氮磷底肥配施下土壤碳含量的动态变化情况　（单位：$mg \cdot g^{-1}$）

处理	施肥后 90d	施肥后 180d	施肥后 270d
未去顶	40.229±1.663ab	23.784±1.189e	49.126±1.925a
1(N1P1)	44.000±5.587ab	61.838±0.595ab	46.456±5.626a
2(N1P2)	50.286±8.315a	58.270±7.591bc	46.990±2.136a
3(N1P3)	38.971±3.326ab	76.108±5.672a	51.796±4.746a
4(N2P1)	49.657±4.909a	72.541±7.798ab	50.194±8.544a
5(N2P2)	40.857±2.266ab	58.270±7.010bc	54.466±3.204a
6(N2P3)	32.057±1.089b	66.595±7.234ab	42.718±5.259a
7(N3P1)	40.229±2.74ab	77.892±2.378a	48.058±11.252a

续表

处理	施肥后 90d	施肥后 180d	施肥后 270d
8(N3P2)	48.400±1.663a	43.405±1.573cd	42.718±1.413a
9(N3P3)	45.886±2.514a	37.459±4.489de	36.311±1.068a

5.3.2 云南松苗木氮含量对氮磷底肥配施的响应规律

1. 根氮含量对氮磷底肥配施的响应

由表 5-7 可知，总体上，根氮含量随施肥时间的推移呈现先升后降的趋势。施肥后 90d，各处理之间的根氮含量有显著差异（$P<0.05$），施肥后 180d 达到最大值，施肥后 270d，各处理之间的根氮含量有显著差异（$P<0.05$）。施肥后 90d，未去顶处理的根氮含量高于去顶处理 1、处理 2、处理 3、处理 9。各施肥处理中，除处理 2，其他处理均高于处理 1。处理 7 的根氮含量显著高于其他施肥处理，其次是处理 6，处理 2 最低。单施氮肥时，随着施氮量的增加，根氮含量逐渐增加；单施磷肥时，根氮含量随着施磷量的增加先降后升。在中磷处理下，随着施氮量的增加，根氮含量逐渐增加；在高磷处理下，根氮含量随着施氮量的增加先升后降。施肥后 180d，未去顶处理高于处理 3、处理 6。各施肥处理中，处理 4、处理 2 高于其他处理。单施磷肥时，随施肥量的增加，根氮含量先增加后减少。在中氮处理下，随施磷量的增加，根氮含量呈现出逐渐降低的趋势。施肥后 270d，除处理 1 外，其他去顶处理根氮含量均高于未去顶处理。各施肥处理中，处理 4 高于其他处理。整体来看，根氮含量在施肥后有明显的增加，随施肥时间的推移，根氮含量先升后降。

表 5-7 氮磷底肥配施下云南松苗木根氮含量的动态变化情况 （单位：$mg \cdot g^{-1}$）

处理	施肥后 90d	施肥后 180d	施肥后 270d
未去顶	5.830±0.015bcd	9.282±0.263a	8.222±0.673ab
1(N1P1)	5.728±0.063cd	9.955±0.026a	7.722±0.196b
2(N1P2)	5.712±0.019d	10.192±1.599a	8.265±0.111ab
3(N1P3)	5.728±0.073cd	8.433±0.686a	8.997±0.339ab
4(N2P1)	5.863±0.027bc	10.423±0.464a	9.192±0.311a
5(N2P2)	5.867±0.040bc	9.307±0.131a	8.448±0.517ab
6(N2P3)	5.900±0.065b	9.137±0.569a	8.987±0.361ab
7(N3P1)	6.051±0.034a		
8(N3P2)	5.887±0.044b		
9(N3P3)	5.785±0.021bcd		

2. 茎氮含量对氮磷底肥配施的响应

由表 5-8 可知，总体上，茎氮含量随施肥时间的推移呈现出逐渐增加的变化趋势。施肥后 90d，各处理之间无显著差异，施肥后 180d、270d，各处理间的茎氮含量有显著差异（$P<0.05$）。施肥后 90d，各去顶处理均高于未去顶处理（处理 3 除外）。各施肥处理中，处理 8 最高。单施氮肥时，随施氮量的增加，茎氮含量先减少后增加；单施磷肥时，随着施磷量的增加，茎氮含量逐渐减少。氮磷配施时，在中磷或高磷处理下，随着施氮量增加，茎氮含量逐渐增加。施肥后 180d，去顶处理均高于未去顶处理（处理 2 除外）。各施肥处理中，处理 5 的茎氮含量显著高于其他处理，其次是处理 6、处理 4。单施磷肥时，随着施磷量的增加，茎氮含量先减少后增加。氮磷配施时，在中氮处理下，茎氮含量随着施磷量的增加呈先增加后降低的趋势。施肥后 270d，处理 1、处理 2、处理 3 的茎氮含量均低于未去顶处理。各施肥处理中，处理 5、处理 6 的茎氮含量显著高于其他处理，处理 4 次之。由此可知，施肥能够增加苗木的茎氮含量。

表 5-8　氮磷底肥配施下云南松苗木茎氮含量的动态变化情况　（单位：$mg\cdot g^{-1}$）

处理	施肥后 90d	施肥后 180d	施肥后 270d
未去顶	5.624±0.066a	7.018±0.632bc	9.438±0.781b
1(N1P1)	5.801±0.163a	7.343±0.392bc	8.867±0.198b
2(N1P2)	5.631±0.100a	6.145±0.195c	8.187±0.460b
3(N1P3)	5.619±0.213a	7.495±0.629bc	8.160±0.439b
4(N2P1)	5.762±0.202a	8.668±0.299bc	10.752±1.501b
5(N2P2)	5.796±0.115a	11.633±1.903a	14.813±1.283a
6(N2P3)	5.890±0.102a	9.047±0.472b	14.018±0.567a
7(N3P1)	5.911±0.133a		
8(N3P2)	6.005±0.046a		
9(N3P3)	5.936±0.150a		

3. 叶氮含量对氮磷底肥配施的响应

由表 5-9 可知，总体上，叶氮含量随施肥时间的推移呈现出逐渐增加的变化趋势。随施肥时间的推移，各施肥处理间在施肥后 90d、180d 和 270d 均存在显著差异（$P<0.05$）。在施肥后 90d，处理 1、处理 2、处理 4、处理 5 的叶氮含量高于未去顶处理。各施肥处理中，处理 2 最高。单施氮肥时，随施氮量的增加，叶氮含量逐渐减少；单施磷肥时，随施磷量的增加，叶氮含量呈现先增加后减少的趋势。施肥后 180d，未去顶处理的叶氮含量低于去顶处理。各施肥处理中，

处理 3、处理 4、处理 5 显著高于其他处理，处理 6 最低。单施磷肥时，随施磷量的增加，叶氮含量先减少后增加。氮磷配施时，在中氮处理下，随施磷量的增加，叶氮含量逐渐减少。施肥后 270d，除处理 6 外，其各去顶处理叶氮含量均高于未去顶。去顶处理中，处理 4 高于其他处理。单施磷肥时，各处理的叶氮含量随施磷量的增加逐渐降低。氮磷配施时，在中氮处理下，叶氮含量随施磷量的增加逐渐降低。由此可知，施肥能够增加苗木的叶氮含量。

表 5-9 氮磷底肥配施下云南松苗木叶氮含量的动态变化情况 （单位：$mg \cdot g^{-1}$）

处理	施肥后 90d	施肥后 180d	施肥后 270d
未去顶	5.849±0.025abc	11.083±0.701b	14.650±0.269c
1(N1P1)	5.928±0.079ab	12.815±0.760ab	17.942±0.435a
2(N1P2)	5.953±0.007a	12.420±0.060ab	17.750±1.041a
3(N1P3)	5.829±0.030abc	14.208±0.518a	17.393±1.002ab
4(N2P1)	5.869±0.039abc	14.253±1.391a	18.513±0.708a
5(N2P2)	5.913±0.061ab	13.643±0.346a	15.463±0.492bc
6(N2P3)	5.799±0.010bc	12.365±0.806ab	13.468±0.237c
7(N3P1)	5.798±0.048bc		
8(N3P2)	5.736±0.014c		
9(N3P3)	5.552±0.064d		

4. 萌条氮含量对氮磷底肥配施的响应

由表 5-10 可知，总体上，叶氮含量随施肥时间的推移呈现出逐渐增加的变化趋势。随施肥时间的推移，各施肥处理在施肥后 90d、180d 和 270d 均存在显著差异（P<0.05）。施肥后 90d，去顶处理的萌条氮含量高于未去顶处理。各施肥处理中，处理 6 的萌条氮含量最高，处理 2 最低。单施氮肥时，萌条氮含量随施氮量的增加而增加；单施磷肥时，随施磷量的增加先降低后增加。氮磷配施时，在中磷或高磷处理下，随施氮量的增加，萌条氮含量先增加后减少。在施肥后 180d，去顶处理均高于未去顶处理。各施肥处理中，各施肥处理均高于处理 1。处理 2、处理 3 高于其他处理。单施磷肥时，随施磷量的增加，萌条氮含量逐渐增加。氮磷配施时，在中氮处理下，萌条氮含量随施磷量的增加呈现先增加后降低的趋势。施肥后 270d，除处理 2、处理 3 外，其他去顶处理的萌条氮含量均高于未去顶处理。各施肥处理中，处理 4 高于其他处理。单施磷肥时，萌条氮含量随施磷量的增加先减少后增加。氮磷配施时，在中氮处理下，随施磷量的增加，萌条氮含量先降低后升高。由此可知，施肥能够促进苗木萌条氮含量的增加。

表 5-10 氮磷底肥配施下云南松苗木萌条氮含量的动态变化情况 （单位：$mg \cdot g^{-1}$）

处理	施肥后 90d	施肥后 180d	施肥后 270d
未去顶	5.813±0.010b	11.667±0.093b	14.150±0.238a
1(N1P1)	6.101±0.059ab	11.832±0.264b	15.733±0.380a
2(N1P2)	6.023±0.079ab	14.047±0.358a	11.143±0.481b
3(N1P3)	6.042±0.170ab	14.275±0.788a	14.140±1.708a
4(N2P1)	6.257±0.074a	11.855±0.785b	16.033±0.709a
5(N2P2)	6.156±0.064a	13.120±0.716ab	14.160±0.807a
6(N2P3)	6.307±0.084a	12.525±0.837ab	15.033±0.170a
7(N3P1)	6.262±0.130a		
8(N3P2)	6.084±0.052ab		
9(N3P3)	6.300±0.072a		

5. 土壤氮含量对氮磷底肥配施的响应

由表 5-11 可知，不同的氮磷添加对土壤氮含量有不同程度的影响。随施肥时间的推移，土壤氮含量逐渐增加。各处理之间的土壤氮含量差异显著（$P<0.05$）。施肥后 90d，除处理 3、处理 4、处理 7 低于未去顶处理外，其他处理均高于未去顶处理。处理 8 比其他处理更能促进土壤氮含量积累。施肥后 180d，未去顶处理的土壤氮含量均高于其他处理（除处理 4、处理 6 外）。各施肥处理中，处理 6 的土壤氮含量显著高于其他处理，处理 4、处理 5 次之。施肥后 270d，处理 2、处理 4、处理 5、处理 6 高于未去顶处理。各施肥处理中，处理 6 的土壤氮含量高于其他处理，其次是处理 4、处理 5。

表 5-11 氮磷底肥配施下土壤氮含量的动态变化情况 （单位：$mg \cdot g^{-1}$）

处理	施肥后 90d	施肥后 180d	施肥后 270d
未去顶	4.185±0.130b	4.400±0.147bc	4.892±0.179ab
1(N1P1)	4.415±0.143b	4.288±0.318bc	3.537±0.487b
2(N1P2)	4.383±0.111b	3.835±0.249c	5.693±0.507ab
3(N1P3)	3.882±0.153b	4.25±0.137bc	4.685±0.538ab
4(N2P1)	4.067±0.149b	4.710±0.043b	6.348±1.770a
5(N2P2)	4.380±0.368b	4.337±0.111bc	5.758±0.930ab
6(N2P3)	4.318±0.100b	5.403±0.494a	6.433±0.629a
7(N3P1)	3.923±0.082b	3.970±0.140bc	4.118±0.432ab
8(N3P2)	4.963±0.202a	4.162±0.117bc	4.307±0.624ab
9(N3P3)	4.273±0.268b	4.217±0.223bc	4.728±0.863ab

5.3.3 云南松苗木磷含量对氮磷底肥配施的响应规律

1. 根磷含量对氮磷底肥配施的响应

由表 5-12 可知，不同的氮磷添加对苗木的根磷含量有不同程度的影响。总体上，根磷含量随施肥时间的推移呈现出先减少后增加的变化趋势。施肥后 90d，各处理之间有显著差异（P<0.05），去顶处理的根磷含量显著低于未去顶处理。就施肥处理来说，除处理 4 外，其他处理的根磷含量均高于处理 1。处理 3、处理 6、处理 9 的根磷含量高于其他处理。中氮处理下，根磷含量随施氮量的增加逐渐增加。施肥后 180d，各处理之间的根磷含量无显著差异。未去顶处理的根磷含量低于去顶处理。处理 2、处理 4、处理 6 稍高于其他处理。单施氮肥时，根磷含量随施肥量的增加逐渐增加。单施磷肥时，根磷含量随磷肥的增加先增加后减少。氮磷配施下，中氮处理不变，随施磷量的增加，根磷含量先减少后增加。施肥后 270d，各处理之间的根磷含量有显著差异（P<0.05）。与未去顶处理相比，除处理 2 外，未去顶处理高于其他去顶处理。施肥处理下，处理 2、处理 3、处理 6 高于其他处理。单施磷肥时，根磷含量随施磷量的增加先增加后减少，氮磷配施时，在中氮处理下，随施磷量的增加，根磷含量先减少后增加。由此可知，施肥能促进根磷含量的积累。

表 5-12 氮磷底肥配施下云南松苗木根磷含量的动态变化情况 （单位：$mg \cdot g^{-1}$）

处理	施肥后 90d	施肥后 180d	施肥后 270d
未去顶	4.502±0.155a	3.945±0.107a	5.286±0.088ab
1(N1P1)	2.803±0.088b	4.357±0.189a	5.004±0.111ab
2(N1P2)	3.190±0.274b	4.506±0.324a	5.339±0.226a
3(N1P3)	3.448±0.278b	4.310±0.085a	5.114±0.121ab
4(N2P1)	2.692±0.251b	4.496±0.331a	5.049±0.167ab
5(N2P2)	2.821±0.199b	4.199±0.275a	4.880±0.111b
6(N2P3)	3.688±0.549ab	4.398±0.299a	5.092±0.025ab
7(N3P1)	3.293±0.244b		
8(N3P2)	2.830±0.315b		
9(N3P3)	3.383±0.569b		

2. 茎磷含量对氮磷底肥配施的响应

由表 5-13 可知，不同的氮磷添加对苗木的茎磷含量有不同程度的影响。总体上，茎磷含量随施肥时间的推移逐渐增加。施肥 90d、180d 和 270d 后，各处理之间差异不显著（$P>0.05$）。施肥后 90d，处理 3、处理 6 高于未去顶处理。施肥处理下，处理 3、处理 6 高于其他处理，处理 2 最低。在单施时，茎磷含量随氮肥或磷肥的增加呈先降低后升高的变化趋势。氮磷配施时，在中磷处理下，随施氮量的增加，茎磷含量逐渐增加；高磷处理下，随施氮量的增加，茎磷含量逐渐减少。施肥后 180d，未去顶处理的茎磷含量低于去顶的处理 5 而高于其他去顶处理。各施肥处理中，处理 4 低于处理 1，其他处理均高于处理 1。处理 5、处理 6 高于其他处理。单施磷肥时，茎磷含量随施磷量的增加逐渐增加。在中氮处理下，随着施磷量的增加，茎磷含量先增加后减少。施肥后 270d，未去顶处理低于处理 3，高于其他去顶处理。各施肥处理均高于处理 1。处理 3、处理 5、处理 6 高于其他处理。由此可知，施肥能促进茎磷含量积累，中氮中磷处理或高磷处理对增加茎磷含量效果较好。

表 5-13　氮磷底肥配施下云南松苗木茎磷含量的动态变化情况　（单位：$mg \cdot g^{-1}$）

处理	施肥后 90d	施肥后 180d	施肥后 270d
未去顶	3.721±0.000a	4.093±0.038a	5.511±0.101a
1(N1P1)	3.405±0.100a	3.898±0.077a	5.173±0.099a
2(N1P2)	2.974±0.474a	3.901±0.211a	5.410±0.085a
3(N1P3)	3.963±0.671a	4.071±0.192a	5.605±0.117a
4(N2P1)	3.146±0.261a	3.765±0.249a	5.277±0.169a
5(N2P2)	3.079±0.332a	4.460±0.295a	5.443±0.206a
6(N2P3)	3.865±0.364a	4.082±0.264a	5.433±0.098a
7(N3P1)	3.310±0.391a		
8(N3P2)	3.241±0.048a		
9(N3P3)	3.085±0.356a		

3. 叶磷含量对氮磷底肥配施的响应

由表 5-14 可知，不同的氮磷添加对苗木的叶磷含量有不同程度的影响。总体上，叶磷含量随施肥时间的推移逐渐增加。施肥后 90d、180d 和 270d，各处理之间存在显著差异（$P<0.05$）。施肥后 90d，未去顶处理的叶磷含量低于去顶处理。各施肥处理中，处理 2、处理 6 高于其他处理，氮磷配施对叶磷含量有不同程度的影响。施肥后 180d，未去顶处理低于去顶处理。各施肥处理（除处理 4 外）均高于处理 1。处理 3、处理 5、处理 6 高于其他处理。单施磷肥时，叶磷含量随施肥量的增加逐渐增加，氮磷配施时，中氮处理下，随施磷量的增加，叶磷含量先增加后减少。施肥后 270d，未去顶处理的叶磷含量低于去顶处理，处理 3 的叶磷含量要高于其他处理。单施磷肥时，随施磷量的增加，叶磷含量先减

少后增加。中氮处理下，随施磷量的增加，叶磷含量先减少后增加。由此可知，施肥能促进叶磷含量积累，中氮中磷处理或高磷处理对叶磷含量的增加有促进作用。

表 5-14 氮磷底肥配施下云南松苗木叶磷含量的动态变化情况 （单位：mg·g-1）

处理	施肥后 90d	施肥后 180d	施肥后 270d
未去顶	2.459±0.093b	3.530±0.063c	5.065±0.063b
1(N1P1)	2.988±0.152ab	3.735±0.086bc	5.360±0.185ab
2(N1P2)	3.118±0.178a	3.882±0.144abc	5.163±0.031ab
3(N1P3)	3.027±0.275ab	4.208±0.230a	6.338±0.828a
4(N2P1)	2.777±0.179ab	3.622±0.067bc	5.333±0.456ab
5(N2P2)	2.470±0.177b	4.010±0.065ab	5.161±0.061ab
6(N2P3)	3.108±0.174a	3.925±0.165abc	5.315±0.056ab
7(N3P1)	2.854±0.059ab		
8(N3P2)	2.800±0.214ab		
9(N3P3)	2.554±0.046ab		

4. 萌条磷含量对氮磷底肥配施的响应

由表 5-15 可知，不同的氮磷添加对苗木的萌条磷含量有不同程度的影响。总体上，萌条磷含量随施肥时间的推移逐渐增加。施肥后 90d、180d 和 270d，各处理之间差异显著（P<0.05）。施肥后 90d，未去顶处理低于去顶处理。施肥处理中，处理 6 高于其他处理，其次是处理 7、处理 3、处理 5，处理 8 最低。单施处理时，随施氮量或施磷量的增加，萌条磷含量先降低后升高。氮磷配施时，中磷或高磷处理下，随施氮量的增加，萌条磷含量先增加后降低后施肥。180d，未去顶处理低于去顶各处理。施肥处理中，处理 3 显著高于处理 2、处理 4、处理 6。中氮处理下，随施磷量的增加，萌条磷含量先增加后减少。施肥后 270d，未去顶处理高于处理 2，低于其他去顶处理。施肥处理中，处理 6 显著高于其他处理，其次是处理 5、处理 3。单施磷肥时，随施肥量的增加，萌条磷含量先减少后增加。氮磷配施时，中氮处理下，随施磷量的增加，萌条磷含量逐渐增加。由此可知，施肥能促进萌条磷含量的积累，中氮中磷处理或高磷处理对萌条磷含量的增加有促进作用。

表 5-15 氮磷底肥配施下云南松苗木萌条磷含量的动态变化情况 （单位：mg·g-1）

处理	施肥后 90d	施肥后 180d	施肥后 270d
未去顶	2.734±0.064b	3.574±0.042b	5.348±0.034b
1(N1P1)	3.559±0.062ab	4.180±0.196ab	5.405±0.112b
2(N1P2)	3.168±0.167ab	3.787±0.224b	5.347±0.085b

续表

处理	施肥后 90d	施肥后 180d	施肥后 270d
3(N1P3)	3.665±0.532ab	4.759±0.230a	5.410±0.081b
4(N2P1)	3.377±0.267ab	4.024±0.066b	5.376±0.082b
5(N2P2)	3.621±0.118ab	4.214±0.246ab	5.570±0.040b
6(N2P3)	3.812±0.255a	3.734±0.222b	5.811±0.080a
7(N3P1)	3.690±0.237ab		
8(N3P2)	3.026±0.186ab		
9(N3P3)	3.458±0.600ab		

5. 土壤磷含量对氮磷底肥配施的响应

由表 5-16 可知，不同的氮磷添加对土壤磷含量有不同程度的影响。总体上，土壤磷含量随施肥时间的推移先增加后减少。施肥后 90d、180d、270d，各处理之间差异显著（$P<0.05$）。施肥后 90d，除处理 2 外，其他去顶处理均高于未去顶处理。处理 9 的土壤磷含量显著高于其他处理（除处理 6 和处理 8 外），其次是处理 8。施肥后 180d，与未去顶处理相比，处理 3、处理 4、处理 5 低于未去顶处理。各施肥处理中，处理 6、处理 8、处理 9 高于处理 1。施肥后 270d，处理 2、处理 4、处理 5、处理 6、处理 9 高于未去顶处理。各施肥处理中，除处理 7、处理 8 低于处理 1 外，其他处理均高于处理 1。处理 6 显著高于其他处理（除处理 2、处理 5、处理 9 外），其次是处理 9，处理 7 最低。由此可知，氮磷添加能显著促进土壤磷含量的积累。

表 5-16 氮磷底肥配施下土壤磷含量的动态变化情况 （单位：$mg \cdot g^{-1}$）

处理	施肥后 90d	施肥后 180d	施肥后 270d
未去顶	5.811±0.029de	4.036±0.157cd	4.498±0.119c
1(N1P1)	6.289±0.113cd	4.586±0.108b	4.421±0.036c
2(N1P2)	5.726±0.445e	4.291±0.117c	4.707±0.075abc
3(N1P3)	6.578±0.075bc	3.510±0.036e	4.446±0.239c
4(N2P1)	6.249±0.056cde	3.051±0.018f	4.649±0.094bc
5(N2P2)	5.931±0.054de	3.822±0.070d	4.669±0.034abc
6(N2P3)	6.655±0.149abc	4.754±0.074ab	4.987±0.028a
7(N3P1)	5.835±0.108de	4.050±0.038cd	3.137±0.068e
8(N3P2)	6.906±0.033ab	4.874±0.008a	3.981±0.074d
9(N3P3)	7.150±0.041a	4.645±0.109ab	4.860±0.025ab

5.3.4 云南松苗木萌蘖能力与营养元素含量的相关性分析

对云南松苗木萌蘖能力与营养元素含量进行了相关性分析，得到各指标间的相关系数。由表 5-17 可知，不同指标间存在不同的相关系数。萌条数量与萌条

表 5-17　云南松苗木萌蘖能力与营养元素含量的相关性分析

指标	萌蘖指标				营养元素含量											
	萌条数量	初始萌条数	潜在萌条数	有效萌条数	根碳含量	茎碳含量	叶碳含量	萌条碳含量	根氮含量	茎氮含量	叶氮含量	萌条氮含量	根磷含量	茎磷含量	叶磷含量	萌条磷含量
萌条数量	1															
初始萌条数	0.055	1														
潜在萌条数	0.559	−0.564	1													
有效萌条数	0.547	−0.486	0.574	1												
根碳含量	−0.517	−0.706	−0.355	−0.781*	1											
茎碳含量	−0.450	0.314	−0.260	−0.333	0.211	1										
叶碳含量	−0.565	0.508	−0.469	−0.421	−0.091	0.472	1									
萌条碳含量	−0.273	0.848*	−0.437	0.044	−0.456	0.571	0.567	1								
根氮含量	0.140	−0.604	0.423	0.204	0.003	−0.379	−0.308	−0.653	1							
茎氮含量	−0.269	−0.167	−0.096	−0.421	0.333	0.746	0.073	0.258	−0.048	1						
叶氮含量	0.213	−0.676	0.220	−0.009	0.466	−0.653	−0.589	−0.885**	0.328	−0.516	1					
萌条氮含量	−0.398	−0.853*	−0.196	−0.472	0.558	−0.182	−0.194	−0.553	0.680	0.284	0.318	1				
根磷含量	−0.197	0.806*	−0.193	0.069	−0.420	0.315	0.822*	0.598	−0.423	−0.295	−0.479	−0.644	1			
茎磷含量	−0.258	0.333	−0.163	0.076	0.196	0.637	0.094	0.301	−0.414	0.133	−0.104	−0.436	0.321	1		
叶磷含量	−0.108	−0.239	−0.056	0.279	0.211	−0.324	−0.368	−0.438	0.263	−0.554	0.657	0.107	−0.107	0.423	1	
萌条磷含量	0.338	−0.309	0.646	0.293	−0.007	0.289	−0.385	−0.272	0.574	0.544	−0.085	0.242	−0.409	0.102	−0.070	1

长度、根氮含量、叶氮含量、萌条磷含量呈正相关外，与其他营养元素含量均呈负相关。初始萌条数与茎碳含量、叶碳含量、萌条碳含量、根磷含量、茎磷含量呈正相关关系，其中与萌条碳含量、根磷含量呈显著正相关关系（$P<0.05$），与根碳含量、根氮含量、茎氮含量、叶氮含量、萌条氮含量、叶磷含量、萌条磷含量呈负相关关系，其中与萌条氮含量呈显著负相关（$P<0.05$）。潜在萌条数与根氮含量、叶氮含量、萌条磷含量呈正相关关系。有效萌条数与根碳含量呈显著的负相关关系。叶碳含量与根磷含量呈显著的正相关关系。萌条碳含量与叶氮含量呈极显著的负相关关系。综上所述，营养元素含量与萌蘖指标有相关性的，这表明在幼苗生长发育中，不同的养分含量被吸收并相互利用，以保证正常的生长。

5.4　云南松苗木养分储量对氮磷底肥配施的响应规律

5.4.1　云南松苗木碳储量对氮磷底肥配施的响应规律

1. 根碳储量对氮磷底肥配施的响应

由表 5-18 可知，不同的氮磷添加对云南松苗木根碳储量有不同程度的影响。总体上，根碳储量随施肥时间的推移逐渐增加。施肥后 90d、180d、270d，各处理之间有显著差异（$P<0.05$）。施肥后 90d，未去顶处理根碳储量高于处理 7、处理 8、处理 9。各施肥处理中，处理 3 的根碳储量最高，处理 9 最低。施肥后 180d，去顶处理均高于未去顶处理。各施肥处理中，其他施肥处理的根碳储量均高于处理 1（除处理 4 外），处理 3 最高，其次是处理 2。磷肥对根碳储量的影响较大，尤其是低氮高磷处理。中氮处理下，中氮高磷处理的根碳储量高于中磷中氮处理。施肥后 270d，未去顶的根碳储量高于处理 1、处理 2、处理 6。各施肥处理中，其他施肥处理均高于处理 1，处理 3、处理 4、处理 5 高于其他处理。各处理根碳储量随施肥时间推移有一定的增加。

表 5-18　氮磷底肥配施下云南松苗木根碳储量的动态变化情况　（单位：g）

处理	施肥后 90d	施肥后 180d	施肥后 270d
未去顶	76.414±10.144b	385.910±80.772b	1061.751±173.858ab
1(N1P1)	102.526±17.731b	520.404±70.691ab	923.767±224.107b
2(N1P2)	121.571±8.689ab	771.064±115.045ab	1016.365±65.173ab
3(N1P3)	252.145±101.810a	870.253±107.001a	1579.884±145.032a
4(N2P1)	151.759±68.622ab	411.487±183.641b	1504.138±149.555ab
5(N2P2)	162.380±43.218ab	577.210±147.073ab	1391.500±285.889ab

续表

处理	施肥后 90d	施肥后 180d	施肥后 270d
6(N2P3)	134.818±5.210ab	618.316±180.062ab	1030.587±166.192ab
7(N3P1)	44.464±20.319b		
8(N3P2)	39.242±11.606b		
9(N3P3)	33.846±7.037b		

2. 茎碳储量对氮磷底肥配施的响应

由表 5-19 可知，不同的氮磷添加对云南松苗木茎碳储量有不同程度的影响。总体上，茎碳储量随施肥时间的推移逐渐增加。施肥后 90d、180d、270d 各处理之间有显著差异（P<0.05）。施肥后 90d，未去顶处理高于去顶处理 7、处理 8、处理 9，而低于其他去顶处理。各施肥处理中，处理 5 高于其他处理，其次是处理 3、处理 6。处理 5 能促进茎碳储量的增加。施肥后 180d，除处理 4 外，其他处理均高于未去顶处理。各施肥处理中，处理 2、处理 3、处理 5 高于其他处理，处理 4 最低。处理 2、处理 3、处理 5 和处理 6 能促进茎碳储量的增加。施肥后 270d，去顶处理的茎碳储量低于未去顶处理。各施肥处理中，其他施肥处理高于处理 1，处理 5、处理 6 显著高于处理 1。施用磷肥能促进茎碳储量的增加，氮磷配施对茎碳储量增加的促进效果更佳，各处理的茎碳储量随施肥时间的推移均有一定的增加。

表 5-19 氮磷底肥配施下云南松苗木茎碳储量的动态变化情况 （单位：g）

处理	施肥后 90d	施肥后 180d	施肥后 270d
未去顶	67.067±15.559bcd	441.621±84.837bc	947.659±66.656a
1(N1P1)	92.481±12.271abcd	644.127±88.417abc	530.051±113.216b
2(N1P2)	100.424±12.393abc	730.154±95.277a	704.386±150.158ab
3(N1P3)	128.735±33.940a	694.099±74.886ab	825.905±122.741ab
4(N2P1)	103.062±6.401abc	404.705±95.252c	791.079±80.956ab
5(N2P2)	146.151±33.848a	669.753±43.042abc	878.040±86.544a
6(N2P3)	112.648±5.928ab	565.852±76.331abc	869.837±32.773a
7(N3P1)	49.626±13.950cd		
8(N3P2)	37.634±12.460d		
9(N3P3)	34.237±7.673d		

3. 叶碳储量对氮磷底肥配施的响应

由表 5-20 可知，不同的氮磷添加对云南松苗木叶碳储量有不同程度的影响。总体上，叶碳储量随施肥时间的推移逐渐增加。从施肥时间来看，施肥后

180d，各处理之间无显著差异（$P>0.05$），施肥后 90d、270d，各处理之间的叶碳储量有显著差异（$P<0.05$）。施肥后 90d，未去顶处理的碳储量高于去顶处理（除处理 3、处理 6 外）。各施肥处理中，处理 6 最高，其次是处理 3，处理 9 最低。高磷或与适宜的氮肥添加时对叶碳储量的增加有明显的促进作用。施肥后 180d，未去顶处理的叶碳储量高于其他去顶处理。在去顶处理中，处理 1、处理 2 的叶碳储量高于其他处理，处理 4 最低。施用氮肥、磷肥对叶碳储量的增加有一定的促进作用。除处理 4 外，各处理的叶碳储量随施肥时间的推移表现为先增加后降低。

表 5-20　氮磷底肥配施下云南松苗木叶碳储量的动态变化情况　（单位：g）

处理	施肥后 90d	施肥后 180d	施肥后 270d
未去顶	137.069±59.136a	1147.976±378.495a	1699.945±440.744a
1(N1P1)	100.038±80.161a	844.040±437.143a	532.624±189.756b
2(N1P2)	128.761±22.272a	874.589±475.332a	427.049±66.372b
3(N1P3)	218.945±146.089a	648.807±348.657a	569.890±250.533b
4(N2P1)	25.372±9.957a	234.635±135.741a	649.488±122.678b
5(N2P2)	131.318±59.830a	617.011±218.909a	601.669±250.876b
6(N2P3)	265.622±118.403a	595.436±173.065a	575.235±263.199b
7(N3P1)	97.600±59.673a		
8(N3P2)	25.228±23.141a		
9(N3P3)	20.854±18.458a		

4. 萌条碳储量对氮磷底肥配施的响应

由表 5-21 可知，不同的氮磷添加对云南松苗木萌条碳储量有不同程度的影响。总体上，萌条碳储量随施肥时间的推移逐渐增加。从施肥时间来看，施肥后 90d、270d，各处理之间有显著变化（$P<0.05$），施肥后 180d，各处理的萌条碳储量之间无显著差异（$P>0.05$）。施肥后 90d，去顶处理高于未去顶处理（除处理 7、处理 8、处理 9 外）。各施肥处理中，处理 5 高于其他处理，处理 8 最低。中磷高氮处理对萌条碳储量起到抑制作用，中氮中磷处理下萌条碳储量有明显增长。施肥后 180d，未去顶处理均低于去顶处理。各施肥处理中（除处理 4 外），其他处理均高于处理 1。处理 2、处理 3、处理 5 高于其他处理。施磷肥在一定程度上增加了萌条碳储量，中氮中磷处理能够促进萌条碳储量的增加。施肥后 270d，未去顶处理低于去顶处理。各施肥处理中，处理 4、处理 6 低于其他处理。磷肥能够促进萌条碳储量的增加。各处理的萌条碳储量随施肥时间的推移均有一定的增加。

表 5-21 氮磷底肥配施下云南松苗木萌条碳储量的动态变化情况 （单位：g）

处理	施肥后 90d	施肥后 180d	施肥后 270d
未去顶	89.054±5.586bcd	544.760±103.453a	548.545±174.770c
1(N1P1)	173.661±82.132abcd	784.243±211.708a	1452.469±257.805abc
2(N1P2)	158.624±14.173abcd	1018.456±194.060a	2366.348±516.997a
3(N1P3)	232.983±71.072ab	1218.677±108.324a	1771.326±248.544ab
4(N2P1)	216.839±14.891abcd	737.078±343.714a	1228.494±318.876bc
5(N2P2)	302.227±68.169a	1063.072±293.366a	1504.385±436.597abc
6(N2P3)	226.236±65.155abc	926.000±178.053a	1250.115±251.184bc
7(N3P1)	83.387±18.205bcd		
8(N3P2)	56.483±41.700d		
9(N3P3)	66.901±15.747cd		

5.4.2 云南松苗木氮储量对氮磷底肥配施的响应规律

1. 根氮储量对氮磷底肥配施的响应

由表 5-22 可知，不同的氮磷添加对云南松苗木根氮储量有不同程度的影响。总体上，根氮储量随施肥时间的推移逐渐增加。从施肥时间来看，施肥后 180d，各处理的根氮储量之间无显著差异（$P>0.05$），施肥后 90d、270d，各处理的根氮储量之间有显著差异（$P<0.05$）。施肥后 90d，未去顶处理高于处理 7、处理 8、处理 9。各施肥处理中，处理 3、处理 5 高于其他处理，处理 8 最低。高磷能够显著促进根氮储量的增加。施肥后 180d，未去顶处理低于去顶处理（除处理 4 外）。施肥处理中，处理 2 的根氮储量最大，处理 4 最低。施肥后 270d，未去顶处理低于去顶处理（除处理 1 外）。各施肥处理中，处理 3、处理 4 高于其他处理。磷肥能够增加根的氮储量，各处理的根氮储量随施肥时间的推移均有一定的增加。

表 5-22 氮磷底肥配施下云南松苗木根氮储量的动态变化情况 （单位：g）

处理	施肥后 90d	施肥后 180d	施肥后 270d
未去顶	1.587±0.202bc	6.292±1.456a	33.662±7.996ab
1(N1P1)	2.391±0.212abc	6.953±1.002a	29.487±6.371b
2(N1P2)	2.938±0.389abc	10.515±0.547a	38.425±5.007ab
3(N1P3)	4.856±1.881a	10.059±1.559a	50.400±3.385a
4(N2P1)	2.653±1.014abc	6.199±2.787a	44.055±2.391ab
5(N2P2)	3.985±1.035ab	7.524±1.837a	40.577±4.083ab
6(N2P3)	2.974±0.542abc	7.518±2.296a	35.661±3.118ab
7(N3P1)	1.282±0.615bc		
8(N3P2)	0.815±0.250c		
9(N3P3)	0.853±0.185c		

2. 茎氮储量对氮磷底肥配施的响应

由表 5-23 可知，不同的氮磷添加对云南松苗木茎氮储量有不同程度的影响。总体上，茎氮储量随施肥时间的推移逐渐增加。从施肥时间来看，施肥后 90d、180d、270d，各处理之间均有显著差异（$P<0.05$）。施肥后 90d，未去顶处理高于处理 7、处理 8、处理 9。各施肥处理中，处理 5 高于其他处理，其次是处理 3。高磷能够促进茎氮储量的增加，中氮处理下适宜的施磷量对茎氮储量的增加有明显的促进作用。施肥后 180d，各去顶处理均高于未去顶处理。各施肥处理中，处理 3、处理 5、处理 6 高于其他处理，处理 4 最低。在中氮处理下，合适的磷肥量能够显著提高茎的氮储量。施肥后 270d，从去顶处理来看，未去顶处理低于处理 5 和处理 6。各施肥处理中，处理 4、处理 5、处理 6 高于其他处理。氮肥对茎氮储量的增加有明显的促进作用，中氮中磷处理下尤其明显。各处理的茎氮储量随施肥时间的推移均有一定程度的增加。

表 5-23　氮磷底肥配施下云南松苗木茎氮储量的动态变化情况　（单位：g）

处理	施肥后 90d	施肥后 180d	施肥后 270d
未去顶	1.133±0.267cd	4.477±0.998b	41.647±1.490ab
1(N1P1)	2.064±0.287bc	6.592±0.606b	22.596±4.850c
2(N1P2)	1.912±0.262bcd	6.410±1.104b	22.196±2.696c
3(N1P3)	2.833±0.539ab	7.464±0.465b	27.595±5.824bc
4(N2P1)	2.588±0.265ab	5.386±1.263b	35.503±5.320abc
5(N2P2)	3.365±0.709a	10.751±1.579a	47.952±8.272a
6(N2P3)	2.400±0.052ab	7.616±0.651b	42.856±5.010ab
7(N3P1)	0.967±0.266cd		
8(N3P2)	0.788±0.223d		
9(N3P3)	0.809±0.201d		

3. 叶氮储量对氮磷底肥配施的响应

由表 5-24 可知，不同的氮磷添加量对云南松苗木叶氮储量有不同程度的影响。总体上，叶氮储量随施肥时间的推移逐渐增加。从施肥时间来看，施肥后 90d、180d，各处理之间无显著差异（$P>0.05$），施肥后 270d，各处理之间有显著差异（$P<0.05$）。施肥后 90d，处理 2、处理 3、处理 5、处理 6 高于未去顶处理。各施肥处理中，处理 3、处理 5、处理 6 高于其他处理。高磷处理对叶氮储量的增加起促进作用，中氮高磷处理下能明显增加叶氮储量。施肥后 180d，未去顶处理高于去顶处理。各施肥处理中，处理 2 最高，处理 4 最低。施肥后 270d，未去顶处理高于去顶处理，各施肥处理中，处理 3、处理 4、处理 5 高于其他处理。各处理的叶氮储量随施肥时间的推移均有一定程度的增加。

表 5-24 氮磷底肥配施下云南松苗木叶氮储量的动态变化情况 （单位：g）

处理	施肥后 90d	施肥后 180d	施肥后 270d
未去顶	2.415±1.051a	17.240±5.030a	76.905±16.978a
1(N1P1)	2.163±1.687a	15.720±7.868a	35.299±12.006ab
2(N1P2)	2.584±0.443a	16.360±9.546a	27.087±6.770b
3(N1P3)	4.756±3.109a	13.249±7.224a	36.233±13.932ab
4(N2P1)	0.650±0.261a	4.472±2.630a	41.765±6.141ab
5(N2P2)	2.900±1.087a	11.176±3.906a	38.799±17.694ab
6(N2P3)	5.409±2.379a	10.861±3.471a	27.249±12.609b
7(N3P1)	1.858±1.099a		
8(N3P2)	0.530±0.482a		
9(N3P3)	0.443±0.391a		

4. 萌条氮储量对氮磷底肥配施的响应

由表 5-25 可知，不同的氮磷添加量对云南松苗木萌条氮储量有不同程度的影响。总体上，萌条氮储量随施肥时间的推移逐渐增加。从施肥时间来看，施肥后 90d、180d、270d，各处理之间有显著差异（$P<0.05$）。施肥后 90d，除处理 8 外，其他处理均高于未去顶处理。各施肥处理中，处理 3、处理 4、处理 5 高于其他处理，处理 8 最低。磷肥的添加对萌条氮储量的增加有促进作用，中氮中磷对萌条氮储量的促进作用较明显，高氮抑制萌条氮储量的增加。施肥后 180d，去顶处理均高于未去顶处理。施肥处理以处理 3 最高，其次是处理 2，处理 4 最低。施肥后 270d，未去顶处理显著低于去顶处理。各施肥处理中，处理 2、处理 3 高于其他处理，磷肥能够明显增加氮储量。各处理的萌条氮储量随施肥时间的推移均有一定程度的增加。

表 5-25 氮磷底肥配施下云南松苗木萌条氮储量的动态变化情况 （单位：g）

处理	施肥后 90d	施肥后 180d	施肥后 270d
未去顶	1.679±0.109c	11.218±2.018b	28.549±8.967b
1(N1P1)	4.333±2.263abc	16.707±4.935ab	97.385±17.290a
2(N1P2)	3.962±0.289abc	21.576±3.848ab	101.390±7.231a
3(N1P3)	6.202±1.742a	26.752±1.909a	108.666±6.491a
4(N2P1)	5.721±0.515ab	12.989±5.969ab	92.364±18.089a
5(N2P2)	7.429±1.654a	21.254±5.958ab	85.458±18.927a
6(N2P3)	5.243±1.166abc	17.293±3.256ab	81.228±13.718a
7(N3P1)	2.250±0.299bc		
8(N3P2)	1.362±0.971c		
9(N3P3)	1.787±0.389c		

5.4.3　云南松苗木磷储量对氮磷底肥配施的响应规律

1. 根磷储量对氮磷底肥配施的响应

由表 5-26 可知，不同的氮磷添加对云南松苗木根磷储量有不同程度的影响。总体上，根磷储量随施肥时间的推移逐渐增加。从施肥时间来看，施肥后 180d，各处理之间无显著差异（P>0.05），施肥后 90d、270d，各处理之间有显著差异（P<0.05）。施肥后 90d，去顶处理中处理 1、处理 7、处理 8、处理 9 低于未去顶处理。各施肥处理中，处理 3、处理 5、处理 6 高于其他处理。低氮高磷对根磷储量的增加有明显的促进作用，中氮中磷或中氮高磷能增加根磷储量。施肥后 180d，未去顶处理低于去顶处理。各施肥处理中，处理 2、处理 3、处理 6 高于其他处理，处理 4 最低，磷肥增加了去顶后苗木根磷储量。施肥后 270d，未去顶处理高于处理 1、处理 6。各施肥处理中，处理 2、处理 3、处理 4 高于其他处理。各处理的根磷储量随施肥时间的推移均有一定程度的增加。

表 5-26　氮磷底肥配施下云南松苗木根磷储量的动态变化情况　（单位：g）

处理	施肥后 90d	施肥后 180d	施肥后 270d
未去顶	1.234±0.191b	5.333±1.215a	21.052±3.837ab
1(N1P1)	1.172±0.117b	6.097±0.963a	19.169±4.234b
2(N1P2)	1.654±0.315ab	9.862±2.014a	24.518±2.152ab
3(N1P3)	2.894±1.099a	10.210±1.221a	28.660±1.766a
4(N2P1)	1.235±0.513b	5.611±2.978a	24.186±1.169ab
5(N2P2)	1.953±0.606ab	6.594±1.308a	23.367±1.480ab
6(N2P3)	1.940±0.568ab	7.301±2.387a	20.416±2.543ab
7(N3P1)	0.652±0.272b		
8(N3P2)	0.368±0.090b		
9(N3P3)	0.528±0.164b		

2. 茎磷储量对氮磷底肥配施的响应

由表 5-27 可知，不同的氮磷添加对云南松苗木茎磷储量有不同程度的影响。总体上，茎磷储量随施肥时间的推移逐渐增加。从施肥时间来看，施肥后 90d，各处理之间有显著差异（P<0.05），施肥后 180d、270d，各处理之间无显著差异（P>0.05）。施肥后 90d，处理 7、处理 8、处理 9 低于未去顶处理。各施肥处理中，处理 3、处理 5、处理 6 高于其他处理。低氮高磷对茎磷储量的增加有明显的促进作用，中氮中磷或中氮高磷能增加茎磷储量。施肥后 180d，未去顶处理低于去顶处理（除处理 4 外）。各施肥处理中，处理 2、处理 3、处理 5 高于其他处理，处理 4 最低。磷肥或氮磷配施对茎磷储量的增加有促进作用。施肥后 270d，未去顶处理高于处理 1、处理 2。各施肥处理中，处理 3、处理 4、处理 5 高于其他处理。各处理的茎磷储量随施肥时间的推移均有一定程度的增加。

表 5-27 氮磷底肥配施下云南松苗木茎磷储量的动态变化情况 （单位：g）

处理	施肥后 90d	施肥后 180d	施肥后 270d
未去顶	0.750±0.175cde	5.170±1.042a	15.933±0.527a
1(N1P1)	1.210±0.164abcde	7.002±0.583a	13.196±2.844a
2(N1P2)	1.044±0.295bcde	8.279±1.888a	14.927±2.484a
3(N1P3)	2.097±0.662a	8.276±1.097a	18.757±3.322a
4(N2P1)	1.409±0.165abcd	4.778±1.288a	17.350±0.327a
5(N2P2)	1.754±0.308ab	8.312±0.517a	17.411±2.095a
6(N2P3)	1.581±0.181abc	6.920±0.904a	16.641±1.944a
7(N3P1)	0.572±0.220de		
8(N3P2)	0.426±0.122e		
9(N3P3)	0.426±0.129e		

3. 叶磷储量对氮磷底肥配施的响应

由表 5-28 可知，不同的氮磷添加对云南松苗木叶磷储量有不同程度的影响。总体上，叶磷储量随施肥时间的推移逐渐增加。从施肥时间来看，施肥后 90d、180d，各处理之间无显著差异（P>0.05），施肥后 270d，各处理之间有显著差异（P<0.05）。施肥后 90d，处理 4、处理 7、处理 8、处理 9 低于未去顶处理。各施肥处理中，处理 3、处理 6 高于其他处理。高磷对叶磷储量的增加有明显的促进作用，氮磷配施时，在中氮高磷下能够增加叶磷储量。施肥后 180d，未去顶处理高于去顶处理。各施肥处理中，处理 2 高于其他处理，处理 4 最低。施肥后 270d，未去顶处理高于去顶处理。各施肥处理中，处理 3、处理 4、处理 5 高于其他处理。氮磷配施时，中氮中磷能增加叶磷储量。各处理的叶磷储量随施肥时间的推移均有一定程度的增加。

表 5-28 氮磷底肥配施下云南松苗木叶磷储量的动态变化情况 （单位：g）

处理	施肥后 90d	施肥后 180d	施肥后 270d
未去顶	1.030±0.464a	11.330±3.681a	26.640±6.069a
1(N1P1)	1.039±0.806a	9.327±4.847a	10.628±3.648b
2(N1P2)	1.330±0.164a	10.131±6.096a	7.711±1.540b
3(N1P3)	2.683±1.762a	8.520±4.747a	13.285±5.105ab
4(N2P1)	0.297±0.104a	2.513±1.478a	12.531±3.399ab
5(N2P2)	1.232±0.522a	6.807±2.207a	12.951±5.857ab

续表

处理	施肥后 90d	施肥后 180d	施肥后 270d
6(N2P3)	2.759±1.189a	6.786±2.063a	10.775±4.952b
7(N3P1)	0.931±0.567a		
8(N3P2)	0.274±0.255a		
9(N3P3)	0.215±0.191a		

4. 萌条磷储量对氮磷底肥配施的响应

由表 5-29 可知，不同的氮磷添加对云南松苗木萌条磷储量有不同程度的影响。总体上，萌条的磷储量随施肥时间的推移逐渐增加。从施肥时间来看，施肥后 90d、180d 和 270d，各处理之间有显著差异（P<0.05）。施肥后 90d，处理 8 低于未去顶处理。各施肥处理中，处理 5 高于其他处理。磷肥对萌条的磷储量有促进作用，氮磷配施时，中氮中磷能够增加萌条磷储量。施肥后 180d，未去顶处理低于去顶处理。各施肥处理中，处理 2、处理 3、处理 5 高于其他处理，处理 4 最低。磷肥能促进萌条磷储量的增加，氮磷配施时，中氮中磷能促进萌条磷储量的明显增加。施肥后 270d，未去顶处理显著低于去顶处理。各施肥处理中，处理 2、处理 3 高于其他处理。各处理的萌条磷储量随施肥时间的推移均有一定程度的增加。

表 5-29　氮磷底肥配施下云南松苗木萌条磷储量的动态变化情况　（单位：g）

处理	施肥后 90d	施肥后 180d	施肥后 270d
未去顶	0.789±0.050d	6.020±0.961b	10.691±3.255b
1(N1P1)	2.501±1.274abcd	10.280±2.944ab	34.025±7.584a
2(N1P2)	2.093±0.241bcd	11.937±2.801ab	49.235±5.915a
3(N1P3)	3.510±0.598ab	17.906±1.585a	42.650±5.096a
4(N2P1)	3.117±0.455abc	9.054±4.176ab	30.480±4.663a
5(N2P2)	4.350±0.921a	13.706±2.947ab	34.753±9.363a
6(N2P3)	3.144±0.636abc	10.372±1.831ab	31.445±5.437a
7(N3P1)	1.349±0.260cd		
8(N3P2)	0.622±0.417d		
9(N3P3)	0.907±0.031d		

5.4.4　云南松苗木萌蘖能力与营养元素储量的相关性分析

对苗木萌蘖能力与营养元素储量进行相关性分析，得到各指标间的相关系数。由表 5-30 可知，不同指标存在不同的相关关系，叶碳储量与叶磷储量的相关系数最高（0.981）。叶碳储量、萌条碳储量、叶氮储量、叶磷储量、萌条磷储

表 5-30 云南松苗木萌蘖能力与营养元素储量的相关性分析

指标	萌蘖指标				营养元素储量											
	萌条数量	初始萌条数	潜在萌条数	有效萌条数	根碳储量	茎碳储量	叶碳储量	萌条碳储量	根氮储量	茎氮储量	叶氮储量	萌条氮储量	根磷储量	茎磷储量	叶磷储量	萌条磷储量
萌条数量	1															
初始萌条数	0.055	1														
潜在萌条数	0.559	−0.564	1													
有效萌条数	0.547	−0.486	0.574	1												
根碳储量	−0.159	−0.557	−0.123	−0.352	1											
茎碳储量	−0.431	−0.002	−0.200	−0.447	0.372	1										
叶碳储量	−0.859*	0.277	−0.802*	−0.634	−0.152	0.553	1									
萌条碳储量	0.812*	0.282	0.602	0.734	0.062	−0.479	−0.800*	1								
根氮储量	−0.066	−0.379	−0.031	−0.037	0.789*	−0.049	−0.366	0.341	1							
茎氮储量	−0.246	−0.342	−0.043	−0.473	0.169	0.756*	0.405	−0.639	−0.406	1						
叶氮储量	−0.894**	0.175	−0.903**	−0.719	−0.004	0.491	0.971**	−0.778*	−0.245	0.362	1					
萌条氮储量	0.700	−0.271	0.599	0.578	0.312	−0.585	−0.948**	0.822*	0.599	−0.571	−0.873*	1				
根磷储量	0.053	−0.021	−0.006	0.071	0.793*	0.222	−0.268	0.493	0.840*	−0.270	−0.170	0.472	1			
茎磷储量	−0.194	−0.398	−0.002	−0.267	0.872*	0.710	0.000	−0.063	0.606	0.416	0.042	0.085	0.719	1		
叶磷储量	−0.903**	0.171	−0.850*	−0.654	0.002	0.600	0.981**	−0.813*	−0.254	0.448	0.980**	−0.899**	−0.162	0.134	1	
萌条磷储量	0.817*	0.094	0.662	0.732	0.170	−0.481	−0.892**	0.976**	0.448	−0.598	−0.862*	0.916**	0.523	0.039	−0.879**	1

量与萌条数量呈显著或极显著的关系，其中萌条碳储量、萌条磷储量与萌条数量呈显著的正相关关系（P<0.05）；叶碳储量与萌条数量呈显著负相关关系，叶氮储量、叶磷储量与萌条数量呈极显著的负相关关系（P<0.01）。潜在萌条数与叶碳储量、叶磷储量呈显著的负相关关系，与叶氮储量呈极显著的负相关关系。有效萌条数与萌条碳储量、萌条氮储量、根磷储量、萌条磷储量呈正相关关系。在营养各元素储量中，叶碳储量与叶磷储量的相关系数最高。根碳储量与根氮储量、根磷储量、茎磷储量呈显著正相关关系。叶碳储量与萌条碳储量呈显著负相关关系。叶碳储量与叶氮储量、叶磷储量呈极显著正相关，与萌条氮储量、萌条磷储量呈极显著负相关。萌条碳储量与萌条氮储量呈显著正相关关系。根氮储量与根磷储量呈显著正相关关系，叶氮储量与叶磷储量、萌条氮储量与萌条磷储量呈极显著正相关关系。叶氮储量与萌条磷储量呈显著负相关关系，叶磷储量与萌条磷储量呈极显著负相关关系。综上所述，苗木各部位的营养元素促进了苗木生长，增强了苗木的萌蘖能力。

5.5　云南松苗木 NSC 对氮磷底肥配施的响应规律

5.5.1　云南松苗木可溶性糖含量对氮磷底肥配施的响应规律

1. 云南松苗木根可溶性糖含量对氮磷底肥配施的响应

由表 5-31 可知，不同的氮磷添加对云南松苗木根可溶性糖含量有不同程度的影响。总体上，根可溶性糖含量随施肥时间的推移逐渐增加。从施肥时间来看，施肥后 90d、180d，各处理之间有显著差异（P<0.05），施肥后 270d，各处理之间无显著差异（P>0.05）。施肥后 90d，去顶处理高于未去顶处理（除处理 3 外）。各施肥处理中，处理 7 根的可溶性糖含量最高，其次是处理 5。单施氮肥时，根可溶性糖含量随施氮量的增加逐渐增加。氮磷配施时，在中磷和高磷处理下，可溶性糖含量随施氮量的增加先增加后减少。施肥后 180d，未去顶处理低于去顶处理，处理 4 高于其他处理，其次是处理 3、处理 6。单施磷肥时，可溶性糖含量随施磷量的增加逐渐增加，氮磷配施时，在中氮处理下随施磷量的增加，根可溶性糖含量先减少后再增加。施肥后 270d，未去顶处理低于去顶处理。各施肥处理中，处理 5 高于其他处理，其次是处理 3。单施磷肥时，随施肥量的增加，根可溶性糖含量随之增加。氮磷配施时，在中氮处理下，可溶性糖含量随施磷量的增加先增加再减少。随施肥时间的推移，根可溶性糖含量逐渐增加。

表 5-31 氮磷底肥配施下云南松苗木根可溶性糖含量的动态变化情况 （单位：$mg \cdot g^{-1}$）

处理	施肥后 90d	施肥后 180d	施肥后 270d
未去顶	25.928±6.120cd	76.477±2.808d	159.547±6.337a
1(N1P1)	41.45±6.658bcd	77.975±0.371d	165.542±10.070a
2(N1P2)	62.110±18.125ab	78.832±0.428d	179.459±11.199a
3(N1P3)	22.502±0.596d	105.166±0.566b	180.957±25.440a
4(N2P1)	56.437±11.692abc	122.294±1.112a	171.537±20.959a
5(N2P2)	64.573±12.506ab	80.330±0.214d	199.584±7.861a
6(N2P3)	64.358±5.837ab	94.889±0.772c	166.184±45.371a
7(N3P1)	88.338±2.318a		
8(N3P2)	59.327±8.526ab		
9(N3P3)	51.191±12.506bcd		

2. 云南松苗木茎可溶性糖含量对氮磷底肥配施的响应

由表 5-32 可知，不同的氮磷添加对云南松苗木茎可溶性糖含量有不同程度的影响。总体上，茎可溶性糖含量随施肥时间的推移逐渐增加。从施肥时间来看，施肥后 90d、180d 和 270d，各处理之间有显著差异（P<0.05）。施肥后 90d，去顶处理高于未去顶处理。各施肥处理中，处理 5、处理 6、处理 7 高于其他处理。单施时，可溶性糖含量随施氮量的增加先减少后增加，随施磷量的增加逐渐减少。氮磷配施时，在中磷和高磷处理下可溶性糖含量随施氮量的增加先增加后减少。施肥后 180d，未去顶处理低于去顶处理，处理 4、处理 5、处理 6 高于其他处理。单施磷肥时，可溶性糖含量随施磷量的增加逐渐增加。氮磷配施时，在中氮处理下，随施磷量的增加茎可溶性糖含量逐渐增加。施肥后 270d，未去顶处理低于去顶处理。各施肥处理中，处理 4、处理 5、处理 6 高于其他处理。单施磷肥时，随施肥量的增加，茎可溶性糖含量先降低后升高。随施肥时间的推移，茎可溶性糖含量逐渐增加。

表 5-32 氮磷底肥配施下云南松苗木茎可溶性糖含量的动态变化情况 （单位：$mg \cdot g^{-1}$）

处理	施肥后 90d	施肥后 180d	施肥后 270d
未去顶	23.144±5.324b	88.038±0.933f	251.610±12.588c
1(N1P1)	43.056±6.319b	91.249±0.772f	297.214±17.591abc
2(N1P2)	37.275±11.206b	99.599±0.428e	288.436±32.869bc
3(N1P3)	29.995±8.438b	114.158±0.428d	317.767±41.398abc
4(N2P1)	37.382±11.494b	171.751±1.962c	354.807±17.058ab
5(N2P2)	55.794±0.702ab	223.563±1.866b	372.577±13.459a
6(N2P3)	62.753±0.669a	241.762±0.371a	351.381±15.739ab
7(N3P1)	61.361±15.729a		
8(N3P2)	53.546±17.529b		
9(N3P3)	27.961±3.137b		

3. 云南松苗木叶可溶性糖含量对氮磷底肥配施的响应

由表 5-33 可知，不同的氮磷添加对云南松苗木叶可溶性糖含量有不同程度的影响。总体上，叶可溶性糖含量随施肥时间的推移先增加再减少。从施肥时间来看，施肥后 90d、180d，各处理之间有显著差异（$P<0.05$），施肥后 270d，各处理之间无显著差异（$P>0.05$）。施肥后 90d，处理 4、处理 5、处理 6、处理 8 低于未去顶处理。各施肥处理中，处理 2、处理 7 显著高于其他处理，处理 4 最低。单施时，叶可溶性糖含量随施氮量的增加先减少后增加，随施磷量的增加先增加后减少。氮磷配施时，在中磷处理下，叶可溶性糖含量随施氮量的增加逐渐减少，在高磷处理下，可溶性糖含量随施氮量的增加先减少再增加。施肥后 180d，未去顶处理显著低于去顶处理，处理 3 显著高于其他处理，其次是处理 2。单施磷肥时，叶可溶性糖含量随施磷量的增加逐渐增加，氮磷配施时，在中氮处理下，随施磷量的增加，叶可溶性糖含量先升后降。施肥后 270d，未去顶处理高于处理 4、处理 5。各施肥处理中，处理 6 高于其他处理，其次是处理 3。单施磷肥时，随施肥量的增加，叶可溶性糖含量逐渐增加。氮磷配施时，在中氮处理下，叶可溶性糖含量随施磷量的增加逐渐增加。随施肥时间的推移，叶可溶性糖含量逐渐增加。

表 5-33　氮磷底肥配施下云南松苗木叶可溶性糖含量的动态变化情况　（单位：$mg \cdot g^{-1}$）

处理	施肥后 90d	施肥后 180d	施肥后 270d
未去顶	75.813±5.820c	81.829±0.371f	159.976±6.319a
1(N1P1)	84.805±4.131bc	182.991±3.533c	165.328±9.748a
2(N1P2)	117.669±5.948a	199.691±0.321b	165.970±29.916a
3(N1P3)	105.573±11.939ab	206.756±0.321a	177.104±47.574a
4(N2P1)	66.928±8.202c	154.088±0.321e	153.767±18.630a
5(N2P2)	72.708±2.781c	178.388±0.566d	153.981±4.393a
6(N2P3)	71.638±5.007c	177.960±0.566d	187.809±6.592a
7(N3P1)	115.635±16.174a		
8(N3P2)	71.745±8.240c		
9(N3P3)	105.252±2.133ab		

4. 云南松苗木萌条可溶性糖含量对氮磷底肥配施的响应

由表 5-34 可知，不同的氮磷添加对云南松苗木萌条可溶性糖含量有不同程度的影响。总体上，萌条可溶性糖含量随施肥时间的推移逐渐增加。从施肥时间来看，施肥后 90d、180d 和 270d，各处理之间有显著差异（$P<0.05$）。施肥后 90d，去顶处理高于未去顶处理。各施肥处理中，处理 4、处理 5、处理 7 高于其

他处理，处理 4 的萌条可溶性糖含量最高。单施时，萌条可溶性糖含量随施氮量的增加先增加后减少，随施磷量的增加逐渐减少。氮磷配施时，在中磷和高磷处理中，萌条可溶性糖含量随施氮量的增加先增加再减少。施肥后 180d，未去顶处理显著低于去顶处理。各施肥处理中，处理 6 显著高于其他处理（除处理 5 外）。单施磷肥时，萌条可溶性糖随施磷量的增加先增加后减少。氮磷配施时，在中氮处理下，随施磷量的增加，萌条可溶性糖含量逐渐增加。施肥后 270d，未去顶处理低于去顶处理。各施肥处理中，处理 4 显著高于其他处理（除处理 5、处理 6 外）。单施磷肥时，随施肥量的增加，萌条可溶性糖含量先增加再减少。氮磷配施时，在中氮处理下，随施磷量的增加，萌条可溶性糖含量逐渐减少。随施肥时间的推移，萌条可溶性糖含量增加。

表 5-34　氮磷底肥配施下云南松苗木萌条可溶性糖含量的动态变化情况　（单位：mg·g^{-1}）

处理	施肥后 90d	施肥后 180d	施肥后 270d
未去顶	46.588±0.933b	40.936±0.214c	113.516±3.110d
1(N1P1)	74.849±4.633ab	77.975±2.596b	123.793±5.949cd
2(N1P2)	73.565±9.223ab	91.464±0.371ab	142.633±10.750bc
3(N1P3)	56.972±11.96ab	76.905±0.214b	119.939±1.672d
4(N2P1)	91.335±2.138a	80.759±24.624b	171.965±9.558a
5(N2P2)	88.124±16.065a	92.748±0.371ab	158.691±5.628ab
6(N2P3)	77.954±18.482ab	117.584±0.566a	152.910±0.566ab
7(N3P1)	88.659±11.990a		
8(N3P2)	62.325±10.763ab		
9(N3P3)	70.781±5.639ab		

5.5.2 云南松苗木淀粉含量对氮磷底肥配施的响应规律

1. 云南松苗木根淀粉含量对氮磷底肥配施的响应

由表 5-35 可知，不同的氮磷添加对云南松苗木根淀粉含量有不同程度的影响。总体上，根淀粉含量随施肥时间的推移先增加后降低再增加。从施肥时间来看，施肥后 90d、180d 和 270d，各处理之间有显著差异（$P<0.05$）。施肥后 90d，去顶处理多数高于未去顶处理。各施肥处理中，除处理 4、处理 9 外，其他施肥处理均高于处理 1。处理 2、处理 3、处理 6 高于其他处理。单施时，根淀粉含量随施氮量的增加先减少后增加，随施磷量的增加逐渐增加。氮磷配施时，在高磷处理下，根淀粉含量随施氮量的增加逐渐减少。施肥后 180d，未去顶处理低于处理 1、处理 6。各施肥处理中，处理 6 显著高于其他处理。单施磷肥时，根淀粉含量随施磷量的增加逐渐减少，氮磷配施时，在中氮处理下，随施

磷量的增加，根淀粉含量先减少后增加。施肥后 270d，未去顶处理低于去顶处理。各施肥处理中，处理 2 高于其他处理。单施磷肥时，随施肥量的增加，根淀粉含量先增加再减少。氮磷配施时，在中氮处理下，随施磷量的增加逐渐增加。随施肥时间的推移，根淀粉含量增加。

表 5-35　氮磷底肥配施下云南松苗木根淀粉含量的动态变化情况　（单位：$mg \cdot g^{-1}$）

处理	施肥后 90d	施肥后 180d	施肥后 270d
未去顶	58.410±0.361bc	53.440±0.004c	126.416±5.769b
1(N1P1)	60.850±0.177bc	54.144±0.014b	126.579±6.482b
2(N1P2)	76.547±7.907ab	47.909±0.281e	165.619±15.226a
3(N1P3)	89.032±3.467a	40.992±0.081g	150.166±1.698ab
4(N2P1)	56.295±2.422bc	49.910±0.466d	138.698±12.542ab
5(N2P2)	63.981±7.639bc	46.576±0.025f	150.491±8.463ab
6(N2P3)	73.782±12.012abc	58.137±0.029a	157.160±8.024ab
7(N3P1)	63.615±6.768bc		
8(N3P2)	65.648±7.207bc		
9(N3P3)	53.042±1.188c		

2. 云南松苗木茎淀粉含量对氮磷底肥配施的响应

由表 5-36 可知，不同的氮磷添加对云南松苗木茎淀粉含量有不同程度的影响。总体上，茎淀粉含量随施肥时间的推移逐渐增加。从施肥时间来看，施肥后 90d、180d 和 270d，各处理之间有显著差异（$P<0.05$）。施肥后 90d，未去顶处理高于处理 1、处理 6。各施肥处理中，处理 9 显著高于其他处理。单施时，茎淀粉含量随施氮量的增加先增加后减少，随施磷量的增加逐渐增加。氮磷配施时，在中磷处理下，茎淀粉含量随施氮量的增加先增加再减少，高磷处理下淀粉含量随施氮量的增加先减少后增加。施肥后 180d，未去顶处理高于去顶处理 2、处理 3。各施肥处理中，处理 4 高于其他处理。单施磷肥时，淀粉含量随施磷量的增加先减少再增加，氮磷配施时，在中氮处理下，随施磷量的增加，茎淀粉含量逐渐减少。施肥后 270d，未去顶处理低于去顶处理。各施肥处理中，处理 2、处理 4、处理 5 高于其他处理。单施磷肥时，随施肥量的增加，茎淀粉含量先增加后降低。氮磷配施时，在中氮处理下，随施磷量的增加先增加后减少。随施肥时间的推移，茎淀粉含量增加。

表 5-36　氮磷底肥配施下云南松苗木茎淀粉含量的动态变化情况　（单位：$mg \cdot g^{-1}$）

处理	施肥后 90d	施肥后 180d	施肥后 270d
未去顶	43.119±4.438bc	53.489±1.464bc	73.387±0.776b
1(N1P1)	42.712±1.344bc	56.222±1.981ab	73.956±0.845b

续表

处理	施肥后 90d	施肥后 180d	施肥后 270d
2(N1P2)	43.688±8.617bc	50.370±0.041c	122.350±4.379a
3(N1P3)	44.095±0.999bc	52.358±0.190bc	117.551±1.994a
4(N2P1)	61.826±14.069b	58.145±0.535a	124.139±2.902a
5(N2P2)	63.737±4.273b	55.689±1.591ab	125.359±2.038a
6(N2P3)	28.764±4.043c	53.790±1.208bc	85.912±9.377b
7(N3P1)	61.500±4.614b		
8(N3P2)	59.711±8.767b		
9(N3P3)	94.603±0.293a		

3. 云南松苗木叶淀粉含量对氮磷底肥配施的响应

由表 5-37 可知，不同的氮磷添加对云南松苗木叶淀粉含量有不同程度的影响。总体上，叶的淀粉含量随施肥时间的推移先增加后减少。从施肥时间来看，施肥后 90d、180d 各处理之间有显著差异（P<0.05），施肥后 270d 各处理之间无显著差异（P>0.05）。施肥后 90d，未去顶处理高于处理 1、处理 3、处理 7。各施肥处理中，处理 4、处理 5、处理 8 高于其他处理。单施时，淀粉含量随氮肥或磷肥的增加先增加后减少。氮磷配施时，在中磷和高磷处理下，叶淀粉含量随施氮量的增加逐渐增加。施肥后 180d，未去顶处理低于去顶处理 3，高于其他处理。各施肥处理中，处理 3 显著高于其他处理。单施磷肥时，淀粉含量随施磷量的增加逐渐增加，氮磷配施时，在中氮处理下，随施磷量的添加，叶淀粉含量逐渐减少。施肥后 270d，未去顶处理高于去顶处理 5。各施肥处理中，处理 4、处理 6 高于其他处理。单施磷肥时，随施肥量的增加，叶淀粉含量逐渐降低。氮磷配施时，在中氮处理下，随施磷量的增加，叶淀粉含量先降低后升高。随施肥时间的推移，叶淀粉含量逐渐增加。

表 5-37 氮磷底肥配施下云南松苗木叶淀粉含量的动态变化情况 （单位：$mg \cdot g^{-1}$）

处理	施肥后 90d	施肥后 180d	施肥后 270d
未去顶	37.263±1.368ab	89.345±0.008b	62.000±1.064a
1(N1P1)	24.738±6.860b	85.626±0.958c	64.928±11.554a
2(N1P2)	37.629±5.059ab	88.718±0.256b	64.603±11.452a
3(N1P3)	35.514±8.579ab	95.270±0.037a	63.139±12.171a
4(N2P1)	53.530±14.998ab	85.553±0.018c	73.387±2.689a
5(N2P2)	50.520±5.978ab	77.372±0.070d	57.446±6.551a
6(N2P3)	38.930±3.301ab	72.736±0.307e	76.234±9.821a
7(N3P1)	34.091±14.859ab		
8(N3P2)	55.970±8.581a		
9(N3P3)	44.298±8.912ab		

4. 云南松苗木萌条淀粉含量对氮磷底肥配施的响应

由表 5-38 可知，不同的氮磷添加对云南松苗木萌条淀粉含量有不同程度的影响。总体上，萌条的淀粉含量随施肥时间的推移先降低后升高。从施肥时间来看，施肥后 90d、180d 和 270d，各处理之间有显著差异（$P<0.05$）。施肥后 90d，未去顶处理低于去顶处理。各施肥处理中，处理 4、处理 5、处理 7 高于其他处理。单施时，萌条淀粉含量随氮肥或磷肥的增加逐渐增加。氮磷配施时，在中磷和高磷处理下，萌条淀粉含量随施氮量的增加先增加后减少。施肥后 180d，未去顶处理显著低于去顶处理。各施肥处理中，处理 5、处理 6 高于其他处理。单施磷肥时，萌条淀粉含量随施磷量的增加逐渐增加，氮磷配施时，在中氮处理下，随施磷量的增加，萌条淀粉含量增加。施肥后 270d，未去顶处理显著低于去顶处理。各施肥处理中，处理 6 高于其他处理。单施磷肥时，随施肥量的增加，萌条淀粉含量先增加后减少。氮磷配施时，在中氮处理下，随施磷量的添加，萌条淀粉含量升高。随施肥时间的推移，萌条淀粉含量先减少后增加。

表 5-38　氮磷底肥配施下云南松苗木萌条淀粉含量的动态变化情况　（单位：$mg \cdot g^{-1}$）

处理	施肥后 90d	施肥后 180d	施肥后 270d
未去顶	55.482±7.678e	69.890±1.311f	52.566±0.453d
1(N1P1)	66.584±1.664de	73.753±0.413e	78.592±1.690c
2(N1P2)	80.207±2.992bcd	75.827±0.128d	98.844±3.783ab
3(N1P3)	81.549±8.342abcd	76.498±0.236d	96.323±0.999b
4(N2P1)	94.928±5.085ab	81.179±0.049c	84.530±4.460c
5(N2P2)	96.636±0.323ab	90.683±0.012b	101.935±1.669ab
6(N2P3)	90.130±9.932abc	95.416±0.060a	105.270±2.375a
7(N3P1)	98.629±0.8304a		
8(N3P2)	84.192±0.646abc		
9(N3P3)	75.083±1.560cd		

5.5.3　云南松苗木 NSC 含量对氮磷底肥配施的响应规律

1. 云南松苗木根 NSC 含量对氮磷底肥配施的响应

由表 5-39 可知，不同的氮磷添加对云南松苗木根 NSC 含量有不同程度的影响。总体上，根的 NSC 含量随施肥时间的推移逐渐增加。从施肥时间来看，施肥后 90d、180d，各处理之间有显著差异（$P<0.05$），施肥后 270d，各处理之间无显著差异（$P>0.05$）。施肥后 90d，未去顶处理低于去顶处理。各施肥处理中，处理 2、处理 6、处理 7 高于其他处理。单施时，根 NSC 含量随施氮量的增加逐渐增加，随施磷量的增加先增加后减少。氮磷配施时，在中磷处理下，随施氮量的增加，NSC 含量逐渐减少，在高磷处理下，根 NSC 含量随施氮量的增加先增加后减少。施肥后 180d，除处理 2 和处理 5 外，未去顶处理低于去顶处理。各施肥处理中，处理 4、处理 6 高于其他处理。单施磷肥时，根 NSC 含量随施磷量的增加先减少后增加。氮磷配施时，在中氮处理下，随施磷量的增加，根 NSC 含量先减少后增加。施肥后 270d，各处理之间无显著差异，去顶处理高于未去顶处理，在去顶处理中，以处理 5 的根 NSC 含量较高。

表 5-39 氮磷底肥配施下云南松苗木根 NSC 含量的动态变化情况 （单位：$mg \cdot g^{-1}$）

处理	施肥后 90d	施肥后 180d	施肥后 270d
未去顶	84.337±6.443c	129.917±2.809de	285.964±9.653a
1(N1P1)	102.299±6.831bc	132.119±0.385d	292.121±16.518a
2(N1P2)	138.657±10.223ab	126.741±0.698e	345.078±8.620a
3(N1P3)	111.533±3.526bc	146.158±0.637c	331.123±26.835a
4(N2P1)	112.732±14.114bc	172.204±0.785a	310.235±9.950a
5(N2P2)	128.553±20.09ab	126.906±0.194e	350.075±5.066a
6(N2P3)	138.140±6.580ab	153.026±0.797b	323.345±41.319a
7(N3P1)	151.953±8.283a		
8(N3P2)	124.975±10.623ab		
9(N3P3)	104.233±13.519bc		

2. 云南松苗木茎 NSC 含量对氮磷底肥配施的响应

由表 5-40 可知，不同的氮磷添加对云南松苗木茎 NSC 含量有不同程度的影响。总体上，茎 NSC 含量随施肥时间的推移逐渐增加。从施肥时间来看，施肥后 90d、180d 和 270d，各处理之间有显著差异（$P<0.05$）。施肥后 90d，未去顶处理低于去顶处理。各施肥处理中，处理 5、处理 7、处理 9 高于其他处理。单施时，茎 NSC 含量随施氮量的增加逐渐增加，随施磷量的增加逐渐降低。氮磷配施时，在中磷处理下，随施氮量的增加，茎 NSC 含量先增加后减少，在高磷处理下，茎 NSC 含量随施氮量的增加逐渐增加。施肥后 180d，未去顶处理显著低于去顶处理。各施肥处理中，处理 4、处理 5、处理 6 显著高于其他处理。单施磷肥时，茎 NSC 含量随施磷量的增加逐渐增加。氮磷配施时，在中氮处理下，随施磷量的增加，茎 NSC 含量逐渐增加。施肥后 270d，未去顶处理显著低于去顶处理（除处理 1 外）。各施肥处理中，施肥处理均高于处理 1，处理 4、处理 5 高于其他处理。单施磷肥时，茎 NSC 含量随施肥量的增加而增加。氮磷配施时，在中氮处理下，随施磷量的增加，茎 NSC 含量先增加后减少。随施肥时间的推移，茎 NSC 含量逐渐增加。

表 5-40　氮磷底肥配施下云南松苗木茎 NSC 含量的动态变化情况　（单位：$mg \cdot g^{-1}$）

处理	施肥后 90d	施肥后 180d	施肥后 270d
未去顶	66.263±8.969c	141.527±1.089f	324.997±13.347d
1(N1P1)	85.768±5.736bc	147.471±1.218e	371.170±18.233cd
2(N1P2)	80.963±19.823bc	149.969±0.388e	410.785±36.067bc
3(N1P3)	74.090±8.643c	166.516±0.472d	435.318±39.928abc
4(N2P1)	99.207±3.964abc	229.896±1.924c	478.946±16.08ab
5(N2P2)	119.531±4.825a	279.252±2.232b	497.936±13.495a
6(N2P3)	91.516±4.710abc	295.552±0.847a	437.293±9.048abc
7(N3P1)	122.861±13.109a		
8(N3P2)	113.257±14.101bc		
9(N3P3)	122.564±3.280a		

3. 云南松苗木叶 NSC 含量对氮磷底肥配施的响应

由表 5-41 可知，不同的氮磷添加对云南松苗木叶 NSC 含量有不同程度的影响。总体上，叶的 NSC 含量随施肥时间的推移逐渐增加。从施肥时间来看，施肥后 90d、270d 各处理之间无显著差异（P>0.05），施肥后 180d 各处理之间有显著差异（P<0.05）。施肥后 90d，未去顶处理高于处理 1、处理 6，低于其他去顶处理。各施肥处理中，处理 2、处理 7、处理 9 高于其他处理。单施时，叶 NSC 含量随施氮量的增加逐渐增加，随施磷量的增加先增加后减少。氮磷配施时，在中磷、高磷处理下，叶 NSC 含量随施氮量的增加先减少后增加。施肥后 180d，未去顶处理显著低于去顶处理。各施肥处理中，处理 3、处理 2 显著高于其他处理。单施磷肥时，叶 NSC 含量随施磷量的增加逐渐增加。氮磷配施时，在中氮处理下，随施磷量的增加，叶 NSC 含量先增加后减少。磷肥促进叶 NSC 含量的增加。施肥后 270d，未去顶处理低于去顶处理（除处理 5 外）。各施肥处理中，处理 3、处理 6 高于其他处理。单施磷肥时，随施肥量的增加，叶 NSC 含量逐渐增加。氮磷配施时，在中氮处理下，随施磷量的增加，叶 NSC 含量先减少后增加。随施肥时间的推移，叶 NSC 含量逐渐增加。

表 5-41　氮磷底肥配施下云南松苗木叶 NSC 含量的动态变化情况　（单位：$mg \cdot g^{-1}$）

处理	施肥后 90d	施肥后 180d	施肥后 270d
未去顶	113.076±7.047a	171.174±0.371g	221.976±7.217a
1(N1P1)	109.543±9.669a	268.617±2.575c	230.256±16.851a
2(N1P2)	155.298±4.799a	288.409±0.065b	230.573±36.593a
3(N1P3)	141.087±20.244a	302.026±0.285a	240.243±59.544a
4(N2P1)	120.457±20.425a	239.640±0.303f	227.154±20.518a
5(N2P2)	123.229±3.831a	255.761±0.497d	211.426±5.459a

续表

处理	施肥后 90d	施肥后 180d	施肥后 270d
6(N2P3)	110.568±7.992a	250.696±0.721e	264.042±16.136a
7(N3P1)	149.726±24.028a		
8(N3P2)	127.714±14.999a		
9(N3P3)	149.550±7.284a		

4. 云南松苗木萌条 NSC 含量对氮磷底肥配施的响应

由表 5-42 可知，不同的氮磷添加对云南松苗木萌条 NSC 含量有不同程度的影响。总体上，萌条 NSC 含量随施肥时间的推移逐渐增加。从施肥时间来看，施肥后 90d、180d 和 270d，各处理之间有显著差异（P<0.05）。施肥后 90d，未去顶处理低于去顶处理。各施肥处理中，处理 4、处理 5、处理 7 高于其他处理。单施时，萌条 NSC 含量随施氮量的增加逐渐增加，随施磷量的添加先增加后降低。氮磷配施时，在中磷、高磷处理下，萌条 NSC 含量随施氮量的增加先增加后减少。施肥后 180d，未去顶处理显著低于去顶处理。各施肥处理中，处理 6 显著高于其他处理。单施磷肥时，NSC 含量随施磷量的增加先增加后减少。氮磷配施时，在中氮处理下，随施磷量的增加，萌条 NSC 含量逐渐增加。施肥后 270d，未去顶处理显著低于去顶处理。各施肥处理中，处理 5、处理 6 高于其他处理。单施磷肥时，随施肥量的增加，萌条 NSC 含量先增加后减少。氮磷配施时，在中氮处理下，随施磷量的增加，萌条 NSC 含量先增加后减少。随施肥时间的推移，萌条 NSC 含量逐渐增加。

表 5-42 氮磷底肥配施下云南松苗木萌条 NSC 含量的动态变化情况 （单位：mg·g^{-1}）

处理	施肥后 90d	施肥后 180d	施肥后 270d
未去顶	102.070±8.606c	110.826±1.489d	166.082±2.871c
1(N1P1)	135.010±9.509bc	151.728±2.213c	202.385±5.429b
2(N1P2)	153.772±12.004ab	167.291±0.255bc	241.478±7.466a
3(N1P3)	138.521±16.823b	153.403±0.065bc	216.262±0.685b
4(N2P1)	186.263±6.054a	161.937±24.667bc	256.495±13.926a
5(N2P2)	184.760±15.856a	183.431±0.381bc	260.626±7.042a
6(N2P3)	168.083±12.818ab	213.000±0.583a	258.180±2.268a
7(N3P1)	187.288±12.398a		
8(N3P2)	146.517±10.125b		
9(N3P3)	145.864±7.197b		

5.5.4 云南松苗木萌蘖能力与 NSC 含量的相关性分析

对云南松萌蘖能力与 NSC 含量进行了相关性分析，得到各指标间的相关系数。由表 5-43 可知，萌条数量与根、茎、叶、萌条的可溶性糖、淀粉及 NSC 含

表 5-43　云南松苗木萌蘖能力与 NSC 含量的相关性分析

指标	萌蘖指标				含量											
	萌条数量	初始萌条数	潜在萌条数	有效萌条数	根可溶性糖	茎可溶性糖	叶可溶性糖	萌条可溶性糖	根淀粉	茎淀粉	叶淀粉	萌条淀粉	根 NSC	茎 NSC	叶 NSC	萌条 NSC
萌条数量	1															
初始萌条数	0.055	1														
潜在萌条数	0.559	−0.564	1													
有效萌条数	0.547	−0.486	0.574	1												
根可溶性糖含量	0.543	−0.124	0.337	0.240	1											
茎可溶性糖含量	0.460	−0.754	0.603	−0.010	0.580	1										
叶可溶性糖含量	0.171	0.114	0.452	0.621	−0.279	0.010	1									
萌条可溶性糖含量	0.487	−0.543	0.609	−0.216	0.390	0.816^{*}	−0.236	1								
根淀粉含量	0.742	0.246	0.793^{*}	0.588	0.525	0.381	0.408	0.403	1							
茎淀粉含量	0.071	−0.381	0.448	−0.084	−0.525	0.280	0.466	0.443	0.137	1	−0.134					
叶淀粉含量	0.459	−0.184	0.351	0.015	0.785^{*}	0.544	−0.298	0.587	0.612		1					
萌条淀粉含量	0.836^{*}	−0.201	0.896^{**}	0.620	0.633	0.721	0.409	0.544	0.847^{*}	0.199	0.594	1				
根 NSC 含量	0.742	0.081	0.662	0.486	0.857^{*}	0.544	0.096	0.454	0.888^{**}	−0.200	0.794^{*}	0.854^{*}	1			
茎 NSC 含量	0.517	−0.617	0.576	−0.001	0.736	0.940^{**}	−0.114	0.825^{*}	0.522	0.147	0.797^{*}	0.760^{*}	0.713	1		
叶 NSC 含量	0.157	−0.065	0.518	0.433	−0.418	0.119	0.936^{**}	−0.001	0.361	0.747	−0.278	0.387	−0.007	−0.027	1	
萌条 NSC 含量	0.734	−0.440	0.841^{*}	0.187	0.569	0.878^{**}	0.066	0.901^{**}	0.688	0.378	0.671	0.855^{*}	0.724	0.904^{**}	0.200	1

量都存在正相关关系，其中与萌条淀粉呈显著正相关关系（0.836）。初始萌条数与叶可溶性糖含量、根淀粉含量、根 NSC 含量呈正相关关系，与根、茎、萌条可溶性糖含量，茎、叶、萌条淀粉含量，茎、叶、萌条 NSC 含量呈负相关关系。说明叶可溶性糖含量、根淀粉含量、根 NSC 含量对初始萌条起到促进作用，与其他部位的可溶性糖、淀粉含量及 NSC 含量存在抑制生长的作用。潜在萌条数与各器官可溶性糖、淀粉含量及 NSC 含量都存在正相关关系，其中萌条淀粉含量呈极显著正相关关系，与根淀粉含量、萌条 NSC 含量存在显著正相关关系。说明 NSC 能够促进潜在萌条的生长。有效萌条数与茎可溶性糖含量、萌条可溶性糖含量、茎淀粉含量、茎 NSC 含量呈负相关关系，说明茎可溶性糖含量、萌条可溶性糖含量、茎淀粉含量、茎 NSC 含量对有效萌条数存在抑制生长的作用。在 NSC 含量中，根可溶性糖含量与叶淀粉含量、根 NSC 含量存在显著正相关关系。茎可溶性糖含量与萌条可溶性糖含量呈显著正相关关系，与茎 NSC 含量、萌条 NSC 含量存在极显著正相关关系。叶可溶性糖含量与叶 NSC 含量、萌条可溶性糖含量与萌条 NSC 含量均呈极显著正相关关系，萌条可溶性糖含量与茎 NSC 含量存在显著正相关。根淀粉含量与根 NSC 含量存在极显著正相关关系，与萌条淀粉含量存在显著正相关关系。叶淀粉含量与根 NSC 含量、茎 NSC 含量呈显著正相关关系。萌条淀粉含量与根、茎、萌条 NSC 含量呈显著正相关关系。茎 NSC 含量与萌条 NSC 含量呈极显著正相关关系。

5.6 氮磷底肥配施下云南松苗木各指标的通径分析

5.6.1 氮磷底肥配施下云南松苗木光合色素与萌条数量的通径分析

氮磷添加对去顶后云南松苗木生长有促进作用，为更好地了解萌蘖能力与其他指标间的关系，将萌条数量与光合色素指标进行了通径分析，把光合色素指标作为自变量，进一步明确各因素对因变量的影响大小。由表 5-44 可以看出，各指标对萌条数量的影响有正向和负向影响，其中叶绿素 a、总叶绿素对萌条数量有负向效应，其他指标则为正向效应。在正向效应中，类胡萝卜素含量对萌条数量直接作用最大，系数为 0.918，其次是叶绿素 b 含量（0.795），总叶绿素含量对萌条数量直接作用最小。在间接通径分析中，叶绿素 a、叶绿素 b、总叶绿素、类胡萝卜素含量对萌条数量均有正向影响，其中总叶绿素含量影响最大（1.232），其次是叶绿素 a 含量。类胡萝卜素含量通过总叶绿素含量对萌条数量产生的正向间接作用最大（0.816），其次是类胡萝卜素含量通过叶绿素 b 含量对萌条数量产生了正向间接作用（0.805）。

表 5-44　云南松苗木生物量、根系、光合色素含量与萌条数量的通径分析

自变量	与萌条数量的简单相关系数	直接通径系数	间接通径系数				间接通径系数之和
			叶绿素 a 含量	叶绿素 b 含量	总叶绿素含量	类胡萝卜素含量	
叶绿素 a 含量	0.008	−0.197		0.451	−0.023	0.714	1.142
叶绿素 b 含量	0.061	0.795	−0.112		−0.018	0.805	0.675
总叶绿素含量	0.026	−0.024	−0.190	0.606		0.816	1.232
类胡萝卜素含量	0.248	0.918	−0.153	0.697	−0.021		0.523

5.6.2　氮磷底肥配施下云南松苗木营养元素与萌条数量的通径分析

氮磷添加对去顶后云南松苗木生长有促进作用，为更好地了解萌蘖能力与其他指标间的关系，将萌条数量与营养元素含量进行通径分析，把营养元素含量作为自变量，进一步明确各因素对因变量的影响大小。由表 5-45 可以看出，各营养元素指标对萌条数量的影响有正向和负向影响。通过直接通径分析来看，萌条氮含量、茎磷含量、萌条磷含量均为正向效应，其他指标对萌条数量产生负向影响，其中萌条氮含量通径系数最大，为 3.250，其次是萌条磷含量和茎磷含量。在间接分析中，根氮含量、茎氮含量、叶氮含量、叶磷含量产生了正向间接影响。叶磷含量通过茎氮含量对萌条数量产生的间接作用最大，为 2.495，其次是叶氮含量通过茎氮含量较好地间接影响了萌条数量（2.321）。

氮磷添加对去顶后云南松苗木生长有促进作用，为更好地了解萌蘖能力与其他指标间的关系，将萌条数量与营养元素储量进行通径分析，把营养元素储量作为自变量，进一步明确各因素对因变量的影响大小。由表 5-46 可以看出，各营养元素指标对萌条数量的影响有正向和负向影响。通过直接通径分析来看，叶碳储量、叶氮储量、叶磷储量均产生了正向影响，其他指标对萌条数量产生负向效应，其中叶碳储量通径系数最大，为 0.029，其次是叶氮储量和叶磷储量。说明叶碳含量、叶氮储量、叶磷储量对萌条数量的增加起到了促进作用。在间接分析中，叶碳储量、茎氮储量、萌条氮储量、根磷储量产生了正向间接影响。根氮储量通过萌条氮储量对萌条数量产生的间接作用最大，为 2.083，根碳储量通过萌条氮储量较好地间接影响了萌条数量（1.966）。

5.6.3　氮磷底肥配施下云南松苗木 NSC 与萌条数量的通径分析

氮磷添加对去顶后云南松苗木生长有促进作用，为更好地了解萌蘖能力与其他指标间的关系，将萌条数量与生理指标进行了通径分析，把生理指标作为自变量，进一步明确各因素对因变量的影响大小。由表 5-47 可以看出，各生理指标

表 5-45 云南松苗木营养元素含量与萌条数量的通径分析

自变量	与萌条数量的简单相关系数	直接通径系数	间接通径系数												间接通径系数之和
			RC	SC	LC	SPC	RN	SN	LN	SPN	RP	SP	LP	SPP	
RC	−0.517	−0.500		−0.050	0.047	0.002	−0.007	−1.497	−0.002	1.813	0.038	0.417	−0.553	−0.020	−0.311
SC	−0.450	−0.237	−0.106		−0.245	−0.002	0.805	−3.357	0.002	−0.592	−0.028	1.353	0.852	0.830	−0.488
LC	−0.565	−0.518	0.045	−0.112		−0.002	0.654	−0.326	0.002	−0.631	−0.074	0.200	0.965	−1.106	−0.386
SPC	−0.273	−0.004	0.228	−0.135	−0.294		1.387	−1.160	0.003	−1.797	−0.054	0.640	1.151	−0.781	−0.813
RN	0.140	−2.125	−0.002	0.090	0.159	0.003		0.214	−0.001	2.209	0.038	−0.881	−0.690	1.650	2.789
SN	−0.269	−4.500	−0.166	−0.177	−0.038	−0.001	0.101		0.002	0.922	0.027	0.283	1.455	1.563	3.970
LN	0.213	−0.003	−0.233	0.154	0.305	0.004	−0.698	2.321		1.032	0.043	−0.220	−1.725	−0.245	0.738
SPN	−0.398	3.250	−0.279	0.043	0.101	0.002	−1.444	−1.277	−0.001		0.058	−0.926	−0.281	0.695	−3.308
RP	−0.197	−0.090	0.210	−0.075	−0.426	−0.003	0.900	1.327	0.002	−2.092		0.683	0.282	−1.175	−0.367
SP	−0.258	2.125	−0.098	−0.151	−0.049	−0.001	0.881	−0.598	0.000	−1.416	−0.029		−1.111	0.295	−2.278
LP	−0.108	−2.625	−0.105	0.077	0.191	0.002	−0.558	2.495	−0.002	0.348	0.010	0.900		−0.203	3.153
SPP	0.338	2.875	0.004	−0.068	0.199	0.001	−1.219	−2.446	0.000	0.785	0.037	0.218	0.185		−2.304

注：RC 为根碳含量；SC 为茎碳含量；LC 为叶碳含量；SPC 为萌条碳含量；RN 为根氮含量；SN 为茎氮含量；LN 为叶氮含量；SPN 为萌条氮含量；RP 为根磷含量；SP 为茎磷含量；LP 为叶磷含量；SPP 为萌条磷含量。

表 5-46　云南松苗木营养元素储量与萌条数量的通径分析

自变量	与萌条数量的简单相关系数	直接通径系数	间接通径系数												间接通径系数之和
			RCS	SCS	LCS	SPCS	RNS	SNS	LNS	SPNS	RPS	SPS	LPS	SPPS	
RCS	−0.187		−0.207	−0.288	−0.047	−0.456	0.221	0.007	0.103	1.966	−1.244	−0.003	−0.022	−0.159	−0.187
SCS	−0.557	−0.070		1.048	0.368	0.028	0.986	−0.814	−0.192	0.550	−1.012	−0.828	0.061	0.126	−0.557
LCS	1.893	0.029	−0.308		0.614	0.211	0.529	−1.610	−0.311	−0.665	0.000	−1.355	0.114	−2.752	1.893
SPCS	−0.768	−0.012	0.267	−1.515		−0.197	−0.834	1.290	0.270	1.222	0.090	1.123	−0.124	1.580	−0.768
RNS	−0.578	−0.148	0.027	−0.693	−0.262		−0.530	0.406	0.197	2.083	−0.864	0.351	−0.057	0.512	−0.578
SNS	1.304	−0.032	−0.421	0.767	0.491	0.235		−0.600	−0.188	−0.668	−0.593	−0.618	0.076	−1.550	1.304
LNS	−1.658	0.001	−0.273	1.838	0.598	0.142	0.472		−0.287	−0.422	−0.061	−1.353	0.110	0.764	−1.658
SPNS	0.329	−0.058	0.326	−1.795	−0.631	−0.346	−0.745	1.448		1.170	−0.121	1.241	−0.117	0.371	0.329
RPS	2.479	−0.148	−0.124	−0.508	−0.378	−0.486	−0.351	0.282	0.155		−1.025	0.224	−0.067	−2.426	2.479
SPS	−1.426	−0.163	−0.395	0.000	0.049	−0.350	0.542	−0.070	0.028	1.782		−0.184	−0.005	1.233	−1.426
LPS	−1.381	0.000	−0.334	1.857	0.624	0.147	0.584	−1.625	−0.295	−0.402	−0.191		0.112	0.478	−1.381
SPPS	−0.127	−0.032	0.268	−1.689	−0.750	−0.259	−0.780	1.429	0.301	1.298	−0.056	1.214		0.944	−0.127

注：RCS 为根碳储量；SCS 为茎碳储量；LCS 为叶碳储量；SPCS 为萌条碳储量；RNS 为根氮储量；SNS 为茎氮储量；LNS 为叶氮储量；SPNS 为萌条氮储量；RPS 为根磷储量；SPS 为茎磷储量；LPS 为叶磷储量；SPPS 为萌条磷储量。

表 5-47 云南松苗木生理指标含量与萌条数量的通径分析

自变量	与萌条数量的简单相关系数	直接通径系数	间接通径系数												间接通径系数之和
			RSS	SSS	LSS	SPSS	RSC	SSC	LSC	SPSC	RNSC	SNSC	LNSC	SPNSC	
RSS	0.543	−0.846		−0.491	−0.096	0.250	−0.552	0.957	0.591	0.846	−0.417	−0.981	−0.192	1.475	1.389
SSS	0.460	−0.846	−0.491		0.003	0.523	−0.400	−0.511	0.409	0.962	−0.264	−1.253	0.054	2.274	1.307
LSS	0.171	0.345	0.236	−0.008		−0.151	−0.429	−0.849	−0.225	0.547	−0.047	0.152	0.429	0.171	−0.173
SPSS	0.487	0.641	−0.330	−0.691	−0.081		−0.424	−0.809	0.442	0.727	−0.221	−1.100	0.000	2.334	−0.153
RSC	0.742	−1.052	−0.444	−0.322	0.141	0.258		−0.250	0.461	1.131	−0.432	−0.696	0.166	1.782	1.793
SSC	0.459	0.753	−0.665	−0.460	−0.103	0.376	−0.644	0.245		0.794	−0.386	−1.062	−0.127	1.739	−0.294
LSC	0.071	−1.824	0.444	−0.237	0.161	0.284	−0.144		−0.101	0.266	0.097	−0.196	0.343	0.978	1.894
SPSC	0.836	1.335	−0.536	−0.610	0.141	0.349	−0.891	−0.363	0.447		−0.415	−1.013	0.177	2.215	−0.499
RNSC	0.742	−0.486	−0.725	−0.460	0.033	0.291	−0.934	0.365	0.598	1.140		−0.951	−0.003	1.874	1.228
SNSC	0.517	−1.333	−0.623	−0.796	−0.039	0.529	−0.549	−0.268	0.600	1.015	−0.347		−0.012	2.342	1.850
LNSC	0.157	0.459	0.354	−0.100	0.323	−0.001	−0.379	−1.362	−0.209	0.516	0.004	0.036		0.517	−0.302
SPNSC	0.734	2.590	−0.482	−0.743	0.023	0.577	−0.724	−0.689	0.505	1.142	−0.352	−1.205	0.092		−1.856

注：RSS 为根可溶性糖含量；SSS 为茎可溶性糖含量；LSS 为叶可溶性糖含量；SPSS 为萌条可溶性糖含量；RSC 为根淀粉含量；SSC 为茎淀粉含量；LSC 为叶淀粉含量；SPSC 为萌条淀粉含量；RNSC 为根 NSC 含量；SNSC 为茎 NSC 含量；LNSC 为叶 NSC 含量；SPNSC 为萌条 NSC 含量。

对萌条数量的影响有正向和负向效应，在直接通径分析中叶可溶性糖含量、萌条可溶性糖含量、茎淀粉含量、萌条淀粉含量、叶 NSC 含量、萌条 NSC 为正向效应，其他指标为负向效应，其中萌条 NSC 含量最高（2.590），其次是萌条淀粉含量和茎淀粉含量，最低的是叶淀粉含量。通过间接通径分析来看，叶可溶性糖含量、萌条可溶性糖含量、茎淀粉含量、萌条淀粉含量、叶 NSC 含量、萌条 NSC 含量对萌条数量产生负向的间接影响。叶淀粉含量、茎 NSC 含量、根淀粉含量对萌条数量的间接影响较大。茎 NSC 含量通过萌条 NSC 含量对萌条数量产生正向的间接作用最大（2.342），其次是萌条可溶性糖含量通过萌条 NSC 含量对萌条数量产生正向的间接作用（2.334）。

5.7 氮磷底肥配施对云南松苗木生理特征的影响

5.7.1 氮磷底肥配施对云南松苗木光合色素的影响

光合作用是植物生长的物质和能量来源，施肥会影响植物光合产物的合成与积累，从而影响植物的生长（Efthimiadou et al.，2010）。叶绿素通过捕获光能并传递到光反应中心，从而影响植物光合作用（尹梦雅 等，2022）。本章试验中，去顶苗木的叶绿素 a、叶绿素 b、总叶绿素、类胡萝卜素含量均低于未去顶苗木。这与其他研究不符，出现这种现象的原因可能是云南松苗龄较小，导致去顶后苗木针叶与不去顶相比较少，且云南松为针叶，叶面积小，降低了针叶的光能利用率（宋碧玉 等，2017）。光合作用除了受自身光合特性影响外，还会受到外界环境的影响，因此添加氮磷肥有利于光合作用的积累。本章试验中，光合色素含量随施肥时间的推移呈先增加后降低再增加的变化规律，均在施肥后 90d 达到最大值。这是因为苗木去除了顶端组织，使地上部分光照加强，为其他器官提供了更充足的养分，加快了光合再循环（王东清和温学飞，2021）。整体来看，本章试验中，处理 5 的叶绿素 a、叶绿素 b、总叶绿素、类胡萝卜素含量高于其他处理，施肥量过多会造成光合色素含量的减少。单施氮肥或磷肥时，光合色素含量随施氮量或施磷量的增加逐渐增加；氮磷配施时，固定施磷量不变下，随施氮量的增加，叶绿素含量逐渐减少；固定施氮量不变下，随施磷量的增加，则呈相反趋势，这一现象说明光合色素受磷肥的限制高于受氮肥的限制（刘英杰 等，2014）。氮磷添加缓减了肥料的限制，在适宜的施肥范围内，促进苗木生长，超出范围对光合色素起抑制作用；此外，施肥增加了土壤的养分含量，改善了土壤结构，提高了根系对养分、水分的吸收，增加了光合色素的含量（张青青 等，2021）。

5.7.2 氮磷底肥配施对云南松苗木营养元素的影响

碳、氮、磷作为植物最基本的元素，在植物生长和生理功能调节方面发挥着重要的作用（Sardans et al.，2012）。本章试验发现，单施或配施对植物和土壤的碳、氮、磷含量有明显的影响。氮磷配施影响苗木各器官的碳含量，各处理间的不同器官和土壤对营养元素吸收表现不同。碳含量随施肥时间的推移呈先增加后减少，在施肥后 180d，苗木养分含量达到最大值，由于苗木营养元素与自身生长特性和生长节律紧密相关（Baldwin et al.，2006），6～9 月云南松苗木生长旺盛，因此需要大量的营养来维持代谢活动（Qin et al.，2021）。中氮对根碳含量的增加有促进作用，中氮中磷和中氮高磷增加了茎、叶、萌条碳含量；单施高磷、中氮和中氮中磷对土壤的碳含量的增加有促进作用。总的来说，根碳含量、氮含量在处理 4 中最高；茎碳含量、氮含量、磷含量在处理 5 中最高；根磷含量、叶碳含量、叶磷含量在处理 3 中最高，萌条碳含量、氮含量、磷含量及土壤氮、磷含量均以处理 6 最高。这一规律与前人的研究相符，氮磷肥的添加补充了土壤中的营养元素，促进了根系的生长，增加了土壤碳源，使植物碳含量也随之增加，随施肥浓度的增加，苗木出现富营养化，抑制了碳含量增加（李志聪 等，2018；宁娅，2020）。氮磷含量则随施肥时间的推移逐渐增加。氮磷肥的添加提高了苗木氮磷含量，后期追肥确保了土壤养分含量充足，维持了去顶后苗木对氮含量和磷含量的吸收。从氮含量来看，去顶处理中各器官的氮含量高于未去顶处理。在生长前期，高氮明显增加了根氮含量，随着苗木生长，高氮、高磷利于根氮含量的积累，中氮高磷的添加增加了根氮含量。就茎而言，在苗木生长初期，高氮、中磷高磷的添加提高了茎氮含量，在生长后期，中氮中磷、高磷处理高于其他处理。单施高磷、中氮能提高叶氮含量，中氮中磷相互作用下提高了叶氮含量。就萌条而言，在生长前期，中氮高磷对萌条氮含量的增加有明显的促进作用，在生长后期，中磷对萌条生长起抑制作用。因此，处理 4、处理 5、处理 6 的根、茎、叶、萌条和土壤氮含量高于其他处理。单施磷肥提高了根磷含量，中氮高磷相互作用促进了养分的吸收。高磷促进了茎、叶、萌条的磷吸收量，中氮中磷、高磷对各器官磷含量的增加都有促进作用，磷肥抑制了磷含量的增加。中氮高磷促进了土壤磷含量的增加，高浓度的氮磷添加提高了土壤磷含量。处理 6、处理 9 提高土壤磷含量。处理 3、处理 5 中各器官磷含量高于其他处理。土壤中适宜的氮磷含量增加了苗木养分含量，促进了苗木养分的吸收。整体来看，氮磷添加对各器官氮磷含量的增加有促进作用，氮磷交互作用对苗木养分吸收较明显。从相关性分析来看，萌条数量与萌条长度、根氮含量、叶氮含量、萌条磷含量呈正相关，与其他器官营养元素含量呈负相关，茎碳含量、叶碳含量、萌条碳含量、根磷含量、叶磷含量促进初始萌条生长，有效萌条与萌条碳含量、根氮含量、根磷含量、茎磷含量、叶磷含量、萌条磷含量呈正相关。

氮磷底肥配施对苗木各器官养分储量有不同的影响。随施肥时间的推移，各器官中的碳储量、氮储量和磷储量逐渐增加。碳含量随磷肥对根的碳储量地增加有明显的促进作用。高磷利于根碳储量的积累；中磷、中氮对茎、叶碳储量的增加有抑制作用；高磷、中氮中磷明显增加了茎、叶的碳储量；单施磷肥或中氮中磷添加明显增加苗木的碳储量，根碳储量、茎碳储量、叶碳储量、萌条碳储量在高氮高磷添加下降低。对于根、叶、萌条的氮、磷储量而言，单施高磷有明显的促进作用，茎的碳储量、氮储量和磷储量在中氮中磷下有明显的促进作用，表明处理 3、处理 5 对根、茎、叶、萌条各器官的碳储量、氮储量、磷储量的增加有明显的促进作用。相关分析表明，萌条数量与萌条碳储量、萌条氮储量、根磷储量、萌条磷储量呈正相关，说明萌条碳储量、萌条氮储量、根磷储量、萌条磷储量的增加对萌条数量的增加有促进作用。

植物化学计量特征比表征苗木对养分的吸收利用（李化山 等，2013）。C∶N、C∶P 是反映植物生长速率的重要生理指标，与植物生长速率成反比，表示植物吸收 N、P 元素所能同化 C 的能力（Zhu et al.，2017）。本章试验发现，随施肥时间的推移，施肥改变了苗木各器官的化学计量。C∶N 接近全球平均值 22.5，C∶P 则低于全球平均值 232（Elser et al.，2000），说明氮磷底肥配施对去顶后云南松苗木的氮利用率高。植物 C∶N、C∶P 随施肥时间的推移呈先上升后下降趋势，在施肥后 180d 达到最大值。总的来说，随施肥量的增加，根、茎、叶、萌条 C∶N、C∶P 也逐渐增加，说明施肥量的增加，降低了云南松苗木氮利用率而提高了磷利用率，这与榆树在氮沉降和增加降水时 C∶N、C∶P 的结果一致（王凯 等，2020b），表明施肥增加了氮的有效性，缓解了苗木对氮的限制，氮磷添加能够提高苗木的 C∶N、C∶P。植物的 N∶P 往往与植株的生长速率有关，反映了植物生长养分的供给（Wu et al.，2010）。N∶P<14 主要是受氮元素限制，N∶P>16 受磷元素限制，N∶P 为 14～16 时则受氮元素和磷元素共同限制或不受氮磷限制（Koerselman and Meuleman，1996）。本章试验中，根、茎、叶、萌条的 N∶P 均小于 14，且在施肥后 270d 的 N∶P 最低，表明云南松受氮元素限制，这与蔡年辉等（2022）研究结果相似，这可能是因为苗木生长速率较快所致，也可能是为了更好地储存养分植物在越冬前将养分运送到其他活性组织导致 N∶P 会逐渐降低（熊星烁 等，2020）。本章试验发现，影响云南松苗木生长的营养元素主要是氮元素，在后期苗木管理中，应适当添加氮肥，N∶P 会随着生长时间的变化逐渐降低。

5.7.3 氮磷底肥配施对云南松苗木非结构性碳水化合物的影响

可溶性糖、淀粉等 NSC 是苗木体内贮能物质，与苗木的生长代谢和抗逆性联系密切（Nurrahma et al.，2021）。NSC 在植物生长、代谢方面发挥重要作用（Li et al.，2008）。环境变化影响苗木生理代谢，改变了碳水化合物含量，调控苗木的生长发育。本章试验发现，去顶后云南松苗木可溶性糖含量、淀粉含量和 NSC 含量均高于不去顶云南松苗木，表明去顶改变了云南松苗木 NSC 含量及分配格局，这一结果与田登娟等（2021）研究结果相似。可溶性糖含量、淀粉含量和 NSC 含量随施肥量的增加先上升后下降，施肥能够提高云南松苗木体内可溶性糖含量、淀粉含量和 NSC 含量，同时也促进了苗木各生物量的积累等，反映了云南松苗木的生长与 NSC 含量存在一定的正向关系。可溶性糖含量、淀粉含量和 NSC 含量随施肥时间的推移逐渐增加，这一结果与云杉的结果不同（王逸然 等，2016），可能是由于追肥延缓了苗木的生长期，使可溶性糖含量、淀粉含量、NSC 含量仍持续增加，另外，随季节变化，气温的降低，苗木大量积累可溶性糖来提高抗寒能力，维持正常生长。随施肥时间的推移，施肥提高了云南松苗木各器官可溶性糖含量，这是因为施肥能提高叶绿素含量，加速光合产物的生成和运输（杨湘 等，2019）。萌条可溶性糖含量低于叶可溶性糖含量，这是因为幼嫩组织在生长发育中需要较多的可溶性糖来维持生长，且幼嫩萌条的光合能力不及叶。各器官淀粉含量随施肥时间的增加逐渐增加，根淀粉含量高于茎、叶、萌条的淀粉含量。根作为主要的储存器官，在生长期结束后，光合产物慢慢转移并储存到地下部分，加快了糖和淀粉间的转化率，以此应对环境的变化（Kozlowski and Pallardy，2002），所以根淀粉含量高于其他器官的淀粉含量。

第 6 章　氮磷根系追施和底肥配施对云南松苗木萌蘖的影响

6.1　云南松苗木去顶萌蘖生长对氮磷根系追施的响应

6.1.1　氮磷根系追施下云南松苗木的萌蘖能力

云南松苗木去顶后累计萌条数量符合逻辑斯谛增长过程，且这一生长节律并不受氮磷配施的影响。去顶后云南松苗木的月萌条数量随时间的推移呈双峰曲线，即苗木去顶后，萌条数量快速增加，到 4 月下旬达到高峰，之后缓慢下降，直到 8 月或 9 月又会出现新的萌条，且第二次萌蘖出生的时间和萌蘖高峰受氮磷配施的影响。

氮磷还影响去顶后云南松苗木萌条的积累。与氮肥相比，磷肥起作用的时间相对较晚。氮磷肥开始发挥作用后，去顶后云南松苗木的萌条数量均随氮肥用量的增加呈下开口的抛物线，即随着氮肥用量的增加，去顶后云南松苗木萌蘖能力增强，但当氮肥用量超过某一范围时，过量的氮肥就会成为植物生长的限制因子，此后氮肥用量的增加反而抑制去顶后云南松苗木的萌蘖生长。萌条数量随磷肥用量的增加均呈上升趋势。

6.1.2　氮磷根系追施下云南松苗木的生物量特征

萌蘖出生后，萌条的生长对氮磷肥用量具有一定的忍耐度，氮磷肥用量在忍耐度以内促进萌条生长，超过忍耐度则抑制萌条生长。去顶后云南松苗木萌条的生长是通过对其资源分配策略的调整来进行的。去顶后的云南松苗木采取根和茎高比例的养分投资、叶低比例的养分投资方式以利于萌条的出生和生长。在萌蘖出生，需要更多的养分分配给根以利于萌芽的萌发，随后则将养分优先投资及分配给萌条，以利于萌条的快速生长。因此，去顶后云南松苗木的萌蘖出生、生长对氮磷肥的响应伴随着分配策略的调整。

去顶提高了苗木的萌蘖能力，施肥改变了各器官间的生物量积累和苗木生长速率。氮磷配施使云南松苗木根、茎、叶、萌条生物量的变异系数有差异，出现较高的变异程度，这些差异来源于器官与器官，器官与整体间的相对速率，出现了不同的可塑性，为氮磷配施调控去顶后云南松苗木经营和管理提供科学依据和参考。

6.1.3 氮磷根系追施下云南松苗木的营养特征

去顶后云南松苗木根、茎、叶和萌条中的氮含量随施肥时间的推移而下降，而磷含量则随施肥时间的推移而上升，钾含量随施肥时间的推移呈先降后升的趋势。云南松苗木去顶后，一方面需要将根系中的营养元素（如氮元素）供给地上部分的生长；另一方面自身所获得的同化物较少，导致去顶后根系中营养元素的积累受到影响。随着施肥时间的推移，地上部分得到重建，使其合成的光合产物可分配给根，促进了根的生长，提高了根系吸收土壤中养分的能力。此外，氮磷配施也会对苗木其他器官的营养元素积累产生影响。

氮磷配施还改变了去顶后云南松苗木的氮、磷、钾的分配格局。一定浓度的氮磷配施可使第一次萌蘖出生完成后的苗木将较多的氮磷分配给萌条，而分配给根的氮磷有所下降，而此时施肥对钾元素分配的影响主要是增加根的分配比例、减少萌条的分配比例。这一分配策略调整在一定程度上影响去顶后云南松苗木的萌蘖能力。

云南松苗木3个不同测定时间（施肥后90d、180d和270d，即6月、9月、12月）的N∶P、N∶K和P∶K的平均比分别为5.25、1.04和0.22。云南松苗木对于不同器官的营养元素分配没有统一的规律，体现出丰富的变异，并且反映出氮的受限比较明显，但基本不受钾的限制。随着施肥季节的变化，N∶P在根、茎和萌条中逐渐下降，在叶中先下降后上升，但总体差异不大。单施氮肥、磷肥和氮磷配施对云南松苗木生长的影响产生一定的差异，总体来看以氮磷配施更有利于促进苗木的生长，且以处理5最为明显。氮磷配施可以有效缓解单施氮磷肥对植株的限制作用，使养分处于平衡状态，从而满足植株对生长的需要。根据变异来源分析，器官、月份和器官与月份的交互作用对云南松苗木化学计量比的变异的影响均达到显著水平（$P<0.05$）。相关分析表明，N∶P、N∶K与P∶K的相关性表现为随着施肥季节的变化相关性发生改变，且相关系数降低，分别受磷和钾的调控。

云南松苗木对氮、磷、钾在不同器官间具有不同的分配策略，总体钾变动较小，氮、磷波动较大且相似，在各器官中氮、钾分配表现为萌条>叶>茎>根，磷表现为萌条>茎>叶>根。与对照相比，单施氮肥、磷肥和氮磷配施均对云南松苗木生长的影响产生一定差异。总体来看，氮磷配施更能促进苗木的养分合理分配，有效缓解单施氮、磷肥对植株的限制作用，使养分处于平衡状态，进而促进苗木的生长。随施肥时间的推移，各器官营养元素间的异速生长关系也随之发生变化，且各器官表现为氮、磷的积累速度相近，总体表现为钾的积累速度低于氮、磷。总体而言，随施肥时间的改变，云南松苗木各器官之间元素的异速生长轨迹发生了显著变化，形成不同的营养元素分配模式。

6.1.4　氮磷根系追施下云南松苗木的转录组分析

以萌条数量较少的为对照组、萌条数量多的为处理组，通过转录组分析一共筛选出 14 203 个差异基因；差异基因显著富集的通路包括与角质、木栓质和蜡质的合成，苯丙素生物合成，DNA 复制，单萜的合成，二萜生物合成，油菜素内酯的生物合成，光合作用-天线蛋白，类胡萝卜素生物合成，植物激素信号转导，核糖体等。其中，在激素信号转导途径中，共 71 个差异表达基因，涉及生长素信号转导途径、茉莉酸信号转导通路、油菜素内酯信号转导、细胞分裂素信号转导途径、脱落酸信号转导途径、赤霉素信号转导途径等。可见，去顶后云南松苗木的萌蘖能力涉及复杂的激素网络调控系统。

6.2　云南松苗木去顶萌蘖生长对氮磷底肥配施的响应

6.2.1　氮磷底肥配施下云南松苗木的萌蘖能力

通过对云南松萌蘖能力的测定，发现不同氮磷添加对云南松萌蘖能力有一定的影响。不同施肥处理下云南松苗木累计萌条数量均符合逻辑斯谛增长过程。去顶后苗木的月萌条数量随施肥时间的推移出现双峰现象。第一个萌蘖高峰期在施肥后 30d（4 月底），之后萌条数量逐渐下降，到 8 月第二个萌蘖高峰期出现。处理 4、处理 5、处理 7、处理 8、处理 9 第二个萌蘖高峰期的萌条数量明显高于第一个萌蘖高峰期。

不同施肥处理下的萌条生长速率不同。施肥后 270d 时，与初始萌条、潜在萌条相比，各处理中的有效萌条占比较小。在初始萌条和潜在萌条中，处理 4、处理 5、处理 6 的潜在萌条占比较大，这部分萌条在后期生长中会逐渐成为有效萌条。在有效萌条中，处理 3、处理 5 的有效萌条占比较大，但两个处理间差异不明显。磷肥或氮磷配施对潜在萌条占比的增加有促进作用。

6.2.2　氮磷底肥配施下云南松苗木的生物量特征

通过对云南松苗木生物量的测定，发现不同氮磷底肥配施对云南松苗木生物量影响不同。随施肥时间的推移，各器官生物量积累逐渐增加。综合施肥时间来看，处理 3、处理 5 利于各器官生物量积累，根、茎、萌条、地上部分和单株生物量积累最大值出现在处理 3，处理 5 有利于叶生物量的积累。单施氮肥对各器官生物量积累有抑制作用，氮磷配施对苗木生长的效果好于单施，且受磷肥的影响。未去顶苗木根生物量、茎生物量、叶生物量高于去顶苗木。从生物量分配来看，在不同施肥时间下，去顶与不去顶苗木生物量分配存在差异，去顶后苗木生物量分配策略为萌条>根>茎>叶，而不去顶苗木的生物量分配主要以叶、根为主。去顶苗木和未去顶苗木均表现为地上部分>地下部分。处理 3、处理 5 对生物量分配影响较大。相关分析表明，萌条数量与根、茎、叶存在相关关系。

6.2.3 氮磷底肥配施下云南松苗木的根系形态及光合色素特征

通过对云南松苗木根系的测定，总根长、根投影面积、根表面积、根平均直径、根体积随施肥时间的推移呈先上升后降低的变化趋势。适宜的氮磷底肥配施对根系生长有一定的促进作用，过多则会抑制根系生长。综合施肥时间来看，各处理中以处理 3 效果最佳。从相关分析来看，总根长、根投影面积、根表面积、根平均直径、根体积的增加对萌条数量起到抑制作用，而对初始萌条数和有效萌条数的增加起到促进作用。

通过测定云南松苗木光合色素，发现不同氮磷底肥配施对光合色素影响不同。叶绿素 a、叶绿素 b、总叶绿素、类胡萝卜素含量在施肥后 90d 达到最大值。综合施肥时间来看，去顶处理苗木的光合色素低于未去顶处理，各施肥处理中，处理 5 的叶绿素 a、叶绿素 b、总叶绿素、类胡萝卜素含量最高，施肥量过多抑制了光合色素的形成。

6.2.4 氮磷底肥配施下云南松苗木的营养元素特征

通过对云南松苗木养分含量的测定，发现碳、氮、磷含量在不同氮磷处理中有所差异。氮磷底肥配施可以提高苗木根、茎、叶、萌条及土壤的养分含量。苗木各器官的碳含量、土壤的碳含量随施肥时间的推移呈先增加后减少的趋势，在施肥后 180d，苗木各器官的碳含量、土壤的碳含量达到最大值。氮磷含量随施肥时间的推移逐渐增加，施肥后 270d 含量最高。单施氮肥、磷肥或氮磷配施明显影响了去顶后苗木和土壤的碳、氮、磷含量。从施肥时间来看，处理 4 根的碳含量高于其他处理，处理 5、处理 6 茎、叶、萌条的碳含量高于其他施肥处理，处理 3、处理 5 的土壤碳含量较高；茎和萌条的氮、磷含量最高的处理分别为处理 5、处理 6，根、叶的氮含量分别是处理 4、处理 6 最高，而处理 3 根、叶的磷含量高于其他处理。苗木中氮含量受氮肥影响较大，磷含量受磷肥限制。

随施肥时间的推移，各器官的碳储量、氮储量和磷储量逐渐增加。综合施肥时间来看，处理 3 根、萌条的碳储量、氮储量、磷储量，茎的磷储量及叶的碳储量、磷储量最高，茎的碳储量、氮储量在处理 5 达到最大值，叶的氮储量则是处理 4 最高。相关分析表明，萌条数量与萌条碳储量、萌条氮储量、根磷储量、萌条磷储量呈正相关，说明萌条碳储量、萌条氮储量、根磷储量、萌条磷储量的增加能够提高萌条数量。萌条碳储量、萌条氮储量、根磷储量的增加促进有效萌条的生长。

氮磷添加改变了苗木器官生态化学计量。随施肥时间的推移，植物 C∶N、C∶P、N∶P 呈先上升后下降趋势，在施肥后 180d 达到最大值。在整个生长阶段，云南松苗木主要是受氮元素限制。氮肥能有效增加 N∶P，同时氮磷相互作用促进了苗木对养分的吸收，有效缓解了氮元素的限制，提高了 C∶N、C∶P、N∶P。

6.2.5　氮磷底肥配施下云南松苗木的非结构性碳水化合物特征

通过测定云南松苗木 NSC，发现不同氮磷底肥配施明显影响 NSC 含量。去顶后云南松苗木可溶性糖含量、淀粉含量和 NSC 含量均高于不去顶云南松苗木，去顶改变了云南松苗木 NSC 含量及分配格局。可溶性糖含量、淀粉含量和 NSC 含量随施肥量的增加先上升后下降，施肥促进了去顶后云南松苗木可溶性糖含量、淀粉含量和 NSC 含量的增加。综合施肥时间来看，处理 5 的根可溶性糖含量、淀粉含量，茎、萌条的淀粉含量和 NSC 含量最高，处理 6 的茎、萌条可溶性糖含量和叶的 NSC 含量最高。

萌蘖是一个复杂的生理生化和形态建成过程，受环境因素和遗传背景相互作用的制约。本书试验发现，施肥能提高去顶后云南松的萌蘖能力。从分析结果中发现，茎生物量、叶生物量、萌条生物量、根投影面积、根表面积、根直径、叶绿素 b 含量、类胡萝卜素含量、叶可溶性糖含量、萌条可溶性糖含量、茎淀粉含量、萌条淀粉含量、叶 NSC 含量、萌条 NSC 含量、萌条氮含量、茎磷含量、萌条磷含量、叶碳储量、叶氮储量、叶磷储量的增加对萌条数量的增加起到了明显的正效应。去顶后云南松苗木萌蘖能力对添加氮磷产生响应，其中提高生理指标、营养元素指标可以增加萌条数量和质量，提高萌蘖能力。通径分析表明，直接影响萌蘖能力的主要因素为茎生物量、萌条 NSC 含量、萌条氮含量、叶碳储量。萌条数量是观察萌蘖能力强弱最直接的指标，可通过茎生物量、萌条 NSC 含量、萌条氮含量、叶碳储量来提高萌蘖能力，在氮磷底肥配施处理下，这些指标对去顶后云南松萌条数量的增加都起到促进作用。

参考文献

白冰，2005．氮磷营养供应对落叶松幼苗内源激素的影响[D]．哈尔滨：东北林业大学．

柏方敏，田大伦，方晰，等，2010．洞庭湖西岸区防护林土壤和植物营养元素含量特征[J]．生态学报，30（21）：5832-5842．

蔡国俊，2016．草海喀斯特高原湿地水体富营养化与水生植物关系研究[D]．贵阳：贵州大学．

蔡年辉，李根前，陆元昌，2006．云南松纯林近自然化改造的探讨[J]．西北林学院学报，21（4）：85-88．

蔡年辉，唐军荣，车凤仙，等，2022．平茬高度对云南松苗木碳氮磷化学计量特征的影响[J]．生态学杂志，41（5）：849-857．

蔡年辉，王大玮，黄文学，等，2019．云南松苗木生长与生物量的相关性及通径分析[J]．植物研究，39（6）：853-862．

陈婵，王光军，高吉权，等，2016．会同杉木器官间 C、N、P 化学计量比的季节动态与异速生长关系[J]．生态学报，36（23）：7614-7623．

陈国鹏，赵文智，何世雄，等，2016．沙柳（*Salix psammophila*）丛生枝生物量最优分配与异速生长[J]．中国沙漠，36（2）：357-363．

陈沐，曹敏，林露湘，2007．木本植物萌生更新研究进展[J]．生态学杂志，26（7）：1114-1118．

陈强，常恩福，董福美，等，2000a．云南松天然优良林分疏伐营建母树林的研究[J]．云南林业科技（3）：1-8．

陈强，董福美，常恩福，等，2000b．不同疏伐强度的云南松母树林结实效应[J]．云南林业科技（2）：1-7．

陈素传，肖正东，江朝宝，等，2000．欧洲榛子平茬促萌试验[J]．安徽农业科学，28（5）：661-661．

陈甜，孙向阳，刘克林，等，2009．毛白杨叶片营养元素含量季节变化及年变化研究[J]．西北林学院学报，24（2）：42-45．

陈轶群，王艺颖，于耀泓，等，2022．热带次生林不同林层植物叶片非结构性碳水化合物的季节变化及其对氮磷添加的响应[J]．生态学报，42（1）：255-265．

褚军，2010．立地条件与砧木对砂梨叶片矿质营养含量变化的影响[D]．扬州：扬州大学．

戴开结，何方，沈有信，等，2006．云南松研究综述[J]．中南林学院学报，26（2）：138-142．

邓桂香，李江，雷玮，等，2010．不同处理对思茅松采穗母株萌条数量及扦插成活率的影响[J]．西部林业科学，39（4）：74-78．

邓云，官会林，戴开结，等，2006．不同供磷水平对云南松幼苗形态建成及根际有机酸分泌的影响[J]．云南大学学报（自然科学版），28（4）：358-363．

董雪，迟悦春，郝玉光，等，2021．去顶平茬年限对沙冬青光合特性与比叶面积的影响[J]．中南林业科技大学学报，41（2）：111-122．

杜丹丹，2021．去顶平茬对杜仲幼苗及腋芽生长调节的机理研究[D]．哈尔滨：东北林业大学．

范高华，黄迎新，赵学勇，等，2017．种群密度对沙米异速生长的影响[J]．草业学报，26（3）：53-64．

范志强，王政权，吴楚，等，2004．不同供氮水平对水曲柳苗木生物量、氮分配及其季节变化的影响[J]．应用生态学报，15（9）：1497-1501．

方贵荣，邱湧斌，徐金良，等，2016．不同无性系、不同规格杉木扦插苗造林效果研究[J]．浙江林业科技，36（2）：68-73．

方向文，贾国梅，徐当会，等，2007．氮在柠条不同刈割处理后补偿生长中的作用[J]．兰州大学学报（自然科学版），43（1）：64-68．

冯辉，王海洋，张楠，等，2011．森林木本植物萌蘖更新的研究进展[J]．贵州农业科学，39（9）：177-180，184．

冯丽，张景光，张志山，等，2009．腾格里沙漠人工固沙植被中油蒿的生长及生物量分配动态[J]．植物生态学报，33（6）：122-129．
高甲荣，1991．油松针叶中营养元素含量的季节变化[J]．西北林学院学报，6（4）：10-15．
高凯，朱铁霞，刘辉，等，2017．去除顶端优势对菊芋器官 C、N、P 化学计量特征的影响[J]．生态学报，37（12）：4142-4148．
高年春，曹荣祥，邵和平，等，2006．杂交朱顶红促成栽培试验[J]．江苏农业科学（1）：82-84．
高茜茜，刘苑秋，郭圣茂，等，2018．扦插环境及基质对晚松嫩枝扦插生根的影响[J]．林业科技通讯（2）：31-34．
耿树香，尹晓兵，郑畹，等，2012．云南松不同种源试验林的产脂量研究[J]．西部林业科学，41（2）：68-71．
官纪元，樊卫国，2019．不同磷水平下刺梨实生苗生长及根系形态特征与内源激素含量的关系[J]．林业科学，55（4）：54-64．
郭子武，杨丽婷，林华，等，2020．坡位对毛竹林下黄花远志生物量积累与分配及其异速生长关系的影响[J]．南京林业大学学报（自然科学版），44（6）：79-84．
韩明跃，李莲芳，段辉，等，2009．禄丰村林场云南松天然次生林的林分特征及质效研究[J]．西部林业科学，38（1）：28-35．
何富强，1994．云南松无性系种子园建园的方法和技术[J]．云南林业科技（1）：1-5．
何富强，1997．云南松无性系种子园营建技术及其研究[J]．云南林业科技（1）：1-8．
侯潇棐，安毅鹏，次仁多吉，等，2020．不同去顶平茬高度对银白杨苗木生长的影响[J]．高原农业，4（2）：157-161．
胡建忠，1991．沙棘平茬后年生长节律及再生能力的研究[J]．沙棘（4）：25-32．
胡勐鸿，欧阳芳群，贾子瑞，等，2016．不同穗条类型、长度的欧洲云杉扦插苗质量评价[J]．林业科学研究，29（6）：919-925．
胡玉玲，龙雪燕，杨红，等，2021．叶面施肥浓度对油茶叶片叶绿素与生产力的影响[J]．森林与环境学报，41（5）：527-535．
黄烈健，詹妮，2016．林木扦插生根率影响因子研究进展[J]．林业与环境科学，32（2）：99-106．
黄玲，郭峰，唐翠平，等，2013．云南松无性繁殖技术研究进展[J]．林业调查规划，38（6）：31-33．
黄瑞复，1993．云南松的种群遗传与进化[J]．云南大学学报（自然科学版），15（1）：50-63．
黄小波，2016．云南松天然次生林生态化学计量学研究[D]．北京：中国林业科学研究院．
黄迎新，宋彦涛，范高华，等，2015．灰绿藜形态性状与繁殖性状的异速关系[J]．草地学报，23（5）：905-913．
黄永祥，蔡年辉，李根前，2008．云南松遗传改良研究进展及育种策略[J]．陕西林业科技（1）：15-18．
贾晨，辜云杰，夏川，等，2014．枫香半同胞家系子代测定及优良家系选择[J]．西部林业科学，43（5）：122-128．
姜培坤，俞益武，2000．雷竹叶营养元素含量与土壤养分的关系[J]．浙江农林大学学报，17（4）：360-363．
姜沛沛，曹扬，陈云明，等，2016．不同林龄油松（*Pinus tabulaeformis*）人工林植物、凋落物与土壤 C、N、P 化学计量特征[J]．生态学报，36（19）：6188-6197．
蒋向辉，苑静，祝军委，等，2015．青钱柳叶片矿质营养元素含量季节动态变化研究[J]．浙江林业科技，35（2）：20-24．
金振州，彭鉴，2004．云南松[M]．昆明：云南科技出版社．
井卉竹，董琼，段华超，等，2022．生长调节剂喷施对白枪杆幼苗 N、P、K 化学计量特征的影响[J]．西南林业大学学报（自然科学），42（3）：26-33．
鞠剑峰，2002．赤霉素及低温对芹菜种子萌芽出苗的影响[J]．种子世界（3）：34-36．
库文珍，彭克勤，张雪芹，等，2009．低钾胁迫对水稻苗期矿质营养吸收和植物激素含量的影响[J]．植物营养与肥料学报，15（1）：69-75．
兰彦平，顾万春，2002．林木无性繁殖研究进展[J]．世界林业研究，15（6）：7-13．
李博，2002．生态学[M]．北京：高等教育出版社．

李根前，唐德瑞，赵一庆，2007. 毛乌素沙地中国沙棘平茬更新的萌蘖生长与再生能力[J]. 沙棘，20（4）：10-12.
李根秋，安珍，2015. 去顶平茬方式对沙柳再萌生能力的影响[J]. 林业机械与木工设备，43（1）：29-31.
李洪娜，许海港，任饴华，等，2015. 不同施氮水平对矮化富士苹果幼树生长、氮素利用及内源激素含量的影响[J]. 植物营养与肥料学报，21（5）：1304-1311.
李化山，汪金松，法蕾，等，2013. 模拟氮沉降对油松幼苗生长的影响[J]. 应用与环境生物学报，19（5）：774-780.
李建英，周长军，杨柳，等，2010. 水分胁迫对大豆苗期叶片内源激素含量与保护酶活性的影响[J]. 大豆科学，29（6）：959-963.
李莲芳，郑畹，韩明跃，等，2010. 云南松遗传改良进展及其育种策略剖析[J]. 西部林业科学，39（2）：104-110.
李良勇，崔国贤，2002. 营养胁迫下植物内源激素变化研究进展[J]. 作物研究（5）：240-244.
李品荣，陈强，常恩福，等，2005. 云南松母树林的营建技术[J]. 林业工程学报，19（4）：40-42.
李茜，曹扬，彭守璋，等，2017. 子午岭林区两种天然次生林叶片 C、N、P 化学计量特征的季节变化[J]. 水土保持学报，31（6）：319-325.
李甜江，李允菲，田涛，等，2011. 中国沙棘平茬萌蘖种群的密度动态及其调节规律[J]. 浙江农林大学学报，28（5）：713-719.
李婷婷，2011. 湿地松采穗圃管理及无性繁殖方法的研究初探[D]. 武汉：华中农业大学.
李雯，2015. 施肥对白桦人工幼龄林生长和生理的影响[D]. 哈尔滨：东北林业大学.
李鑫，李昆，段安安，等，2019. 不同地理种源云南松幼苗生物量分配及其异速生长[J]. 北京林业大学学报，41（4）：41-50.
李学娟，2005. 弥渡县云南松无性系种子园现状及发展对策[J]. 林业调查规划，30（3）：118-122.
李亚麒，陈诗，孙继伟，等，2020. 两年生云南松苗木分级与生物量分配关系研究[J]. 西南林业大学学报（自然科学），40（5）：25-31.
李燕山，杨亮，杨伟刚，等，2016. 湿加松扦插成活率的主要影响因子分析[J]. 南方林业科学，44（6）：18-20.
李钰，赵成章，侯兆疆，等，2013. 高寒退化草地狼毒种群个体大小与茎、叶的异速生长[J]. 生态学杂志，32（2）：241-246.
李毓琦，刘小金，徐大平，等，2021. 不同施肥量对降香黄檀苗木生长和叶片养分状况的影响[J]. 热带作物学报，42（2）：481-487.
李志聪，何莉蓉，吴阳，等，2018. 氮添加对人工油松林土壤碳组分的影响[J]. 水土保持研究，25（4）：54-59.
李志良，陈新强，陈桂琼，等，2019. 叶面施肥对红豆杉枝叶生长和枝叶中产物累积的影响[J]. 林业与环境科学，35（4）：106-111.
梁宏温，梁杏清，1996. 不同施肥处理马尾松幼林生长及其营养元素含量的研究[J]. 广西农业大学学报，15（4）：309-314.
梁尧，蔡红光，袁静超，等，2019. 深松结合不同施肥方式对春玉米根系时空分布特征的影响[J]. 西北农林科技大学学报（自然科学版），47（6）：31-40.
林华，陈双林，郭子武，等，2017. 苦竹叶片性状及其异速生长关系的密度效应[J]. 林业科学研究，30（4）：617-623.
林加根，陈丽娜，陈石，等，2011. 桉树扦插育苗技术研究[J]. 江西农业学报，23（8）：59-60，65.
林武星，叶功富，黄金瑞，等，1996. 杉木萌芽更新原理及技术述评[J]. 福建林业科技，23（2）：19-23.
刘芳，杜亚琴，张立丹，等，2017. 控释肥肥效期对裸地和栽培香蕉土壤 N_2O 减排效果的影响[J]. 华南农业大学学报，38（2）：48-54.
刘建国，林喆，刘卫国，等，2016. 短命植物叶片生源要素的化学计量特征及异速关系[J]. 西北植物学报，36（11）：161-169.
刘俊雁，董廷发，2020. 云南松形态和叶片碳氮磷化学计量及其海拔变化特征[J]. 生态学杂志，39（1）：139-145.
刘立波，孟庆彬，张志环，等，2012. 平茬对胡枝子萌生枝条生长及产量的影响[J]. 林业工程学报，26（4）：

123-126.
刘麟，于金田，王晶，等，2021. 施肥对苜蓿地土壤理化性质及其生态化学计量学特征的影响[J]. 南方农业，15（19）：1-6.
刘青青，马祥庆，黄智军，等，2019. 光强对杉木幼苗形态特征和叶片非结构性碳含量的影响[J]. 生态学报，39（12）：4455-4462.
刘鑫，王天，宋佳承，等，2021. 不同磷肥施用量对油橄榄根际土壤微环境及生长发育的影响[J]. 中国土壤与肥料（6）：78-87.
刘雪云，周志宇，郭霞，等，2012. 紫穗槐植株的养分含量及分布特征[J]. 草业学报，21（5）：267-276.
刘英杰，郑增方，王齐，等，2014. 施肥对川滇桤木幼苗叶绿素含量及光合生理的影响[J]. 林业调查规划，39（4）：135-138.
刘盈盈，韦小丽，周紫晶，等，2020. 硝态氮供应水平对棕榈幼苗根系形态及苗木生长的影响[J]. 东北林业大学学报，48（11）：1-7.
卢德亮，朱教君，王高峰，2020. 树木萌蘖更新研究进展与展望[J]. 生态学杂志，39（12）：4178-4184.
罗庆华，李振宙，林俊清，等，2019. 氮肥用量对苦荞内源激素、产量和品质的影响[J]. 福建农业学报，34（3）：271-277.
马鄂超，何江勇，杨国江，2006. 肥料效应田间试验设计[J]. 新疆农垦科技（2）：58-60.
马玉珠，2015. 植物幼苗呼吸速率、生物量、氮磷元素含量间异速生长规律研究[D]. 福州：福建师范大学.
马征，崔荣宗，贾德，等，2019. 氮磷钾平衡施用对大葱产量、养分吸收及利用的影响[J]. 中国土壤与肥料（3）：109-114.
苗迎权，闫兴富，杜茜，等，2015. 不同年龄和平茬处理辽东栎幼苗的萌生能力[J]. 福建林业科技，42（4）：6-12.
聂恺宏，吉生丽，邹旭，等，2018. 中国沙棘去顶平茬萌蘖动态及其对种群结构的影响[J]. 云南大学学报（自然科学版），40（4）：804-813.
宁娅，2020. 油松林生态系统植物-土壤生态化学计量特征研究[D]. 北京：北京林业大学.
牛俊义，闫志利，林瑞敏，等，2009. 干旱胁迫及复水对豌豆叶片内源激素含量的影响[J]. 干旱地区农业研究，27（6）：154-159.
牛向阳，姚延梼，2014. 不同施肥处理对白皮松叶片内营养元素含量的影响[J]. 甘肃农业科技（4）：16-18.
皮发剑，袁丛军，喻理飞，等，2016. 黔中天然次生林主要优势树种叶片生态化学计量特征[J]. 生态环境学报，25（5）：801-807.
任四妹，郑畹，周跃华，等，2007. 不同激素处理对 1 年生云南松的嫩梢扦插生根的影响[J]. 西部林业科学，36（1）：91-94.
邵畅畅，韦小丽，周紫晶，等，2021. 供磷水平对棕榈幼苗生长及根系形态的影响[J]. 东北林业大学学报，49（1）：12-15.
施季森，何祯祥，1994. 林木无性繁殖及其在遗传改良中的地位[J]. 世界林业研究，7（1）：25-30.
舒筱武，1999. 云南松优良种源选择和种源区划的研究[J]. 云南大学学报（自然科学版），21（S3）：109-110.
宋碧玉，周兰英，蒲光兰，等，2017. 修剪对蜡梅光合作用和叶片解剖特征的影响[J]. 湖南农业大学学报（自然科学版），43（5）：533-538.
苏宇航，宋晓倩，郑晶文，等，2022. 呼伦贝尔盐生藜科植物不同器官 C、N、P 生态化学计量特征及其与土壤因子的关系[J]. 植物研究，42（5）：910-920.
孙时轩，1992. 造林学[M]. 北京：中国林业出版社.
孙羲，1999. 植物营养与肥料[M]. 北京：中国农业出版社.
孙雪娇，常顺利，宋成程，等，2018. 雪岭云杉不同器官 N、P、K 化学计量特征随生长阶段的变化[J]. 生态学杂志，37（5）：1291-1298.
孙雪莲，杨楚童，胡亚楠，等，2021. 植物扦插生根机理的研究进展[J]. 农学学报，11（10）：33-40.

孙迎涛，岳艳鹏，成龙，等，2022．毛乌素沙地油蒿（*Artemisia ordosica*）生长及生物量分配对沙漠化的响应[J]．中国沙漠，42（1）：123-133．

汤浩藩，许彦红，艾建林，2019．云南省森林植被碳储量和碳密度及其空间分布格局[J]．林业资源管理（5）：37-43．

汤加荣，2007．采穗圃不同营建及管理技术对马占相思穗条产量的影响[J]．林业资源管理（6）：64-66．

唐红燕，许玉兰，唐海英，等，2011．思茅松嫩枝扦插育苗技术研究[J]．西南林业大学学报，31（2）：24-28．

田登娟，白双成，聂恺宏，等，2021．去顶平茬高度对中国沙棘萌枝能力及非结构性碳水化合物积累与分配的影响[J]．西北植物学报，41（4）：627-634．

汪梦婷，郭双仙，蔡年辉，等，2019．云南松苗木生物量构成因素的分析[J]．西北林学院学报，34（3）：98-103．

汪梦婷，孙继伟，李亚麒，等，2020．不同苗龄云南松各器官生物量的分配特征研究[J]．西南林业大学学报（自然科学版），40（3）：46-51．

王晨，江泽慧，郭起荣，等，2014．毛竹地上器官的生物量分配及其随个体大小变化的规律[J]．生态学杂志，33（8）：2019-2024．

王丹，李江飞，李亚麒，等，2022．不同苗龄云南松异速生长及其表型可塑性[J]．中南林业科技大学学报，42（1）：36-44．

王东清，温学飞，2021．留茬高度对小叶锦鸡儿叶片部分光合指标及土壤水分的影响[J]．植物资源与环境学报，30（6）：47-57．

王娇，关欣，张伟东，等，2021．杉木幼苗生物量分配格局对氮添加的响应[J]．植物生态学报，45（11）：1231-1240．

王凯，沈潮，宋立宁，等，2020a．持续干旱下沙地樟子松幼苗 C、N、P 化学计量变化规律[J]．生态学杂志，39（7）：2175-2184．

王凯，张大鹏，宋立宁，等，2020b．氮沉降和降水增加对榆树幼苗不同器官碳氮磷分配格局的影响[J]．林业科学，56（3）：172-183．

王奇峰，徐程扬，2007．氮磷对 107 杨叶片光合作用的影响[J]．西北林学院学报，22（4）：9-12．

王雪梅，刘泉，闫帮国，等，2019．干热河谷车桑子光合生理特性对氮磷添加的响应[J]．生态学报，39（22）：1-15．

王燕燕，牛铁泉，高燕，等，2018．修剪时期对核桃叶片营养元素含量季节变化的影响[J]．山西农业科学，46（2）：224-227．

王逸然，郑成洋，曾发旭，2016．内蒙古白音敖包沙地云杉生长季非结构性碳水化合物含量动态[J]．北京大学学报（自然科学版），52（5）：967-976．

王瑜，车凤仙，汪梦婷，等，2022．叶面施氮磷肥对去顶后云南松苗木生长与生物量分配的影响[J]．河南农业大学学报，56（5）：788-798．

魏红旭，徐程扬，马履一，等，2013．氮磷供给比例对长白落叶松苗木磷素吸收和利用效率的影响[J]．生态学报，33（2）：659-667．

吴楚，范志强，王政权，2004．磷胁迫对水曲柳幼苗叶绿素合成、光合作用和生物量分配格局的影响[J]．应用生态学报，15（6）：935-940．

吴立潮，1999．马尾松幼林计量施肥研究[J]．广西林业科学，28（1）：11-16，29．

吴雪霞，尚静，张圣美，等，2019．不同光周期对丝瓜幼苗生长生理及其内源激素含量和性别分化的影响[J]．西北植物学报，39（10）：1812-1818．

吴征镒，朱彦承，姜汉侨，1987．云南植被[M]．北京：科学出版社．

武维华，2008．植物生理学[M]．2 版．北京：科学出版社．

熊星烁，蔡宏宇，李耀琪，等，2020．内蒙古典型草原植物叶片碳氮磷化学计量特征的季节动态[J]．植物生态学报，44（11）：1138-1153．

许玉兰，蔡年辉，康向阳，等，2011．云南松种质资源遗传多样性研究概况[J]．植物遗传资源学报，12（6）：982-985．

闫帮国，樊博，何光熊，等，2016．干热河谷草本植物生物量分配及其对环境因子的响应[J]．应用生态学报，27（10）：3173-3181．
闫景明，张世航，汪漫，等，2021．濒危植物大别山五针松枝叶 NPK 化学计量特征季节动态[J]．植物研究，41（3）：395-407．
杨会侠，谭丽娟，李连海，等，2007．杨树幼林平茬萌蘖后的经营管理[J]．防护林科技（5）：40-41．
杨腾，2014．施氮对文冠果幼苗生长特性影响研究[D]．北京：北京林业大学．
杨文君，李莲芳，吴俊多，等，2018．不同基质与激素组合对云南松穗条扦插生根的影响[J]．广西林业科学，47（1）：52-57．
杨湘，郁松林，孙慧敏，等，2019．施氮量对葡萄幼苗叶片蔗糖和淀粉代谢的影响[J]．北方园艺（14）：59-65．
杨阳，张德鹏，及利，等，2021．配比施肥对紫椴播种苗生长、养分积累及根系形态的影响[J]．中南林业科技大学学报，41（9）：63-70．
杨永胜，卜崇峰，高国雄，2012．去顶平茬措施对柠条生理特征及土壤水分的影响[J]．生态学报，32（4）：323-332．
杨珍平，郝教敏，苗果园，2010．黄土母质生土当年施肥对混作根际土壤生物活性及土壤营养的影响[J]．水土保持学报，24（5）：223-227．
叶晶，2014．四种丛生竹生态系统营养元素分配格局与积累规律[D]．杭州：浙江农林大学．
叶蓉春，唐楠，唐道城，等，2019．不同低温处理对郁金香休眠期鳞茎 3 种内源激素含量的影响[J]．植物生理学报，55（7）：1004-1010．
尹梦雅，李志辉，杨艳，等，2022．施肥对黄栀子幼苗生长与光合特性的影响[J]．东北林业大学学报，50（5）：32-36．
尹擎，罗方书，皮文林，等，1995．云南松地理种源的研究[J]．广西植物，15（1）：52-56．
曾辉，秦武明，蒋华，等，2013．施肥对顶果木苗木生长及营养元素积累与分配的影响[J]．广东农业科学，40（17）：60-63．
翟大才，陈先中，李善春，2004．林木无性繁殖及其在林业中应用进展[J]．贵州林业科技，32（1）：43-48．
张洪轩，2008．植物生长可塑性研究[D]．长春：东北师范大学．
张慧，郭卫红，杨秀清，等，2016．麻栎种源林叶片碳、氮、磷化学计量特征的变异[J]．应用生态学报，27（7）：2225-2230．
张青青，周再知，王西洋，等，2021．施肥对柚木光合生理和叶绿素荧光特性的影响[J]．中南林业科技大学学报，41（4）：31-38．
张绍辉，2004．云南松天然林分遗传增益研究[J]．林业调查规划，29（1）：98-102．
张硕新，1990．华山松针叶营养元素含量的季节变化[J]．西北林学院学报，5（1）：11-17．
张薇，王文俊，李莲芳，等，2015．施肥及喷施 B-Y2 和 IBA 对云南松苗木芽萌发和萌条产量的影响[J]．西南林业大学学报，35（6）：66-71．
张卫强，黄芳芳，甘先华，等，2021．施肥对银叶树幼苗生长及光合特性的影响[J]．广西植物，41（6）：862-871．
张文辉，李红，李景侠，等，2003．秦岭独叶草种群个体和构件生物量动态研究[J]．应用生态学报，14（4）：530-534．
张小朋，殷有，于立忠，等，2010．土壤水分与养分对树木细根生物量及生产力的影响[J]．浙江林学院学报，27（4）：606-613．
张新洁，2019．氮磷施肥对水曲柳生长和生态化学计量特征的影响[D]．哈尔滨：东北林业大学．
张跃敏，李根前，李莲芳，等，2009a．氮磷配施对云南松实生苗生长的效应[J]．西南林业大学学报，29（3）：5-10．
张跃敏，李根前，李莲芳，等，2009b．云南松实生苗生长对 N、P 添加的响应[J]．东北林业大学学报，37（8）：5-8．
张泽宁，郭彩云，郭胜伟，等，2021．去顶平茬高度对中国沙棘根蘖能力的影响[J]．东北林业大学学报，

49（3）：21-25.
张泽宁，张耀，郭胜伟，等，2019．中国沙棘内源激素对平茬措施的响应[J]．西部林业科学，48（5）：29-36.
张志龙，2020．生物质炭与减量施肥对连作土壤理化性质及养分利用率的影响[D]．南京：南京农业大学.
张志录，刘中华，彭舜磊，等，2019．氮磷添加对考来木光合特性和叶绿素荧光的影响[J]．浙江农林大学学报，36（3）：34-42.
赵敏冲，李莲芳，李根前，等，2008．IAA和IBA对云南松插穗扦插生根的影响[J]．西部林业科学，37（3）：13-17.
赵敏冲，李莲芳，李根前，等，2010．穗条长度对云南松穗条扦插生根的影响[J]．西部林业科学，39（3）：33-36.
赵亚芳，徐福利，王渭玲，等，2015．华北落叶松针叶碳、氮、磷含量及化学计量比的季节变化[J]．植物营养与肥料学报，21（5）：1328-1335.
郑万均，傅立国，1978．中国植物志：第七卷[M]．北京：科学出版社.
郑元，黄新会，王大玮，等，2013．云南松研究进展及展望[J]．现代农业科技（13）：169-171.
周樊，陈文静，曹凡，等，2020．配比施肥对薄壳山核桃幼苗生长和生理特性的影响[J]．中南林业科技大学学报，40（9）：96-103.
周凤娇，邓锐，彭凌帅，等，2017．施肥对马尾松穗条和扦插效果的影响[J]．西南林业大学学报（自然科学版），37（6）：65-69.
周蛟，张兆国，伍昌胜，等，2000．云南松母树林施肥试验研究[J]．西南林学院学报，20（3）：132-138.
周静静，马红彬，蔡育蓉，等，2017．去顶平茬时期与留茬高度对宁夏荒漠草原柠条营养成分和再生的影响[J]．西北农业学报，26（2）：287-293.
周丽，陈诗，徐杨，等，2015．云南松不同种源苗木光合特性比较[J]．西南林业大学学报，35（5）：8-13.
朱万泽，王金锡，罗成荣，等，2007．森林萌生更新研究进展[J]．林业科学，43（9）：74-82.
朱亚男，李金霞，刘娜，等，2020．氮磷添加量对黑果枸杞叶片非结构性碳动态的影响[J]．西北植物学报，40（12）：2093-2100.
朱之悌，1986．树木的无性繁殖与无性系育种[J]．林业科学，22（3）：280-289.
邹旭，2018．中国沙棘平茬萌蘖特征的基因表达差异[D]．昆明：西南林业大学.
左永忠，任宏忠，刘滨，等，1994．苗木施肥生理基础及优化施肥的研究[J]．河北林果研究，9（S1）：97-103.
AGREN G, 2004. The C：N：P stoichiometry of autotrophs-theory and observations[J]. Ecology Letters, 7(3): 185-191.
BALDWIN D S, REES G N, MITCHELL A M, et al., 2006. The short-term effects of salinization on anaerobic nutrient cycling and microbial community structure in sediment from a freshwater wetland[J]. Wetlands, 26(2): 455-464.
BELL T L, OJEDA F, 1999. Underground starch storage in *Erica* species of the cape floristic region differences between seeders and resprouters[J]. New Phytologist, 144(1): 143-152.
BELLINGHAM P J, SPARROW A D, 2000. Resprouting as a life history strategy in woody plant communities[J]. Oikos, 89(2): 409-416.
BERTILLER M B, SAIN C L, CARRERA A L, et al., 2005. Patterns of nitrogen and phosphorus conservation in dominant perennial grasses and shrubs across an aridity gradient in Patagonia, Argentina[J]. Journal of Arid Environments, 62: 209-223.
BOND W J, MIDGLEY J J, 2001. Ecology of sprouting in woody plants: the persistence niche[J]. International Journal of Plant Sciences, 16(1): 45-51.
CARREIRA J A, NIELL F X, 1992. Plant nutrient changes in a semi-arid Mediterranean shrubland after fire[J]. Journal of Vegetation Science, 3(4): 457-466.
CARTHY R M, PER M E, RYTTER L, 2014. Reliability of stump sprouting as a regeneration method for poplars: clonal behavior in survival, sprout straightness and growth[J]. Silva Fennica, 48(3): 1126.
CASTELL C, TERRADAS J, 1994. Effects of water and nutrient availability on water relations, gas exchange and growth rate of mature plants and resprouts of *Arbutus unedo*[J]. Annals of Botany, 73(6): 595-602.

COTTON K R, MARY L D, SUSAN W V, et al., 2005. Factors influencing stump sprouting by pondcypress (*Taxodium distichum* var. *nutans* (Ait.) Sweet)[J]. New Forests, 29(3): 245-260.

CRUZ A, PÉREZ B, QUINTANA J R, et al., 2002. Resprouting in the Mediterranean-type shrub *Erica australis* affected by soil resource availability[J]. Journal of Vegetation Science, 13(5): 641-650.

DANGER M, GESSNER M O, BÄRLOCHER F, 2016. Ecological stoichiometry of aquatic fungi: current knowledge and perspectives[J]. Fungal Ecology, 19: 100-111.

DEMMIG-ADAMS B, ADAMS W W, 1996. The role of xanthophyll cycle carotenoids in the protection of photosynthesis[J]. Trends in Plant Science, 1(1): 21-26.

DESOUZA J, SILKA P A, DAVIS S D, 1986. Comparative physiology of burned and unburned *Rhus laurina* after chaparral wildfire[J]. Oecologia, 71(1): 63-68.

DIETZE M C, SALA A, CARBONE M S, et al., 2014. Nonstructural carbon in woody plants[J]. Annual Review of Plant Biology, 65(1): 667-687.

DUCREY M, TURREL M, 1992. Influence of cutting methods and dates on stump sprouting in holm oak (*Quercus ilex* L) coppice[J]. Annales des Sciences Forestières, 49(5): 449-464.

EFTHIMIADOU A, BILALIS D, KARKANIS A, et al., 2010. Combined organic/inorganic fertilization enhance soil quality and increased yield, photosynthesis and sustainability of sweet maize crop[J]. Australian Journal of Crop Science, 4(9): 722-729.

ELSER J J, FAGAN W F, DENNO R F, et al., 2000. Nutritional constraints in terrestrial and freshwater food webs[J]. Nature, 408: 578-580.

FANG X, LI J, XIONG Y, et al., 2008. Responses of *Caragana korshinskii* Kom. to shoot removal: mechanisms underlying regrowth[J]. Ecological Research, 23(5): 863-871.

FREDERICKC M, DANIELM J, BARBARA L, et al., 2009. Xylem hydraulic safety margins in woody plants: coordination of stomatal control of xylem tension with hydraulic capacitance[J]. Functional Ecology, 23(5): 922-930.

GARGALLO-GARRIGA A, SARDANS J, PEREZ-TRUJILLOM, et al., 2014. Opposite metabolic responses of shoots and roots to drought[J]. Scientific Reports, 4: 6829.

GEOFFREY B W, JAMES H B, BRIAN J. et al., 1997. General model for the origin of allometric scaling laws in biology[J]. Science, 276(5309):122-126.

GÜSEWELL S, 2004. N∶P ratios in terrestrial plants: variation and functional significance[J]. New Phytologist, 164: 243-266.

HAN W X, TANG L Y, CHEN Y H, et al., 2013. Relationship between the relative limitation and resorption efficiency of nitrogen vs phosphorus in woody plants[J]. PLoS One, 8(12): e83366.

HARRINGTON C A, 1984. Factors influencing initial sprouting of red alder[J]. Canadian Journal of Forest Research, 14(3): 357-361.

JAN B, ROEL M, 1993. An improved colorimetric method to quantify sugar content of plant tissue[J]. Journal of Experimental Botany, (10):1627-1629.

KADIATA B D, MULONGOY K, M, AMBANI B, 1998. Pruning effect on nitrogen nutrient release in the root zone of *Albizia lebbeck* and *Leucaena leucocephala* [J]. Biology and Fertility of Soils, 26(3): 187-193.

KIM J C, 2001. Factors controlling natural VOC emissions in a southeastern US pine forest[J]. Atmosphere Environment, 35(9): 3279-3292.

KOERSELMAN W, MEULEMAN A F, 1996. The vegetation N∶P ratio: a new tool to detect the nature of nutrient limitation[J]. Journal of Applied Ecology, 33: 1441-1450.

KOZLOWSKI T T, PALLARDY S G, 2002. Acclimation and adaptive responses of woody plants to environmental stresses[J]. Botanical Review, 68(2): 270-334.

LAVOREL S, GRIGULIS K, LAMARQUE P, et al., 2010. Using plant functional traits to understand the landscape distribution of multiple ecosystem services[J]. Journal of Ecology, 99: 135-147.

LEISHMAN M R, HASLEHURST T, BARUCH Z, et al., 2007. Leaf trait relationships of native and invasive plants: community-and global-scale comparisons[J]. New Phytologist, 176(3): 635-643.

LI H, LIU B, MCCORMACK M L, et al., 2017. Diverse belowground resource strategies underlie plant species coexistence and spatial distribution in three grasslands along a precipitation gradient[J]. New Phytologist, 216(4): 1140-1150.

LI M H, XIAO W F, WANG S G, et al., 2008. Mobile carbohydrates in Himalayan treeline trees I. Evidence for carbon gain limitation but not for growth limitation[J]. Tree Physiology, 28(8):1287.

LI Y L, LIU X G, FANG H D, et al., 2021. Exploring the coupling mode of irrigation method and fertilization rate for improving growth and water-fertilizer use efficiency of young mango tree[J]. Scientia Horticulturae, 286: 110211.

LIU F, LIU Y, WANG G, et al., 2015. Seasonal variations of C∶N∶P stoichiometry and their trade-offs in different organs of *Suaeda salsa* in coastal wetland of Yellow River Delta, China[J]. PLoS ONE, 10: e0138169.

LIU Y Y, RODNEY E W, CHARLES G T, 2011. Gene level responses of shortleaf pine and loblolly pine to top removal[J]. Tree Genetics and Genomes, 7(5): 969-986.

MIDGLEY J J, 1996. Why the world's vegetation is not totally dominated by resprouting plants: because resprouters are shorter than reseeders[J]. Ecography, 19(1): 92-95.

MOONEY H A, 1981. Primary production in Mediterranean climate regions[J]. Ecosystems of the World, 11(2): 192-193.

NIKLAS K J, 2004. Plant allometry: is there a grand unifying theory?[J]. Biological Reviews of the Cambridge Philosophical Society, 79(4): 871-889.

NURRAHMA A, YABUTA S, JUNAEDI A, et al., 2021. Analysis of non-structural carbohydrate in relation with shoot elongation of rice under complete submergence[J]. Sustainability, 13: 670-671.

QIN J, YUE X L, FANG S Z, et al., 2021. Responses of nitrogen metabolism, photosynthetic parameter and growth to nitrogen fertilization in *Cyclocarya paliurus*[J]. Forest Ecology and Management, 502: 119715-119730.

RAZAQ M, SALAHUDDIN, SHEN H L, et al., 2017. Influence of biochar and nitrogen on fine root morphology, physiology, and chemistry of *Acer mono*[J]. Scientific Reports, 7: 5367.

SARDANS J, RIVAS-UBACH A, PEÑUELAS J, 2012. The C∶N∶P stoichiometry of organisms and ecosystems in a changing world: a review and perspectives[J]. Perspectives in Plant Ecology Evolution and Systematics, 14(1): 33-47.

SCHMID B, 1990. Some ecological and evolutionary consequences of modular organization and clonal growth in plants[J]. Evolutionary Trends in Plants, 4: 25-34.

SLOAN J L, USCOLA M, JACOBS D F, 2016. Nitrogen recovery in planted seedlings, competing vegetation，and soil in response to fertilization on a boreal mine reclamation site[J]. Forest Ecology and Management, 360: 60-68.

SMITH N S, 1998. Variation in response to defoliation between population of *Bouteloua curtipendula* var. *caespitosa* with different livestock grazing histories[J]. American Journal of Botany, 85(9): 1266-1272.

SPECHT R L, 1969. A comparison of the sclerophyllous vegetation characteristic of Mediterranean type climates in France, California, and Southern Australia. I. Structure, morphology, and succession[J]. Australian Journal of Botany, 17(2): 277-292.

VENTERINK H O, WASSEN M J, VERKROOST A W M, et al., 2003. Species richness-productivity patterns differ between N-, P-, K-limited wetlands[J]. Ecology, 84(8): 2191-2199.

WANG F, ZHANG Q H, TIAN Y G, et al., 2018. Comprehensive assessment of growth traits and wood properties in half-sib *Pinus koraiensis* families[J]. Euphytica, 214(11): 1-15.

WU T G, CHEN B F, XIAO Y H, et al., 2010. Leaf stoichiometry of trees in three forest types in Pearl River Delta, South China [J]. Chinese Journal of Plant Ecology, 34(1): 58-63.

XIE H T, YU M K, CHENG X R, 2018. Leaf non-structural carbohydrate allocation and C∶N∶P stoichiometry in response to light acclimation in seedlings of two subtropical shade-tolerant tree species[J]. Plant Physiology and Biochemistry, 124: 146-154.

XUE C L, LIU Z G, DAI L, et al., 2018. Changing host photosynthetic, carbohydrate, and energy metabolisms play important roles in phytoplasma infection[J]. Phytopathology, 108(9): 1067-1077.

XUE Y, ZHANG W, ZHOU J, et al., 2013. Effects of stump diameter, stump height, and cutting season on *Quercus variabilis* stump sprouting[J]. Scandinavian Journal of Forest Research, 28(3): 223-231.

YAN T, ZHU J, YANG K, 2017. Leaf nitrogen and phosphorus resorbtion of woody species in response to climatic conditions and soil nutrients: a meta-analysis[J]. Journal of Forestry Research, 4: 1-9.

YU Q, WU H, HE N, et al., 2012. Testing the growth rate hypothesis in vascular plants with above- and below-ground biomass[J]. PLoS ONE, 7: e32162.

ZHANG J, HE N, LIU C, et al., 2018. Allocation strategies for nitrogen and phosphorus in forest plants[J]. Oikos, 127(10): 1506-1514.

ZHU J L, BO H J, LI X, et al., 2017. Effects of soil water and nitrogen on the stand volume of four hybrid *Populus tomentosa* clones[J]. Forests, 8(7): 250.

附　　录

>Unigene0000184

ATGGCGTCTGCTGCCTTCAACCACGAAATAGATTCCCCAAGAGGCTGCGTTA
ATGCGTGTGAAATCGACCCTCAAATAACTTCTAGTTTTGGGATAAAAAAAGA
GAGAGGATCGAGCAAAAAAAAGAAAATATGGCCTCTTCTCTTCAAAACTGA
GACTGTCCAACAAATGCGCCTATGCCTGAAGCAACCACCACGAAAATGGGT
ATCCAATGGTGCGAGTAGAGGTGTGATATGGACATTACAAAGGTAA

>Unigene0000198

ATGAATCGGTTACAAGAGAAGGATAAAGGAAAGCGACCATTAAAAGCCAGA
AGCTTCAGACCGTGGGCCGAGGATACTAGTAGCAAAGGTATGGCAGATTTCA
TACCTGATCATTTGGGCGATGCATATTCTTCTTTCACCTCAAGAGGAATATCA
AATTTGAGAAAGGACAGAAAGTTGGAAGTGTGCAACCCGTCCTGTGCAGAT
TCAAATGGCACAGAGACGAAGAGTATGGCGGCTGATAAAACTGATATCTGC
GAACTGCCCAATTTAGATCTTTCCCTGTTACCGCCTCGGTGGCCGATGGGAA
CGGAGTCCTCCCCTTATCAACGCGGAGGTCGATTCGCTGCACCAGGATATCA
GTTCTGCCCAGTTCCATATTCTCCAAATCCCGATATATATAGTTCTCCCAAGGC
CGGTGCCGAGCAGCCCCTTTGTGCCCAGCTCACAATCTTCTACGCCGGAAG
AGTGAACGTTTACAATGTCTCGGCAGATAAGGCAAAGGCCATAATCATGGCG
GCCAGCAGAATCAGTGACTTCCAGCGCAGTGGGACTCCTTCATCGTCTGCG
TCTACACCTTCAACTCAGCACAACTCCACGCCTGGTGGCATGGATATGGATC
TGATTACTTCATCCCCGAGGCCTCTGGCCATTAGCCAACCCCAATCTCCCGA
GACGATAAAATCCGCGGCTCTTCAAGTCACTAAGAAAAGTTGTATACAGAG
GTTTTTAGAGAAACGGAATGAAAGAATCCACGGAAAGAGTCCTTACCTCCC
GCCAGCCCAAAACTAA

>Unigene0002025

ATGATCCAAGAAGTATCAGAGCTTCGGGAAAAGATAGATTGCAGTGGAAATT
TTGGCGGTTTATCGGAACGGCTGAGTTTGCAAGCTATGTCGCCAAGTGAATC
TGAAGCTTTCGATTTTCTGAGCGTTCAGAACGCCTGTAAAGAGGGAAAAGG

CGTAACTGGCAGTACTAGCCCCGGAAAACTGCTAGCCAAGCCGAGATTACA
AGATTTGTTGCGCATAAAACCGCAGATGATGCAAAAGGTGTTTTCTTCGATC
GGACTTGCAGAGGACAGGAAAGCCGATTTCGCTCATGTAAATCATGAGGCC
AAGGGCTTTAATGGACGTTCTGAGCTATCAATTCATGCTGAAATGATGGAAC
TATTTCCATTAACCACTGGTTTCGGTTTAAGTACAAAAGTTGAGGAAAAAGA
TATTGCCGTGCCTTTTGCGATCCGCCAAACCGATCCAGCGTCGAGCAGATCT
GTTCCAGCAAAAGCTCCGGAGCAGCAGTGCACAGGTCAACTCGCTATGTTT
TATAACGGAATGGTGAATGTTTACGATCTGCCGGCTGAGAAGGCTGAAGCCA
TTATGAGGCTCGCCGGAGATAATAGCTCGAGTAAAACAATAACGCCTCAGAT
TAACTGCAATAAAATCAAACATTTACTGAAATCGCTGCCTTCCAACCCTGGA
TCGAACGCTGACAATGATGAAGATCCACCGGAAAGACTTGCCGCAGGTCTG
GAAATTGTCCGAAAATTATCTGTTCAACGCTTCCTCCAAAAGCGAAAGGCG
AGAATCAAAAGCGTGGCTCCTTATACGAACATGAACACTGCGTCATCGCCTT
CGAAAGCAGAAGACACTATCATCCTTTCGTTGGCTTGTCCCTCACATTGA

>Unigene0002537
ATGTTAGTGGGCGCGTACCCGTTCGAAGATCAAGGAGACCGTAAAAACTTC
CGGAAAGCCATACAGCTTATAATGAGCGTTCAATATACGATTCCGGATTATGT
GCACGTGTCTCCTGAATGTAGGCAGCTTCTTGCCCGTATTTTTGTAGCCAATC
CCAGCAAGAGAATCTCTATCAAAGAAATAATGAACCATCCGTGGTTCTTGAA
AAACTTGCCCAGGGAACTCAAGGAATGGGCGGATGCCAGCTCCCCATATCAT
GATGATGCTAGCAACCCGCCCCAGCCTATTGATGCAATATTGAAAATATTAGA
AGAGGCAAAAATACCTCTGCCAACGCCCAAGAACCTCGAAGCTTTCTGGCA
CGACGAGGACGAAGAGGAGCGAATGTTGTAA

>Unigene0004191
ATGACGGTTACTCTTCTCGTGAATGTCATTATTAAAGTGCTATATATAGAGAA
CGAATGCAATGTCTTACCACAAAATCTTGTGCAAGCTTTCTATCCCTCGTTTC
TAAAAATAGTTGCTTTGCTTCTGAATTCAGTGGCAAAAAAGATGAGGAATTC
TCAAGTTCTTCTTTTAAAGAAGATAGTCAGAGCCCTTTTCAAGGTTGCCCAT
GGCTACAAGGGAATCGGATTTGCCCTTTCTCCAAAGAAGGCAGGGTACTTTA
CAATGAAAGATGAGGCCATGGGCCGATCATGCAGTTCTCTACCTACAGATGT
TCCCAAGGGACACTGTGCAGTGTATGTTGGAAGTGAACGCAGTAGATTTGT
CATACCCATGACTTATTTGAATCATTCTCTGTTCAGGGTATTACTGGAGAAGG

CCGAGGAAGAGTATGGGTTTGATCACCAGATGGGACTCACCCTTCCCTGTGA
CGAAGTTGCTTTCGACTATCTGACATCCATGTTAGCTAGAGAGGAAGTAGTG
CCAGCAACTTTGAAGGTGGATTAG

>Unigene0004214
ATGAGCGTCTACTCCAGCCTTTGGAATGCAGATGATTGGGCAACCAGAGGTG
GGCTTGTGAAGACCGATTGGACTAAAGCGCCCTTTGTCGCATCCTTCCGCAA
TTTCAGTGCTGCTACTGCTTCTTCTTTTGACGCCGCTGCAGTGGAGGCTGCT
TTGGAATCGAACCAAGAGCAGAGGCTGGAGTGGGTGAGGAAGAACTACAT
GATCTACGATTACTGTGGAGACACCAAAAGATTCCCACAGGGACCGCCTCC
CGAATGCAAATGA

>Unigene0007054
ATGGATAAGGATAGTTTATCAGAAATAGATAAAGGAAAGCAACCAGTGGAG
GAAACTAGTTTCTCAGAAATCGATAAAGGAAAGCGGCTCCTGGAAGAAACG
TCGGCAGAAGAAGAAAGTACCAGCAGAGGTATGGCAGATTTACCCTGGTTC
GATCAACGCCCTGTGAATGATAAAAGGGTCCCTGATCAGTTGGACGATGCAG
ATTCTTCTATTTCTTTCATGGGATTGCTGAGGCCTAAATTGGAAGTCCGGAGC
CCATTCCATGCTTCAAAACTGACAGAAAAGAGTGAAAATATTGGAAAATCAT
CCCTGACTAGTTTGGCCAGTGATAAACGAGTTATCTGTCAACTGCCCAATTT
AGATCTTTCTCTGTTGCCTCCTCGAGTGCCCATGGGGTCCTTCCCTATTCATC
ACAGAGGGGTACCCGCTGCATGGCCACAGCAGTACTTCCCAGTTTTATCGTC
CCCAAATCCTAATCTTTTTAGGTCTCCCACGCCGGGCTCTGAGCAGCAGCCT
TGTGAGCTCCTCACAATTTTCTACGCGGGGAAAGTGAACGTCTACAATGTCC
CGGCAGATAAGGCAAAGGATATAATGGAGGTGGCGAGCAGAACAAGTGTTT
GCGCCGGAAAAGCCAATGTTGGGACTCCGTTATCCTCTGCCCCATCAACGCC
ATTCATCTCTCCTCCTCCTCGGTCGGAAAGTCCGGTCACTCCATTCCCGCCG
AATTTAGCTGAACCCTTCGTCACCCGCGCCCAATCCGCGCAGACAATAAATA
CCGCGGCTCTTCCAATCAGCAGAAAGTTTTCGATACAGCGATTTCTAGAGAA
AAGGAACGACAGGCTCTATGGAAGAGCACCTTACGCTCCCCCTCCGCAAAA
CTAA

>Unigene0009250
ATGAGAATGGTATCGCCCCACCATCTCCTGCAGCCATTCCCCATATCCTTCTT

CCCCCTGCAAGTACTGCACGGCGCCCGCCTTGCTAATTTGTTTCGACCCGCC
CGAAGATCTGGAGCTCGGCTCCTCCTTGTCAGTACGTACCGAGATCAAATCC
CGCGATGA

>Unigene0010918
ATGAGTAATTCTCTGGGGTTTAGCATACCTTCCAAGCTACCTGCGAGGTTCTC
CCAGGGATGTGGGCTGCGGTTGCCTAGCGATATGACTTGTTCCCTTGAAGCC
AAGATGCTTACTCAAGGTAATGGTTTTCATGGTGGGGGGTAGTGTCCAGTT
ATATCTACCAAAGTTGTGGCTTGAGTAGATTGGCACTGGCAGTGAAATGGTG
GGGTCAATCCACTGTAAGCAATACCAAAAAGCAGAAGCCATCAAAGTGGCC
AAAGCTTGAGACAAAATGGCATACAAAGTTGTTCGTTCTGTGGGTGCTGGTT
GCAGCAATAGTCTCTATGTGGATTTTCTATTCCATGGATTATGATATTATAGAA
CGTCGCAAAGAAACATTGGCAAGCATGTGCGACGAGCGTGCAAGAATGCTG
CAGGACCAGTTTTCCGTGAGCATGAATCATGTGCATGCTTTGGCTATTTTAGT
TTCCACTTTCCATCACAGGAAGCATCCATCGGCTATTGATCAGAAAACTTTTG
CTGAATACACTGCAAGAACTGCTTTTGAGAGGCCCCTCATGAGTGGTGTTGC
TTATGCTCAGAGAGTTCATCATTCAGAGAGGGAGCAGTTCGAAAAGTGGCA
AGGTTGGACAATCAAAAGTATGAAGTCCAGGGAGCCATCACCTATACAGGAT
GAATATGCACCCGCAATCTTCTTTCAGGAGACTATTTCTTATGTTGGATCCCT
TGATATGTTGTCTGGAGAGGAGGACCATGAAAATATAGTGCGGGCTAGAGCA
ACTGGGAAAGGAGTGCTTACAAGTCCATTTAGATTATTAGAATCAAATCACC
TTGGAGTTGTTTTGACATTTCCAGTCTATTATACTGATCTTCCTCCAGATGCTA
CACCAGAGGAACGTAACCGAGCAACTGCTGGGTACCTGGGTGGAGCATTTG
ATGTAGAGTCATTAGTGGAGAACTTACTACGCCAACTTGCTGGTAATCGGGC
AATTATTGTTAATGTATATGATATTACCAACAGCTCAACTCCGTTGATAATGTA
TGGTCCCCAAGTTACAGATACTGTTGTGCCACATGTCAGTCATCTTGATTTTG
GAGACCCGTTCCGGAGACATGTGATGCATTGTCGGTTTAATGAGAAACCTGC
AATCCCATGGTCAGCAATTACAACATCACTTGGAATATTTGTGATTGCTGTGT
TAGTTGGTCACATAATATATGCTGCAGTAAACCGCATTGCTAAAGTGGAAGA
AGACTTTCGTAAAATGGAGGAGTTGAAAAAGCAGGCTGAAGCAGCAGATAT
TGCCAAATCTCAGTTTCTTGCTACCGTATCCCATGAGATCAGGACTCCCATGA
ATGGTGTTCTAGGAATGCTGCAGATGCTTATGGATACAGATCTTGATGCAACC
CAACAGGACTATGCTCGAACTGCTCAAGCCAGTGGGAAAGCCCTCATAGCT
CTAATAAATGAAGTGCTTGACCAAGCCAAGATTGAGTCAGGCAAGCTAGAG

CTTGAGGAGGTTCCCTTTGATTTGAGATCCATTTTGGATGACGTTCTTTCTTT
ATTTTCTGGGAAGTCTAGAGACAAAGGCATTGAGCTTGCAGTATTTGTCTCA
GATCAGGTGCCAGATATGGTTGTTGGTGACCCTGGGAGATTTCGACAAATCA
TTACAAATCTTGTTGGAAACTCTGTTAAATTCACAGAGAGAGGTCATATATGT
GTAAGTGTTCACCTAGCTGAAAATGTGAAGGCTGTAAGGGAGGCCAATGTT
GAAGCATTCTCAAAGCAGTTGACAGAAGATAGGAAGCAGAGTTCGAAAAG
TTCATGCAACACTTTGAGTGGGTTTGAAGCAGCTGATGGGACGAATAGTTGG
GAGACCTTTAGGCTCCTACTATCTGATGGAATAATGAATCAGCAGCCTGGCA
CAATCAATAAGCTGTCCTTTGCTGAAACATCCGACACCGTAAATTTAGTTGTT
AGTGTTGAGGATACGGGAGTTGGAATTCCTATACATGCACAAAGGCGTGTCT
TTATGCGCTTCATGCAAGCAGACAGTTCTACTTCACGCACATATGGAGGAAC
AGGCATAGGTTTAAGCATCAGCAAACGTCTGGTGGAGCTTATGAGTGGTGA
GATGAGCTTTGAAAGCAAGCCAGCTGTTGGAAGCACATTCACATTCACAGT
TGTACTTAAAAAAGCCCATACAAGCCAGGATATGGAGCGACATCAGCCTGA
ACCCTTACCCACCATTTTCAAAGGAATGAGAGCTGTTGTGGTGGATGGAAG
ACCTGTTCGAGCTGAAGTAACAAAGTATCATTTGCGGAGGCTTGGTGTGCA
AGTTGAAATAGCAAATGACCAGAAATCGGCACTAGCTATAATATCTGGAGGG
GAAAATGGTGATATCAGATGCAAAGCAACAGGAAATACAGATATGGTTCTTG
TTGATAAGGAAGCATGGGGTACAGGAACAGGTCTCACATTCCCTCAACTTTT
GAGAGAGTCAAGGCTGAGCTCTAAAGCAGGAAGTTGCCCCATGTTACCAAG
GATGATTCTTCTTGCTACTTCCATTAACAGTGTAGATTCAGAGAAAGCTAAG
GCCATTGGATTTGTGGAAACAGTAATCATGAAACCTCTTAGAGCAAGCCTGA
TCGCAGCATGTCTCCAGCAAGCTTTGGGTATAGGAGATAAAAGACAGCAGG
GGAAGGGAGTTATGGATGGATCTCCATCTCTGCACAGTCTTCTATTAGGGAA
GAATATTTTGGTAGTAGATGATAACAAAGTGAATAGAAGAGTTGCAGTTGCT
GCTTTGAAGAAGTACGGGGCAAAAGTGGAGAATGCAGATAGTGGGAAGGA
TGCAATAGCAATGCTTCAGCCACCACACAAGTTTGATGCGTGCTTCATGGAT
GTTCAAATGCCAGAAATGGATGGGTATGTGTCCAAGATGTGTTGCCTTTGTG
CCCTAGCAAATTAG

>Unigene0012059

ATGGTTAGCTCACGAATGTCTTCGGCGATGAGAATGAAGAAGGAAAAAAAT
GCTGCATGTGGTGAGCATGGGGATGAACTGGTTCGATGTGACGAAATGCATG
TATTGGCGGTTGATGATTGCCTGATAGAACGGAAGGTCATTGAAAAGCTTTT

GAAGACTAACTTTTTCAAAGTTACCTCTGTAGATAGTGCCGAAAGAGCGCTA
GAAGTCTTGGGGTTTCATGAAGAGCAGTCGACATGTGCGACCACTAACGCG
TTCAAGGTTAATATGATCATTACCGATTATTGTATGCCAGGAATGACGGCTAT
GATCTGCTGAAGAAGGTCAAGGAAACCAAATGTCTGAAGGAAATTCCTGTT
GTGATAATATCTTCAGAAAATGTGCCGCAGAGAATAACAAGCTGTCTGGCAG
AAGGAGCAAAAGATTTTATTATAAAACCGCTAAAGCTTGCAGACATTACGAA
GTTAAAAGGACACATTAAACCTCCAAAAGATGTAGCGAGTGTCAGCGCCAGA
GCCAGTGGTCCTGTAAGCTCTAAGAGGAAAATCTCGTCCGGAAAAGGTAGGG
GCAAAATGTCTGAGAGGCGTCCCCGCGTTGATGGCCTGACATCGGTGTGA

>Unigene0013200
ATGCTTCATGGTTTTGACATTTTACTTCTTCTTCTCGATCAACCGCATCACCTG
CTCAAAATGGTCGACACGGCATGGGATTCTGAGAGGCCCCTTGTGATCGAA
GCCATAAACCTCACTGGCCTCCTTCAACAGCTCAGTAAAGTAAGGAGTGTG
CAAATGTCTAATGGGAACTATGAAACGCTCCTGCTCTTCGCCCACATACACT
GTGACGCAGCCTTTGGGAGCCACTTTATTCGAACGCCCCGAACTAAATTTCC
TGTTCTTGCCATCGAATATCTGCCCCTGGCAGGAAATGATCAGTGGCTCAAC
TACCATATTTTGGGATACCAAAGCCTGAAGGACAAGTAG

>Unigene0013653
ATGAAGTGGTCGTTGAAGTATGCTTTTTTCCTGCAACTGGCATTGTACTGCTT
AGTCGGGCAAGGCCAAGATGTACAGCAACGATTCTTATCTCCTCACAATGAC
GCGAGAGCCCAAGTGGGCGTCGAGGCTCTGGTTTGGGACGACACCGTCGC
GGCTTACGCACAGAATTATGCAAATCAACGCATAGGGGACTGTGCTCTGCAG
CATTCTGGTGGTCAATACGGAGAAAATATTTTCGAGGGGTTTGGAATAACTG
ATCCCGTGGGAAGCGCCGTGATGGATTGGGTCAGCGAGAAGCAATACTATGA
TTACTCTTCCAATTCCTGCTCTGCCCCTTCAGGTAAATCGTGCGGGCACTATA
CTCAGGTGGTGTGGAGAAATTCCAAGAAGCTCGGATGCGCCCAAGCTACAT
GTAACAACGGCGGGACTTTCGTTATCTGCAACTACGACCCGCCGGGAAACG
TTGTTGGGCAAAAGCCATACTGA

>Unigene0013812
ATGGTGGGAGGCGTTGGTGCAGACATGGATTTCCTTGGTGTTCTGAGGAAG
AAGGATAAAGTTGAGTTAATGAAGAATCTATGCAACCCGGAGAGGATTCGG

AATGACCAGACCAGGTTGAATTTAGCCGTTGCTGCAAGCACTGCGGAGGCG
AAGGATAACAGCAAGAATGCTCCGAGATCGGATGGTTCGTTCAAAAACTGC
GTTTTTGAGAAGGGGAGCTTTCTTTCCCAATTAAGAGATGGGGTGATGTTTG
AAGAGCACGGTGAGGAGGAAAAGGGTTTCCCTTCTTGGATTAGCACTGTTA
ATGGAGTTTCTAAGTGCTCAGTTGCAGAGTGCATTCCTCGGTCACTGGATCT
CTCCGTTCTTGGAAAATGTTCTAGTTCCATTAATTTATTCACCAACCAGTCCG
GTTTTGGATCCCCAATAGGACTCAAGGGGGGATTCGACCACAAGACGTGGT
TAGATGATGATCAAGCTGTTTCTTCTGGACATGTGACCAGTTTTAGGCCCAA
GCAATCTCGTGCACAATTGACAATTTTCTACGGCGGAACAGTGAACGTTTAC
AACGATATTCCTGCTAATACGGCTCAAGCCATATTGTTAAATGCCGGCGGTGG
AAATTATTCTAATTATCCAATTACTCCAGTTGCCCCGAAGGGCCGTGAATCGC
AGATCACTGAGCTGAAAACATTACTTCCTCGTATGGAGTTATCGAAGGGGTC
ACGCATCCAGCACGCACATGCTAGTTGCAAGATGTACGCAGATATTCCACTA
GCAAGGAAGTATTCTCTTCAGCGATTTCTGGAGAAGCGCAAGGACAGACTG
AATGCAAACGCAAAGTCTCCATATAGTACGGTAGCTGCAGCAGACGATAGTA
AATTTCAACAATATGCACCGTCGTCGTCAGACTAG

>Unigene0015117

ATGGAGGAAATGGAAGCAGCAGTTTGTGATAAACCAGGCACAGTGAAAGGT
GGTTTGGACAATCCAGCAAGAGAAGCAAGGAGAAGAAGAATGGAAATCAG
AAAACTGAAAGAAATAGCACATGCTGCTGCTGCTGCTACCAGTGGAGAGCG
TTATTGCAAACGTCCCAGACACCTTGCCATTGCTAGCACAGCACTAACATTG
GATGATGCTCATGTTTTTGCTGCTTCTTCTCAAGGTACTTGTTCTTTGACATG
TGGGATTAAGAGTGTTTGTGAGAAAAATGATGGGAGCATAGAAACAGTGGA
TTCTCAAACGGCCATTGCATGCTCTGGCATTGGGTTGGTTGGGAGTGGCAGT
ACTGGAGACAATACCAGCGGTTTGGATGATGGGTTGTGTAGCAAAAGCAGT
TTTGGGTTAGAAGAGCATGTTATTCGTTGGGGTTATGCTTCCATTTGTGGTAG
GAGGCGGGAAATGGAGGATGCCGTTACAGCACTGCCAGGATTTCTGTCTGT
GGCGTCTGAAACTGTGGGGGACTTGGAAAGTTCTACTGGGAAATCAGCCCT
ACATCTGTTTGGAGTTTATGATGGACATGGGGGCTCTCAGGTAGCAAATTTC
TGCAAAGAGCGCCTCCATGGAGCTCTAATTGAGGAGTTGGAGGCAGAAATG
AGAGAGGGTGACAGAGGTGAGGGTGAATGCAGCTGGCAGAGGCAATGGGA
AAGGGCTTTTGTTGCCTGTTTCAACAAAGTGGATGCTGAGATCGGAGGAGT
GGAACCCAGAAATCTGAGATGTGAAAATGGAGAGCAAGAAGTGGGTGGAA

GAGGAAACGATGAGTCGTCTGCCCGTGCTGCCCCTGAAGCTGCCCCTGCGG
ACGCTGTTGGATCGACAGCTGTTGTTGCTGTGGTCGGGTCATCTCAGATAAT
CGTGTCAAATTGTGGGGATTCGAGAGTGGTTCTGTCGAGAGGTGGCCATGCT
ACTGCGCTTTCGGTCGACCATAAACCTGAACGGGAGGACGAAATGACAAGG
ATTGAGGCTGCGGGAGGGAAAGTCATACAGTGGAACGGATATCGTGTGTTT
GGAGTGCTTGCTATGTCGAGGGCCATTGGTGACCACTACCTGAAGCCATACC
TCACATCTGAGCCAGAGATTACATTTACTCAGAGAACCGATGAAGATGAATG
CTTGATATTGGCCAGTGATGGATTATGGGATGTACTCTCCAATGAAGAGGTTT
GCGAAATAACTCGCAGATGCCTTGCCAAGTGGCTGCATAATAATAATAATGCT
GCAACTAGCTCATCATCTTCTAAATCGAAGTCATGGAGAGATAGAAGGGCAG
AAGAAATGGATCCATGCATGCAAGCAGTAGCGGAGCATCTTTCCAGGATGGC
TTTTCAGCGTGGTAGCTCTGACAACATCACTGTGGTGGTGGTGGACTTGAGA
AAAGAGAAGCCACAGACCTGA

>Unigene0018051
ATGCCTTCTTCCTCAATCTACTTTTCCGAGCAGCCTCTCGATTTTGAGCAAGC
CTCCTCAATGTCTTGGCATCAGGAGTCTTGGTACCCTCAGGCTCAGAACTGGA
CGTGTGAGCTCTGCGATTCACCTCATGCTTCACATCTTTGTCCAGCTCATTGA

>Unigene0018708
ATGAAGGGGGCCATTCTTCAAGAGGTGAATGATGTGCGCCAAAACCGATGG
GTCGCAGGGAAGGGTAAGCCCACCGCTGCGGTAATTGAAGGCAAATTCTTC
TTCGGCAGTGTGGAGGAGTTTGGAGAAGAGCGGATCGTTCAAATACGCCAC
CGGAATAACGAAGCGCTCCACCAGCTCCTCTTTCACTGCGTACACAGCCAG
ATGGCCTTCCGACACATCGCCGGGAACACTCGGCCCGGAAGTGCTTTCTGA

>Unigene0021388
ATGCCAGAAGCTCAGATGGGTAATGGTACCAATGACCGACACAAGCCAGCT
CTGGAATTCATCGAGAATGTCACCACAAATGCAGACCAGGTGCAGACTCGC
GTTCTCTCCTCAATCTTGACGAGAAATGCCGATACAGAGTACTTGAAGAGGC
ATGGCCTGAGGGGCAGAACTAACAGAGCAACTTTCAAGAAGTGTTTGCCAG
TAATTACTTATGATGATCTCAAGCCTGAGATACGTCGTATTGCTAATGGAGAC
ACTTCGCCCATCCTTTCTGCTCACCCAGTTTCAGAATTCCTCACGAGCTCTG
GAACCTCTGCTGGTGAAAGGAAATTGATGCCCACTATTCAGGAGGAATGGG

AGAGGAGAAATCTTCTTTATAAACTTCTAATGCCGATTATGAGTCAATTCGTG
CAAGGACTTGACAAGGGAAAAGGAATGTATTTCTTCTTCATTAAATCAGAAG
CCAAGACTCCCTGTGGGTTGCTAGCACGCCCTGTCCTGACAAGCTATTACAA
GAGTCACTACTTCAGGGAAAGGCCTTACGATCCCTACAATGTTTACACCAGT
CCCATCCAAACAGTTCTCTGCACTGATGCTTACCAGAGTATGTACTCTCAACT
GCTCTGCGGCCTCCTTCAAAACAATGAGGTTCTCAGGATGGGAGCTGTCTTC
GCCTCTGGGTTCATCCGAGCCATACATTTCTTGGAAGAGCACTGGAGACAAC
TCTGCCACGACATAAGAACGGGCATTCTCAACAGAGAGGTGACGGATCCCT
CGGTGAGGGAGGCCGTGGGGAAGCTACTGGCGCACCCAAATCCAGGGCTG
GCTGATTTTCTTGAGAAGGAAATATGTTCAGCACAGTCATGGCAAGGAATTA
TACCTCGACTGTGGCCCAACACCAAGTATATCGATGTCGTGGTGACAGGGGC
AATGGCTCAGTATATTCCTACTCTGGATTACTACTGTGGTGGCCTGCCCTTGG
TCTGCACCATGTATGCTTCCTCGGAATGCTACTTTGGAATTAATTTGAAGCCT
CTTTGCAAGCCTTCAGAAGTGTCATACACTCTGCTTCCAAACATGGCCTACT
TTGAGTTTCTTCCTGTTCACCGAATAGCCGAATTAAAAAATGAGGAACGCCC
AACTCTCAACCAGAAAGAGCAAGAGGAGTTGGTTGATCTGGTTGATGTGAA
AATTGGGCAAGAATATGAACTTGTCGTCACCACTTATGCAGGTTTGTATCGTT
ACAGAGTAGGGGATGTGCTGAGGGTGACTGGTTTCCACAATGCTGCCCCTC
AATTCCATTTTGTCTGCAGACAAAATGTTGTATTGACTATAGATTCAGACAAA
ACAGATGAAGCAGAGCTTCAAAGTGCAGTGGAGAATTCTGTGAAGCATCTT
GAACCATTTGACACGAAGCTGGTAGAGTACACAAGCTATGCCGACACATCA
ACAATACCTGGTCACTACGTGCTGTATTGGGAACTTGGTTTCAAAGAAGTTG
CAGTCTCAATTCCTGCATCTGTGTTCGAAGATTGCTGTTTGGCTGTGGAAGA
ATCCTTGAATTCTGTGTATCGCCAAGGTAGAGTGGCAGATAAATCCATTGGG
CCCCTGGAAATTAGGGTTGTTGAAGAGGGAACGTTCGATGAATTGATGGATT
ATGCTCTCAGCCGAGGGGCATCCATCAATCAATACAAAGTGCCCCGATGCGT
GAAGTGCAGTCCCGTTGTTGGGCTTCTGAATTCCAAGGTCACACATTCTTAC
TTCAGCCCCAAGTGCCCACAATGGATTCCGGGATGCAGGAAATGGGCATAA

>Unigene0022780

ATGCCATTCGTTGCAGAAATTGCTCTTCACTGCCTCCAAATCCAGCTGCCTC
ACTGTTGCAGGGTCGTTTCGGTTGAAGAGACGCAGAATGTGCTCAAACAGG
AGCTCGTCGCAGGGAATTGCAAGCCCGCCCTTGTGGGCGTAGCCGAACTCC
TCCTCTGCCTGTTCCAGCAGTGCCTTAAACACCGGGTGGTTCAAGTACGCTG

CCTGGATCACGAACCGGGTACTGCACTGCTGCCCGACGTACACAGCCAGGT
GACCGGAGGGCACGTCCGACGGGACGGCCGAAACCGACCCGGCCCGACGA
TGCCCGCTCCCCGACCTTTTGCCATCGACGTGCTCGTCGTCGGAAACGTAAG
TGACTCGGCACGATCGCGAGGAAATTAG

>Unigene0022947
ATGATTTGCCCTGCTTCATCTCATGCTCCAATGCCAAATACCGCCTCTTCTTTA
GAGAAAGTAGAGATCCAAATGCCTTGTAGAGATTGGCAACCCTGGAAATGA

>Unigene0023410
ATGAAAAATATTGAAGGATTGAAGCATTCAAGAGGAATGAAAAATATTGAAG
GATTGAAGCATTCAAGAGGAATGAAAAATATTGAAGGATTGAAGCATTCAA
GAGGAATCCAATCCAGACCGGACCAGACCATGGCGTTTGGGCTGATGCAAA
GAAAGAGAACATATAACCGGGATAGAGTTGTTCAGAGCTGTGACCTAATGC
ACCATGTTTTCAAGCATCTTGATGCTCAGTCTCTGGCAGTAGCCGCCTGCGT
CTGTAGAGTGTGGCGTAAGGAAGCCATGAATGATAGTGTGTGGGAACTGGT
TTGCACCAAACACTGGCCTGACATGGGGGATTCTATCAAGCGTCTCGGATCA
GTGGTAAATGCCATGGGAGGATTCAGACATTTATACATGAATTACCTGCGTCC
GATTCTGTCGGGAAATGGTAAATGTGGCTGTAATCCTAAGTCCAACACATCG
AGGCCAGCTTCTGGATCGAACAATCGTAATTCTGAGACGAATGTGGTATGGG
GAGAGGACCAAGTTCAGCTTTCTCTGTCACTGTTTTCTGTCGAGTATTACCG
AAGGCTTGGGTTTTTCAAAAGCTCTTACGCCCACATTTCTAGTCCATCCAGT
TCATTCACTCTGCAAATACAAAGCAGGCTCCCTTAG

>Unigene0024303
ATGGAGAAAAGAGAAAGAGAGAGCTGCACTGCTTCTTGA

>Unigene0024341
ATGGAGATGAATATTCGCTGCGCCAAAGACAAAGAAGATGCGGCCCTGCAG
CTTATAGAGAATTTGACTGCCAGGGCCGGCGAGGTCCAGAGGAAAGTATTG
TCTGAGATCTTAACGAGAAACGCAGGGACGGAGTACTTGGCCAAATTTCTC
AACGGTCGAATCGATTCCGATTCGTTCAAAATCAACGTACCTGTTGTTAACT
ACGAGGACATCAAACCATACATCCAGCGGATAGCCAATGGAGACACTTCTG
CCATTATTTCTGCTGAACCCATATCAGAGCTGCTGACAAGCTCTGGAACATC

AGGCGGACAACCTAAAATAATGCCTTCCATTCCCGAGGAGCTTCACAGGAA
AACCTTTCTTTACAGTCTACTTATGCCAATAATGAACAAGTATATTCCTGGAC
TGGACAAAGGAAAAGGGATGTACCTCCAGTTTATCAAAGCAGAGGTAACTA
CTCCCTCGGGACTGAAGGCGAGGCCAGTGCTGACAAGCTACTACAAGAGTA
CCAACTTTAGGAATCGACCATTTGATAAGTTTAATGTGAATACGAGCCCGGA
CGAGACAATCCTTTGTCCCGACAGCAGACAAAGTATGTTTTGCCAATTACTG
TGTGGATTATTACAAAGGGATGAAGTACTGAGAGTTGGGGCAGTTTTTGCCT
CAGCATTTCTCAGGGCCGTTAAGTTTCTAGAAGAAAACTGGAAAGAACTCT
GCGACAACATACGCAGAGGGCAGCTCAGCGACTGGATCGACGATCCTCCAT
CCAGAATTGCTGTCATGAAGATGCTCAGTCCGAACCCCCAACTGGCAGAAG
AAATCCATAGGGAATGCAGCAAGAAATCATGGCAAGGAATAATTACCCGCCT
GTGGAGAAAGACAATATACATAGATGTGATAGTCACGGAACCATGGCACA
GTATATTCCAACTCTTGATTACTATGGTGGAGGGCTCCCTCTAGTATCTACCAT
GTATGCATCTTCTGAGTGTTATTTTGGTGTGAATCTGAAACCTCTGAGCAAGC
CCTCTGAGGTGTCCTATACGTTGCTGCCTAATATGGCCTATTTTGAATTTCTTC
CTGTGCATAAGGAAAATGGCAGTACTACAGAAAACCTAGATTTGCAGTCCAA
TGGCACAACAAATGGGAAAAACATGGAGGATGAATTAGTGGACCTAGTGGA
TGTGAAAGTTGGTCACTACTATGAACTTGTAGTGACAACTTATGCAGGATTAT
ATCGATATAGGGTCGGGGACATTCTCCTAGTGACAGGTTTCTACAACAGAGC
CCCTCAGTTTGAGTTTGTCTACCGTAGAAACGTGGTTCTCAGTATCGACACA
GACAAAACAAATGAAGAAGATTTGTTAAAGGCTGTCACTAATGCCAAGAAA
TTGTTAGAACCATTCAATGCCCTGTTATCAGAGTACACTAGCTATGCTGATAC
ATCCACACTACCCGGTCACTATGTTCTGTTCTGGGAACTGACTACCAGGGGA
GAATTTCTGGATGCATCCGTATTGGAAAACTGCTGCTCAACGATCGAGGAAT
CCTTGGATTCTATCTACAGAAGATGCAGAACCAGAGATAAGTCTATTGGCCC
GCTAGAGATAAGGGTAGTGAAGCCTGGGACGTTTGATTTGTTAATGGATTATT
GTCTGAATCAAGGCTCTTCCTACAATCAATACAAAACTCCCAGATGTATCAA
GTCTCTCCATACCCTAGGGCTTCTAAATTCAAGAGTCAGTGCCAGTTACTTTA
GCAAACGTCTTCCATCCTGGACACCCTACAACCCTTGCAGCTTGAATCCAAA
TTCTCAGCTTCATTAA

>Unigene0025418
ATGATTACGATGATCAAAGCGAGGACGAGGAGGAAATATTCTTCCAGAGTCT
TCGTGATGTAA

>Unigene0026489

ATGAGAATCTACTCCAGCCTTTGGGATGGAGACGATTGGGCTACCAGAGGTG
GTTTGGTGAAGACTGATTGGGATAAAGCTCCCTTCGTCGCGTCTTATCGCAA
CTTCAAAGTAGAGGTCTGCAAAGCTAAGAAAAACGTCTCCTCTTGTTTCATT
TCTTCTAAGCAGCAATGGTGGAATCAAGTTACACAAAGTTTGAATTCCACAC
AAGAGAAGAGTATTGGCTGGGTGCAACAGAACTACATGATTTACAATTACTG
CACTGACGCCGAGAGGTTTCCGCAGGGTTTCCCTGCAGAATGCACGAGACA
GAATTTGACATCCAATGGGGCCCTTGCCATTGATGTTTCTGGATGA

>Unigene0027235

ATGAGTGGGCCGAGCGTTGCAGGGGAAGGCGAGCGCGTGGGAGCGGAGGA
GATGGAGGACGGCGAGGGGAGCGGAGGGCCGGGTCCGGTTTCGAATCCGA
TCCCGTTTGGTCTCAGAGAGAACGAGTACGCGGTCCTGCGGGACGTAATCG
CCCAGTACCACACACACGAGACGCCGCCGGATCATTGCTCGTCGATCGTGGT
CCAGAGGGTGAACGCCCGGGTGGACTTGGTGTGGTCCGTGGTGAGCCGCTT
CGACAAGCCGCAGACATACAAGCACTTCATACGGAGCTGCACGATGACGGG
CGATGGGGGCGTGGGCAGCGTGAGGGAGGTGAGCGTCGTGTCGGGGCTCC
CGGCCACGACCAGCACGGAGCGCCTGGAGAAGTTGGACCCGGCAAACCAC
GCCATCAGCTTCCGTGTTCTCGGAGGCGAGCACCGGCTACGCAACTACAAC
TCGGTGACCACGCTGAACGAGTTCACGGAGTCCGCCCGCACCTGGACCGTG
GTCCTGGAGTCGTATGTCGTCGACATTCCGGAAGGCAACACCAAGGAGGAC
ACCTGCATGTTTGCCGACACTGTCGTGAGGTGCAACCTCCAGTCCCTCGCTC
AGGTATCGGAGCACCTGCAGAGAGATCGGGAGAGGCACGGCCCCCTGCCTG
CCCTACCGCGCCGCTGA

>Unigene0028173

ATGGGGGGCATCAGGAGAATGGTATCAAAGTTATTATTGCGACCGCGTACGT
CGAATATAGCCTATATCTCGCTAAAGTCCCAGCCTGGAACGTTGCCTCACTTT
GTTTCTGATTATTCTAATTCTGAGGATGGTTTTGTTACCGCAGAAGGATGTTT
TTCTGTCGATGTAGGGAAGGAGAGAATACGATTCTCTTTGCCCATCTCTTGTT
TAAATCACCCACTTATACGCGCTCTCATGGAGAGATCGGCAGAGGAGTTTGG
AATGGATCAGAGTGGGGTTCTCACCATCCCTTGCGATGTGCAGAGCTTCCAA
CACGTGATGTGGTTGGTTCACAGTGATCCTAACCCCTCGGATCAAACCATAG
AGGATGTTGTCAAGCACTATGTTCTGATCAGTCAAACTTATCTCGATGGAGA

AGCAGACTAG

>Unigene0028616
ATGAAGATCCGCGTGGGGCGCAGGTTCCCCAAGATCAGAGCTTTAATCTCCG
TGCGTCTGAGGGTTTGCAGGCTCATTGGTTCCCTGGTTCGCACGATTTCGAC
CCTCGTGTCCCAGGATCGAACCTCGGGAAGTTCCTCGTTTGTTTGCCTCCAG
CGGCCCCAGGTGGCCGGTAGCCCCCTCCCGGTTCGAACCCGCGAGCTGGTG
GCGTTCGGCCGTCGCCGCAAGATGGTTCCGAAGGGGTGCGTGGCAGTTTAC
GTGGGAGAAGAGCGGCAGCGGTTTGTGATCCCCATTATGTATTTGAATCATC
CATTCATTACCAAGCTTCTCGCAAATGAAGGGGAGGGAGAGTGGGCTTACA
GTCACAGAGGGCCGCTCACGGTTCCCTGTGATGTGGGCGATTTCGAGCAGC
TGAAGTGGCTTGTTGACAGAGAAACAACCGCCGCTTCACTGAATTTCCGTG
CATGA

>Unigene0029185
ATGGCAAGAAGGATGAGGAATCCTCAAGCTCTTCTTTTGAAGCAGATAATCA
GAGCCTTTTTCAAGGTTGCCCATGGTTATAAGGGAATTGGATATGGCCTTTTT
CCGAAGAAGCTAAGGTATTTCAAAATGAAAGACGATGTTATGGGTCGATCAT
GCAGTGCTCTACCCACAGATGTTCCCAAGGGTCACTGTGCAGTGTATGTTGG
AAGTGAATGCAGTAGATTTGTTATCCCCGCGACTTATTTGAATCATTCTTTGT
TCAGGGTATTGCTGGAGAAGGCCGAGGAAGTGTATGGGTTTGATCACCACAT
GGGACTCACCATTCCCTGTGAGGAAGTTGCATTTCACTATCTGACCTCCATG
TTGGATAAAAAGGTAGTAGTACCAGCAACTTTGAAGTTGGATGAGTTCCTCC
AAATTCATTAA

>Unigene0029674
ATGGAGTCCACAGATGAGCCCTCGCTTCTTCGCTATAAAAAACCCAAGCTCT
CCAAGAACGTTGTCTCCGAGCGCCGCCGAAGGCAAAAGATGAACAAGCTG
CTATACACGCTGCGGGCTCTGGTGCCCAATATTTCCAAGATGGACAAGGCAT
CCATTTTAGGCGACGCCATCGATTATGTGAACGAGCTCAAAGAACAAGTGG
AGAGAGCTGAATGCGACGTTCAATCCACCAACGTCTCGTCTCAATCGGCCG
AGCCCCGTGTTGAGGACACTGATTCTTTGGCCCTGAGATTAGACGCTGCCAA
TAGATATGGCTCCAATCGCAAGTATCATGTCGAGGTGGAGGCCCGCGTAGTG
GGAGAAAGCATTGCAGAGCTCCGGATCCGGTGCAAGAAGGAAAGCGGAAT

TCTCTTCCATCTTACTATGGCGTTAGAATCTCTTCCGTTCCGCCTCAAAAACT
TCAGCTTCACCGCTTTAGATGAATATCTTCTTCTTCTCAACGTTGTGCTGCAG
GCCGAGGCTGAGTGTTTTCCTGCGACGGACGACTGTGGAGTGAGACGGAC
AATTGAAGATAGCTTTGGCAAGCAGGGCCTCATTCTCACTTCTGTAAATTCA
GACGGGCACCAGTGGCAGGAAATTAAACCCTAG

>Unigene0031096
ATGTTGAGGAAGCATATTGAGATCTACGAAGAGAGAGAAATCGCAAATCTG
GCTTTGCAGAATAACATATGCAGACCGGTCGGTTTGAGAAACGAGGATTGCT
GCAACTTGAATGATGTTTTAGCGGCCCACCCCACTGATCATTTTGGAAACGA
AGATTTCCAGTGCTCCTCGTCCGTAGCAACTCAGAGAATCGATGAACGGGC
GAGCGTAGTGTGGCCGGTTATTTGGAGGTTCGATAAACCTGAAACGCACAA
GCCTTTCATCAGCAGCTGCTCTGTCAAGCGAGATGTGAAGATCGGATGCGTG
AGAGGGGTCAAAGTTGTAACGGGGCTTCCTTCAGATTCTGGACGAGGAGAA
GCACATTCTCAGTTTAAGAGTGTTGGGAGGAGAGCACCGCCTTCGTAA

>Unigene0031619
ATGGCGATCAACGAGCTGCAGCAACGACGTGTTAACCTCGTCACAACTCTTT
GCCAAGAAGGGATTCTGGACGAGCATTTCACTCAGCTTCAACAGCTGCAGG
ACGAAATCAATCCTGATTTCGTCCAAGAAGTTATTTCTTTGTTCTTTGAGGAC
ACGCAGAAAATGCTGAATACTTTGCAAAACACACTCAATCAGGAACCAGTG
GACTACAAAAAGGTTGATTCGTGTCTGAACCATTTTAAGGGTAGCAGCTCAA
GTATTGGGGCACAGCGTGTGAAAAATGTATGCACAATATTTCGAGCGTGCTG
TGAAGAAAAAATGAAAACTGGATGCTTGCAGTGTCTGCAAGAACTGAAGC
AGGAGTATTATCTTCTCAAGGACAAGCTGGAAATTCTATTAAAGCTTGAACA
ACAGATCCGGCGAGCCAGTGGAAACATATGCGTGGCAAATTAA

>Unigene0031620
ATGGCGATCGCTGACTTGAACCGACGACACGATAACCTCGTCACAGCTCTCT
TTCAAGAGGGATTTCTGGACGAGCAATTCACTCAACTTCAGCATCTGCAGG
ACGAAAGCAATCCTTATTTCGTGCACGAAGTCATTTCTTTATATTTTGAGGAC
TCGCTGAAGACACTGAATAGTTTGCAAAACTCACTCAATGAGGAACCAGTA
GACTACAGAAAAGTTGACTCCTGTCTGCACCACTTCAAGGGTAGCAGCTCA
AGTATTGGGGCACAGCGTGTGAAGAATGTATGCATAATATTTCGAGTTTACTG

TGAAGGAAAAATAAAAAATGGGTGCTTGCAGTGTCTGCAAGAACTGAAAG
AGGAGTATTACCTTCTCAAGCACAAGCTGGAGATTCTACTAGAGCTTGAACA
GTCAATACTTGCTTCTGGTGGAACCATATCCGTAACAGAATAA

>Unigene0031753
ATGGCAGCCCTGGGCTTCCCTTTCAATTTCAGAGACTCAACCCCGGAAAAC
CGCGCGCTTAGATCCGAAGGGCTTATGCTGTAA

>Unigene0031931
ATGGCACCCAACTGCATAGACTGTGCCCCTAGTGATCTGTTTTGCGCGGAGG
ATGCTTTTGGAGTTGTGGAATGGGACGATGCAGAGACTGGAAGTCTGTATGG
AGATGAGGATCAGCAGCATTATAATTTGGACATCTGTGACCAGCATGATGAG
CATTTGTGGGATGACGGTGAACTTGTAGCTTTCGCAGAAAAAGAGACCCTCT
ATGTTCCTAACCCAGTTGAGAAAAACAGTGCTGAAGCTAAAGCTAGGCAGG
ATGCTGTGGATTGGATTTTGAAGGTTCATGCACATTATGGCTTTGGTCCTGTG
ACTGCAGTGCTCTCAATAAACTATCTTGATCGGTTTTTGTCTGCAAATCAATT
ACAGCAAGATAAGCCATGGATGACTCAACTGGCAGCTGTGGCTTGCCTCTCC
CTCGCTGCCAAGATGGATGAGACAGAGGTTCCCCTTCTCCTGGACTTTCAGG
TTGAGGAGGCTAAGTATATATTCGAATCTCGCACCATTCAGAGAATGGAATTA
CTGGTGCTCAGTACCCTTGAATGGCGAATGAGCCCTGTGACACCTCTTTCCT
ACATTGATCATGCCAGTCGTATGATTGGGTTGGAGAATCACCATTGTTGGATT
TTCACAATGCGCTGCAAGGAGATACTGTTGAATACACTCAGAGATGCAAAGT
TTTTGGGCCTTCTGCCCTCTGTTGTAGCTGCTGCAATAATGCTGCATGTGATC
AAGGAAACAGAGCTTGTTAATCCATGTCAGTACGAGAATCGCCTGCTCAGT
GCCATGAAAGTTAACAAGGACATGTGTGAAAGATGCATAGGACTACTCATTG
CCCCTGAATCATCATCCTTGGGCAGTTTCTCTTTGGGTTTGAAAAGAAAGAG
CAGCACCATCAATATTCCTGTTCCTGGCAGCCCAGATGGAGTGCTGGACGCT
ACCTTTAGCTGCAGCAGCAGCAGCTGTGGTAGCGGACAGAGCACCCCAGGG
TCATATGATTCCAATAACTCCAGCATTCTCTGCATCTCACCAGCGGTGATAAA
GAAGAGAAAGCTTAATTATGAGTTTTGTAGCGATCTTCATTGTTTGGAGGATT
AG

>Unigene0032202
ATGTCCAATACTAACACTAATAGTGGCCGATTAATGTTGACTGACATTGGATA

TATATATATATTGCAGCTCTCTTCGAATGCAGGGGCAAAGCACGATGAAGTGG
ATTTTGAATTTCTGGGTAATGTGTCTGGGGAGCCTTACATCGTGCAGACGAA
CATATACGCCCATGGAATTGGCCAGAGAGAGCAACGCATTTATTTGTGGTTC
GACCCCACTGCGGACTTTCACACATATTCCATTGAGTGGAACCCGCACCACA
TCATATTCTATGTGGACGCCACTCCCATCAGAGTGTACAAGAACAATGAAGC
AATGGGGGTGCCGTTCCTGAACAGGCAAGCCATGGCAGTTTTCTCCAGCTT
GTGGAATGCGGATGATTGGGCGACCCAAGGAGGGCAAGTGAAGACCAATTG
GAGCAACGCTCCCTTTGCTGCTTCTTACACAAACTTCCGCGTTGAGGGGGC
GTGCCAAGTGAGATCAAATAGACACATCTCCAAGTGCCTGCAGCACCACAA
AACTACTTTTCCTAACTCTAACTCTTCCTCATCCGCCATCAATACAACTACTA
CTACTTCGCTCCATGAAAATGGAGAGGGCTCAACCTCACCACCGGGGGAA
TTGGAGCGGTGGAGAAAAAAGAGATATTGGCGAGGTTGAACTGGGTGCGC
AAAAATTACATGATCTATGACTACTGCGCAGACAAAAACAGATATCCCGTTC
CTCCGCCAGAATGCCGCAGTTTAGTTCTCTAA

>Unigene0033037
ATGTCGTCTAATATTAATGTTTATATCGAGGAGGGTTTGAGCAAAGTCCCCCC
TCCAGGTTCTTCAACTATAGCAGATGACAGTAGTCAGAATAACCCAGGGGGA
CTGAAGGAGCACGATTACATCGGTCTGTCGGAAGTTTCCTCGTCGATAGAGA
GTTCTGTGGTCTCTTGTGATGGTGAAGAGAACAATATGAACCTCAAGGAAA
CTGAGTTGAGATTGGGCCTTCCTGGTTCACTTTCACCTGCAAGGGACTCATC
TGAGCTGAATTTGTTAAGCCCCCTGACCATTAGGACAGAAGTGGAAGAGAA
GAATCTGTTCCCTGTTGAAAAACAACAACATTCAACGAAGGATGGGGTGGC
AGAAGAGAAGAATGGGCAAGACAAGTATAATATTCAGCCATCTGGAATGGG
GAGGAACATGATGACTGTATCACCCAAGAATATTGTAACTGGTTCAAAGAGA
GGCTTTTCAGAAGCTATGGAGTCGAGGAACTGTTTCCCGGATTCTAGAAATA
ATGGATTTTCAGCAGAGGGTAAGTGGGTGTTTCCTGCACAGGTTGGAGGAG
TTATTGTGGCTGGATCCGAGGTTGAATTGCCCAAGACAACCACACAAGGAA
AGTTTTTGCCGCAAGGACTAGCATCTGCTCCAGGAGCTTCTACCATGATGCA
AGGGCCTACATCCTGGCATACAGGGGGCCTGGATCACTCAGGGAGCTCTTTC
ATGTCTTCTAGGAGTTCCAATGGAACAAACCTCAATGGAAAATCCATCAAGG
ATGGAGCTGCTTCAACTGGTGTCAAAGATATTGCACAGTCTAAGATGCCGCA
GGAGAGGTCTCGTACTGAATCACAGCATGGGACTAATCAAAAACAGGTGCC
TTCTGCAAATAACCCTGGAATGGCTCCTGCTGCCAAGTAA

>Unigene0033066
ATGTTCAGCTTCAGAATGGACGTCATACGCTTGCAGCAGAGGCTTATTCAGC
TCACTAATTCCCTTTTCCAAGAGGGATTCCTGGATGAGCAATTCACACAGTT
GCAGCAGCTACAGGACGACAGCAACCCGGATTTTGTGACCGAAGTGGTTGT
ATTGTTCTTTGAGGATTCTGAGAAGTTGCTCCATAACTTAACAAACGCACTG
TATGTAAATCATTGTGTAGTGTATGCCATTGTCTTTTTCTGGGTTCTGTGTGCT
TGA

>Unigene0034138
ATGGACCGAACAGCTATGGACTGCATGGGTATCGAAACTAAGGGATCCAGTA
TTAACCGTGCCCCTGAATCTTTTCCTGCGGATCAACTCAACAACGATAGGGA
AGGAGTCTGGGGGAACAATCGGTCGTGGATAAAACCCCAAATGATGCGCCA
AGTGCTTTCGTATAGAGGTGAAGCAAGAAATGGGTCATACAGTGGAGAACC
TCAAACTCAGGTTCTCATGGATTCCTCCACACCGGCATTAATGAGATTATTTC
CTCAAAAACCCATTTCTTCTGCTGCAAACCACAAGACCCAGGCTTGCAAATA
TACTCAGAATACCGCAGCACCGGGTAGTTTGCAGTCACAACGATTGCCTTTC
CTCTCTATTGCATCAGTCCAGACAAATGCTACCATTTCCAGGCCGACCTCTGC
AACGGCAACAGCAGGCAAGTCAACGACTGCCCCGTTGACGATCTTCTACAA
CGGCGCGGTCAGCGTTTTTGATGTTCCTGCGCACAAGGCTGAAGCCATAATG
ATGTTGGCCACCACTGCAATTTCGAGTCGTAAGGCAACTTCTACGCCTACAA
TTACGACTGCATCTGGAGCTTCAGCCAGTGCATTCGACGCCCAGGCAGTTGT
ACCAGCAAAGACACTTACAGGAGCTGCGGCCCAGCAGCGAACTTACATGCC
CAATTCTGGATTGCAAATGACAAGAAAACAATCACTGCAACGTTTCCTGGA
GAAGCGGAAAGAGAGACAGAACAGCACGAGTCCTTACGCGATGAACATTC
CTGAATCAAGCGACGGATGCACCCATGCATCCGTCGTTTTCCGACGGTGTAA

>Unigene0034922
ATGTCACCCCTGGCTTCTCACATGGCTTCTCACAGCATTCATTGCACTTACCA
TCTTTGCTGTACTGATCAATATGCATTTTCCTCTTCTCACGATCCACCACCAG
CCCTCAATAATCACAACCACACAGGGGACGATGTTGAAGACGGAGAATTAT
CGGTCCTTGTAGCTAAAGAATCCTTGTATGCTCCTCAAACTGACTATTTCAAG
AGGCTTGAGATTAACGATGGCGATGCCAGAGCTCGCCAGAAGGCTGTCTCC
TGGATTTTGAAGGTTCAGGAACATTACTGTTTTCTTCCAGAGACAGCCCTGC
TGGCTACAAACTACCTCGATCGTTTTCTTTCCTGCACACAAGTTCAGCAACA

GAAGTCATGGGCAATACAGCTAGCATCGGTAGCCTGCTTGTCTCTGGCAGCC
AAGATGGAAGAACGCCATGTTCCTCTGCTTTTTGCCCTTCAGGTAGGGGAAG
CTGAACATGTTTTCGAACCTCGAACTATTCAAAGAATGGAGCTGCTTTTACT
GAGTGCACTGAAATGGCGGATGAAGGCAGTGACTCCTCTTTCATATTTGCAA
TATGGTGGCCACATATTAGGTTTAGAGAAGCAGTTTCATGGAGAGTTTATAAT
GCGATCCTCTGAGCTTGCTCTCTGCACTATTAATGAGACCAGGCTTTTGAAG
TTTATGCCATCTGTAATAGCTGCTGTCATTATGCTCTGGGTTGCAAGGGAAAT
GGAAGTTATAAATCTCAATGAATGCGAGGATCGCTTGCTTTCTCGTTTAAAA
GTGGCAAAGGGACCGTTGCAATGCTGTTATCAATTGTTGCAGGTATCGTTTG
GCCAGGCTCATGTCCGAAAGCGAAAGGTGTGCAGCAGCTTTTCCAAGCCTG
ATAGTCCTCATAGGGTTCTGGACGCAGCTTTTAGCTTTAGTACTGAACATTCT
CAGAAGTCATCAGCTAAATATACAGTTAGCAGTCCCAGTTCTTCCCCATCTGT
ACCCAATAAAAGGAGGATTACAGAGTGA

>Unigene0035661
ATGATGCGAGAATACAGCTTGCAGGTTCAATACGGCGAACAGCAAGGGCAG
GAGATTAAGGTGAAGAAAATGAGGCGGGAAGAACACGGCGGTGGTTCCATT
AAGTCTTGTTCCGAGGACGTGCTGTTTGAGGTGTTAAAGCATTTGGATTCCA
AGTCTCTGGCGATCGCCGCCTGTGTGAGCCGCCGCTGGAAGCGCGCGGCCG
AAGAGGAGGCGCTGTGGGAAGGCATTTGTGCCAAGCATTGGCCTGAAGAG
GTTCTGTATGCTTCCCAGTCGGGGCAGCTGAGGAGCGTTGTTTTGGCCTTGG
GAGGCTTTCGTCGTCTTTATGTCTATTGCTTACGACCGCTGCTGGATCCTCTG
CATCATGTTCTGGATCAGCCTAACAAGAAAGAATGGAGTAAAGACCAAGTC
CATCTTTCTCTTTCGCTCTTTTCCATCGACTGTTACGAGAGACTGGGGCGCCG
GTCCAACTGCCCCACATCTTTGAGGTTTCTCTGCAAGCCCTCTCATCATCTCA
CCTCCTCCACTTCCTCCTCTTCTTCATTTCTTTGTACAAGGGAGCTCCCTCT
TCTTCTACAGGTCTCTAA

>Unigene0036299
ATGGCAGCACCAGTCTCTACTGTGATCCCTGTGTCCCCTGCCAATTCCAAAT
CAAGGAAACCAAAGAGCTTATATCCCTGTAACAGTAACACTCTAAGCCAGA
ACCAATCTTGCATGGATAGCTCTCTGGGATCGGAGTTGAGCTGCACATATGC
CAGAAACTCCTCCACTTCACAGCCCAAGATTAGCCAGTGTATCAATGAAAAT
GAGGATTATGTTGGATTTACTGAGATATCATCTTGCGAATGCTCTGATAAAAA

TGGAAGCCATGGGGACATCGATCTCAACTTGGGTCTGGATTTAACGCTGTGG
ATCAATCATGTTGAGAGCAAACATGCAGTCCCCCAACCTAATCCCCCAAACT
TAACAGTGCAATCAGCTATTTTAGAAGGAGGAATGGAGCAGGCAAGAATGT
CGAGAAGAAGAGATTTTCAAGCCCCAGCTCTAAGCAGAGAAGACCAAAAC
ATGTACTCTGATTCTAGGAACATGGTGGATAAGGTGGAACGGTTTGAAGGGA
GCTACCAAGAAGTAATTGTAGCCCAGCCAGGGCCAGTTCAGTGCAGTGGTT
TGGGAACACTTAAAGAAAATCAGCAGGAAACTCCTGTGAGTAACTCGAATG
AAGCTAAGCATTTAGCTTTTTCTTGGATTACCTCCAAACAGTTTCAGTCATTC
TCAACAAACCACTCTGGAATGGATGACCTTCGCAACTCGAGCTATGATGAAG
CATGCCAACTGTCTACCTTTGATCACAATTTGATAGATCACTCAACAGCTCCT
GATGACTCTTCTATCACAGAGGACCAAGTAATAGGTTGGCCTCCAATTCGGT
TGTACAGGAGGAACTCTCTTGGTTCCCTTCCTACACCTTCCGTGGAAAATCA
ACAAGAGGGTGCCATGGCAGGAAGCTTTGTGCAGGGTCAGGGCAATTCATT
GTATGTCAAGGTAAGCATGGATGGTGTGCCCATTGGTAGAAAAGTGGACATG
AATTCCTATGGATCCTATGAGTCTCTTGCTCAAGATTTGGAGAGTATGTTTCA
ACGAACCACTGAGAATCATCTCAGAGCTTGGACTCCCTTGGGAAGTCAGCA
CGTTGTGAAGCCTTTGAGGCTTTTGGACCCTGCTGCTGATTTTGTACTAACCT
ATGAAGATAGTGAAGGAGACTGCATGCTTGCCACGGATGTTCCATGGAAAAT
GTTTCTTCATACGGTCAAACGACTTAGGATCATGAAGAACTCGGGCACAAAT
GGCTTTGCTCAAAAATGCTCAAAAAAGAGAAAGACTACTTGA

>Unigene0036714
ATGGGGTGGAACAATGAAGCGAAGCTCGATGGAGATCACCGGCGGTACAAA
TTTGTAGCAGAGGAGATTCGAGTCGTCGGAAAAAGGCCCCGCTCGTCTTTG
CTCGACGCCTCCACGGTGACATACATCGTCAATTCCGGCGACGAGAACAGC
CCGCAGAAGCGCAGCGGCAAGGATGTTCCGGCCGATGCCGGCCAGAACCA
GGCCGGGGTCGTGGAAAATTGTGGCGGAGCGGAACCTGGAAACGGCGGCG
TTTCGGTCTGTGGGCGGCGCCGGGAAATGGAAGACGCAATGACGATCCTGC
CGTCGTTTGCCGACGCCGGGCGTTTGCATTTCTTCGGTGTTTACGATGGCCAT
GGTGGCCCTCACGCGGCGTTGCGTTGCAGGGAGCGGCTGCACCGTATTTTG
ACGGTGGAGCTCATGGCGGAGCAGCTTGACACGGCCACGATCGAGGAAGC
GCAGTGGCAGAGGGCCATGGTGTCGGCTTTCTCGCGCATGGACGATGAGGT
CAGTGGTCTGTGCTCTGACCACGACAACGATGCGAAGGTGCCTGAGACTGT
GGGGTCCACGGCGGTCGTGGCCGTTGTTGGGGCGGATCAAATCGTCGTGGC

TAACTGTGGGGACTCCCGGGTGGTTCTGTCACGCAGGGGCGAGGCGATCCC
GTTGTCTATTGACCACAAGCCTGACAGAGCAGACGAGATGGCCCGTATAGA
GGCTGGTGGAGGACGAGTTATATTTTGGAATGGCTATCGTGTTATGGGCGTCT
TGGCCACGTCCAGGTCTATTGGGGACCGTTATTTGAAGCCGTACGTTATTCCC
GAGCCGGATGTGACCTACCGTCGCCGGACACCCGACGACGAGTGCCTGATT
CTGGCCACCGACGGGCTCTGGGACGTGGTGTCCAACGAAATGGCCTGTGAC
ATTGCCCGGCGCTGCCTCGCCGGCCGCCTCGTGCGAAAACGCGGCGAAGGT
TTGCCAGACGGGGCCGTTGATGAGAATCCGGCGGCCGTGGCCGCCGCGCTG
CTCACGAAGCTGGCGTTTGCGCGGGGGAGCTCCGACAACATCAGCGTCGTG
GTTGTCGACCTGAAAAAGCCTCTCGTAGTCTAG

>Unigene0036738
ATGGCGCGCGGAGTTGTTAATTATATTGATATTGCTAAGAAACGATCCCGTTG
CTTGCCCCTCGGTGGCAATGAAGATGATGATGAGGTACAGGAAACAGGAGG
TGTAGGAGGAGTAGCAGGTGGAGGAGCTGAAGGAGATTCTATATCTAAGTTC
AAGCTGGTGGTTGGTCAGAGTTCTCAGGAAAATATTATGGAAATGGATCCTC
AGAGAAGATTGGTGAGATCAGTCTCGACTCCCAGCGTTGCCATGCAGAGCG
CCCTTTCTTCAGCCGCCGCCGCCTCCTGTGTGGGGAGCAGCAGCAGTAGCTT
CGTCAAGGTGACTCCCATAAAAGAATCTTCGTACAAAGGTCAGGAGTTCGA
ACCCGAGGGAGGCAGAGCAGAAGAGCAGGTGGAGATAGACAAGTCGGCTT
TCTACGACCCTGTGGAAGCGGCGTCGGTTATAAATCCCAAGATCTCCAGGCC
TACGACGACCACGGCTGCTGCTACTACGCTGAGCCGCGCTAAAAGCGAGAA
CGTAAGTTATCTGCTCAGGGACTCGTGCCCGCCCCACGGAATGAGTTCCATA
ATCGGGAGACGAAGCGAAATGGAGGACACCGTAGCGGCCGTTCCGTCTTTT
TACTCCGACCCTCCGTTTAGCAGCTTTAATAACAGTATTAATAATAATAATTCG
CAGAGCGGATCGTTGTGCGCCTTCCATTTCTTCGGTGTCTACGACGGCCACG
GTGGGTCGCAGGCGTCGGCGTTTTGCAGGGAGCGTTTCCACGAAGTGCTCG
CGGAAGAGCTCCGAGCTTTCCCTCCCGCGGCCCGTCAGGAGGACTACTGCA
GAGACTACGGTGAGTGGGAAACGGTGCTCAAGAGTTGCTTTAGGAGAATAG
ACATAGAAGTGGGAGGCATGTGTCCCAGCGGGAATTGCAGGGATGATATAG
ACGATGCCGCGTCTGACAATACTAGTTGCTGCAGCACATGCTGTCAAGATCC
CGTTGCGCCGGAAAATGTCGGGTCGACGGCCGTGGTAGCGGTGCTCAGTCC
ATTTCAGATTATCGTGGCCAACTGCGGTGATTCTCGAGCAGTCTTATCCAGG
GGAGGCAAAGCCATCCCCTTTTCCAACGACCATAAGGTAAATAACAATACAT

TTCTGTATCATTTGTGCTTCGCGGACTTTACCGATTTCGATCCCGGTACCTCA
CGGTTTATGCATTTGTGTCCCCACAGCCCGAGAGAGCAGATGAGATGCTTCG
TATTGAAGCGGCGGGAGGGCGGGTTATATACTGGAATGGGTACCGGGTTGGA
GGCTTTCTTGCCATGTCCAGGGCCATAG

>Unigene0036982
ATGGTGACACAGAAACAGGCAGAGGAAGCCATTGTGACAAATTATGGAGAA
ATGGAGGTGGAAGCCAGAGATACACATGACACAAGTGATGGAAGCTCTATG
AAGGGAGCCATTAAGAGCTTTTTCTGGCATGGAGGCTCTGTTTATGATGCCT
GGTTCAGCTGTGCTTCCAATCAGGTAGCCCAAGTGCTGTTAACTTTGCCTTA
CTCTTTCTCGCAGCTGGGTATGGCATCTGGGATCGTATTCCAGATATTCTATG
GTATAATGGGGAGCTGGACAGCATATCTCATCAGTGTTCTCTATGTTGAATAC
CGAACTAGGAAGGAGAAGGAGAATGTTAGGTTCAAGAACCATGTCATACAG
TGGTTTGAGGTCCTGGATGGACTCTTGGGACCTTACTGGAAAGCTATCGGCC
TTGCCTTTAACTGTACATTTCTTCTGTTTGGATCTGTAATACAGCTCATAGGTT
GTGCAAGTAACATCTACTACATAGATGATCACCTGGACAAACGAACCTGGAC
ATACATCTTTGGAGCTTGTTGTGCAACCACGGTCTTCATCCCGTCTTTCCATA
ACTACCGCATTTGGTCATTCATTGGACTTGGAATGACAACATACACTGCATG
GTATATGACAATCGCAGCAGCTGTTCATGGACAGGCTGAAAATGTGGAACAC
TCGGCCCCAACAAGGATGGTGTTATACTTCACAGGAGCCACAAACATCCTTT
ACACTTTTGGGGGTCATGCAGTCACAGTTGAAATAATGCATGCCATGTGGAA
GCCTCAGAAATTCAAGTATATCTACCTTTTGGCAACTCTGTATGTATTCACATT
AACGCTGCCATCTGCAATATCGGTTTACTGGGCTTTTGGAGATGAGCTCTTG
AATCATGCAAATGCTTTCGCTTTGCTCCCCAAGTCAGTTTTCCGTGACATTGC
TGTCATTCTTATGTTAATTCACCAGTTCATTACCTTTGGCTTTGCATGTACCCC
TCTCTACTTTGTTTGGGAAAAAGTCATTGGAATGCATGATACCAAGAGCATT
TTTCTTCGGGCACTAGCAAGGCTGCCTGTAGTGATTCCAATCTGGTTCCTTG
CAATCATATTTCCTTTCTTTGGCCCCATCAATTCTGCAGTTGGAGCTTTGTTG
GTCAGTTTTACCGTCTACATCATACCGGCCATGGCACACATGTGCACCTTCAG
GACAGCTCTTGCCAGACAGAATTCTATAGAAAAGCCTCCATGTTTCCTCCCT
AGCTGGGCAGGCATGTACATCTTGAACATATTCATAGTAGTGTGGGTCGCCAT
AGTGGGCTTTGGATTTGGTGGTTGGGCAAGCGTGACCAATTTCGTCCAACA
AGTGGGTACATTTGGCCTCTTTGCAAAGTGTTACCAGTGTCCTCCAAGGGTG
TCACCTTTGGCTACTGGTGTGCCCACAATGTCCCCAAAATTACATGCTCTTCC

TCCTCATCACAAGGGTTGA

>Unigene0037845
ATGAAGGGCGAGAAAATCCGCCAGATTGTGAGGCTGCGTCGCCTCGTGAAG
AAATGGCGCACGTTTGCGCTGAGCCGCAGCACCCCCAGCTCGGTTGGGTGT
GCCCTGTCTCCAAAGTTCAAGCACCGCTACCTATTCTCCTACGACTCCGACT
CGGATTGCTGCAGGGCCCCGGCATCGCCGCCTCCGGACGTCCCGGAGGGCT
ATCTGGCGGTCTACGTGGGGAGGGAGCGGAGGCGGTTCATCATTCCCACGG
ACTATTTGAGCCGCCCCGTGTTTCGAACCCTGCTCGACCGGGCCGAGGAGG
AGTTCGGCTTCGATCATCAGGGAGGCCTCACCATACCCTGTGAGGTAAATGT
TTTCAAGCAAGTCTTGCGGGTTCTGGGAAGAAATGACCCGGCCGGCCAGTC
TCTGAGCCTCGAGGACTTTTACCCCAAGGAGCGCGAGTGTGGATCGGAGGC
CCATTCCATGGTCTGGTATTCCGGCAAAGTTCTCGGCCCCTTGGGAGCTGCT
GTCCAGAAATCGTTCGGCTGA

>Unigene0040476
ATGTCTTGCAGTGTTGGAAACATGGCCATGGTCTTGGAGAAATCTGGTGGGA
ACGCGCAGCATGAGAAGAGAGATAGTTTAGATTTCGCGGAGACTGAACTGA
AGCTTGGACTCCCAGGAGTAGCTGCAGGGGAACGCCAGAGGATCTGTGGCA
AAAGAAGCTTCTCGGAGGCCATGGAGTCCAGAAATTATACCATTCCAGATGA
AGACATTACAAATACCAGCACAGATGAGGACGTTGATAAATTCAAGGGACC
CATAGTCAAAGAAAAACAAATGGCCCTTCCAGCCAATGACCCTCCAAGAAT
GGGACCTCCACCTCCTCCGAAGCAACAGGTTGTTGGATGGCCACCTGTCAG
AGATTTCAGGAAAGTGAGAACAGTTTCTGCATCCAATTCTCTGTATGTGAAG
GTGAGCATGGATGGAGCTCCTTATCTCAGAAAGGTGGACCTCAAAATGTACA
GCACCTACCATGAACTCACCTCTGCACTAGAGAAGATGTTCAGCTGCTTAAT
TACCATGGGCAAGTGTGGATCCCTTGCGTTGAACGAGGGCAATTTAATGGAT
TTGCCCAATGGGTCAGAATATGTGCCTACTTATGAAGATAAGGATGGAGATT
GGATGCTTGTAGGCGATGTCCCATGGCAGATGTTTGTTGATTCCTGCCAAAG
AATGCGGATCATGACGGCTTCGGAAGCTATTGGCTTAGCGCCAAGGGCCATG
GAAAATTGTAAAAACAGGAATAGAGTCCACCCATAA

>Unigene0040723
ATGAAAAATACTAGTACCAGAAGAAGAAGAAGGGGAGAGAATGAGATGCA

GATTCAGTTTGCAGCACTTCATTTCATCAAGAAGCAACCTTTGGTTGAGTGT
CCAGCCCCAAAATCCATGGATTCACCCACAACAGCCCAGTTGGTTTCACTGC
AGAGAGCCGTCATGATGGTTGTAGCAGTGGCATTCATTGCCTGCCCAAAAGA
AGTACAAGCCCAGAGTGGATCCGAAGTGGATTCATACAGATCTGTATCGGAT
CAAGGCCTATCCAGTGATGCAGAAGCACTGATGGCCTTCAAAAATAGTGTAG
AAAGTGACCCAGATAACAGACTCCATGACTGGTTAATTAGCAGCCCAAATCC
ATGCACCTGGAGTGGAGTTGAGTGCACTGACTACAGAGTTTCGAAGGTCGA
CCTCAGTAATTTTGGTCTGGAATGTAATTTTTCCTCTGTGTTTTTGCTTTTTGG
GCTCGAGAAGCTTCGGACTCTGGTTCTGAAGTCCAATGCCTTCCATGGCAAT
ATGTCTTACAGTGGTAGCGGCGGCATAAACTGCAGCAATGTGCTCGAAACTG
TGGACTTGTCGAACAATAAGCTGCAGGGGCCCCTATCTGGTGATCTTGTGGG
TCTCTGTCAGAACATAGCGCAGTTAAATCTCTCTGTAAACGAGCTTACAGAC
CCCACTGAGATAGGCTCATTTGGGCTGGGATCCTTGACTTTGCTTGATGTCTC
ATACAATAGCCTTACCGGGGATTCAGTGCTCTCTTCTCTGTTTCGTAACTGCA
AGGGACTGCAGACTCTGAATCTTGCACATAACAGAATAAGTTGGTTCGCAG
CAGATGGATTGAAGGGATGCAGTGGATTACAGTATCTGGATATCTCCTTCAAC
AACATGTCAGGGAACCTCTCTGGTTTAGGGGATTTCCAGAGCTTGATAGCGC
TGGATCTTTCCTCCAACTTCTTAACAGGTGAGCTCCATCCATCTCTTGGTAAC
TGTAAGCAGCTCAAACGTTTGAATTTGTCTGTTAATCAGTTCGTTGGAAACG
TACCCTCTTCATTAGGGGTTGGTCTGCATAACATTGAAAGCCTTCTGATCTCT
AATAACAAACTTGATGGGATTATACCACCAGAGCTTGGTAACACCTGCAAAA
CCCTCCAAGACCTGGATTTGTCATACAATAAAATATCTGGTACAATACCATCT
ACTTTTTCTGATTGTTTGATTTTGCATACCATGAATGTCAGCAATAACGGACT
GTCCGGTACCTTTCCCGGTGATGTGATTTCTAGGATGGTGTCTTTGAAAAATT
TGGTGCTTTCATATAACAATATCAGTGGTGCTCTGCCTGTTTCTATTTCAAAAT
TCCCGAGTTTGGAAGTTTTAGACCTTAGTTCCAATCATCTCAATGGGACAAT
CCCAAGTTATTTTTGTAAATCACCCTCTCCACCTCCTCTGCAGAGGCTCTATC
TGCAAGACAACATGTTGATGGGTTCAGTCCCTGTAGAACTTGCAGACTGCA
CCCAGATGAAGTCCCTTGATTTGAGTTTCAACTATCTTTCGGGTACTATTCCA
GCATCGCTTGGGTCTCTTCGGTATCTTCAGGATTTGGTCATGTGGTTGAACAA
GCTTGAGGGGGTAATTCCAGATGAACTTTCAAATAGCCAGAGCCTAGAGAAT
CTGATCCTCGACAATAATTTCATCACGGGTAATATCCCCTCTAGTCTAAAAAA
TTGCACCAATCTTGTATGGCTTTCTCTTTCAAACAATAGGTTGACAGGTACTA
TCCCATCCTGGATTGGTCAGCTTGATAATCTTGCGATACTGCAGTTGGGAAAT

AATTCTTTATCTGGTACCATTCCTCCAGAGCTTGGAGACTGTAAAAGCTTGAT
ATGGATAGATTTGAACAGCAATAAGCTGGATGGCAGTATTCCTGGTGAGCTA
TCAAAGCACTCTGGGAAAATTTCGGCTGGAAGCGTGTCGGGTAAGATGTAT
GCATTTGTGAGGAACGAAGGGGGAACTGCTTGTAGAGGGGCTGGAGGTCTT
GTAGAATTTGCAGGGATTCGTCCTGAACAGATTTCTAGAGTGCCCGCGTTGC
ATTCTTGTCAATTCACCCGAGTCTACATGGGAACTACAATGTATCAGTTTAAA
AATAATGGGACTCTGATTTTTCTCGATCTGTCATACAATATGCTTTCAGGAAC
CATTCCTGAAGGAATTGGTTCTATGTATTACTTACAAGTATTGAATCTTGGGC
ATAATAATCTCACTGGTAATATTCCATCCAGCTTGGGAGGAGTTAAGTTGGTC
GGACTTTTAGATTTGTCTCATAACAATTTGCAAGGCTTTATACCTCCGTCCTTA
TCTGGGCTATCTTTCATGGCAGACCTTGATGTTTCCAACAATAACCTCACAG
GTTCAATCCCTCTATCCGGTCAACTTTCAACATTTCCTGCTTCAAGATATGAA
AACAACTCAGGTCTGTGTGGAGTGCCACTTCCGCCTTGTGCATATAATGATG
GGACAGCAGACTCAGAGCATTCAAAGCCTCACAGAAAGCAGGCTTCTTTGG
CCGCAAGTGTAGCCACGGGGTTTCTCGCTTCAATTTTTTGTATATTTTGCTTG
ATAGTGGTGGTAATTGAAAGCAGAAAGCACAAGAAAAAAGAGGATTTACGA
GAAGTGTACATGGAAAGTTTGCCTAATTCAATGAATGGGAGCTGGAAGATTA
CAGGTGTACTAGAACCACTCAGTATCAATGTTGCAACCTTTGAAAAACCACT
TAGGAAGCTTACTTTTGCTCATTTACTTGAAGCTACAAATGGGTTCAATGCA
GATAGTTTGATTGGTTCGGGGGGATTTGGGGATGTATACAAAGCCCAGCTGA
AAGATGGAACTGTTGTGGCAATCAAGAAACTTATTCATGTAAGTGGACAAG
GAGATCGAGAATTCACAGCAGAAATGGAAACTATTGGTAAAATCAAACACC
GGAATCTGGTTCCTCTGCTTGGCTACTGCAAAATTGGAGAAGAGAGACTACT
TGTCTACGAATATATGCGTTGGGGAAGCTTGGACACTGTCTTACATAATCAGA
TGAAAGGAGGCGTTAAACTTGATTGGTCTGCAAGGAAGAAGATTGCAATTG
GGGCAGCTCGAGGTTTGGCTTTTCTTCACCATAGTTGCATTCCTCACATTATA
CACAGGGACATGAAATCAAGCAATGTCCTTCTTGACGAAAATCTTGAAGCG
AGAGTTTCAGATTTTGGAATGGCAAGGCTCATGAATGCAATGGACACCCATC
TGAGTGTCAGCACACTTGCAGGCACACCGGGATATGTTCCTCCAGAGTATTA
CCAGAGTTTTAGATGCACAACAAAGGGCGATGTTTACAGCTATGGAGTAATC
TTGTTAGAGCTTCTCACAGGGAAACAGCCTACTGATTCTGTAGACTTTGGAG
ACAATAATCTGGTTGGATGGGTCAAACAACATGCCAAATTGAAAATCTCAGA
TGTTTTTGATCCAGACCTGATGAAAGATCCAAGCTTGGAAGTGGATCTACTT
CAACATCTTAGAATTGCTTGTGAATGCTTGGATGATCGTCCTTGGCGTAGGCC

TACTATGATTCAAGTATTGGCCATGTTTAGAGAGCTTCAAAAGGATGATGAG
GACACGGAGCTTGACAGCTTCTCACTGGTAGATGTAAATGTTGAAGAACTTC
CTGATCAACAAGTATGA

>Unigene0041965
ATGATTATGGATATAGATATGGATGACAGAGGTTTAAAATTAAAACGCAAATT
TGTAAAAATATGGAGAAAAATTGTGCAGTCCAAGAGCCCGGGATCGCATTTT
TTTCCAAATAATCGAACTCAGCCAGCGGATTCTTCTAGCCGGGAGACTTCTC
TTCCTGTAATTACGTCTCCTCCTGTTCATCCGGAATTGAATGTGCAGGAAGA
GGGGCAGGTTCAATGTCTGCAAACAGGTCACAGTGAGGGCTCTGCCAGTTA
TTCGAACATTCTGGGTCGTACTAAAAGGCATATTCTCCGCCACTTTTCGTCAC
GCCGTATAGGGTTTGTGGAGGAGAATGAAAAGAAGAGTGGAAACCCTCCCA
AAGATGTTCCCAAGGGTTTCGTGGCAGTTTACGTTGGGGACGCCCAAGAAG
AGCAGACGCGGTTTGTGATCCCTGTATTTTATTTCAACCACCCGCTGTTCCTC
CATTTGTTGGAAGAAACAGAACACGTCTATGGCTTCAACCAGAAGGGCGTC
TTCACAATTCCTTGCCAGGTTTCTGATTTCGAGTATCTGCAGTGGCTCATCGA
CAGAGAGCGCGCGCAAGACACCACTAGGTAA

>Unigene0042005
ATGTGTAACATCATGACTTGCTCTCTGGAAGCCAAAATGTTAACTAATGGCA
CTGGCTTACTCTCTGCTTCTGCAAGTAAGAACATGAATATGAACCATAATGGT
GGTGGTTCCACAAAGTTAGCTGTCAAGTGGTGGTCGAGATCTGCAAAGAAG
CAGAATTCGTCAGCCTGTCCACAGATTGGACAAACATGGCACACAAAGGCA
CTGGCTATATGGGTTCTGGTTGCGTTCATAGTATCTGTGTATATCTTTCGTTCC
ATGAATACTGATATCACTGAAAGGAGAAACGAGGTGCTGGTTAGTATGTGCG
ATGAGCGTGCCAGGATGCTGCAGGATCAGTTTGCTGTTAGTATGAATCATGT
TCATGCCTTGGCAATACTGGTTTCTACTTTTCACCATAGGAAAAAGCCCTCTG
CAATTGATCAGAAAACTTTTGCTGAATACACTGCAAGAACTGCTTTTGAGAG
GCCCCTAATGAGTGGTGTGGCATATGCCCAAAAAGTTCTACATGTGGAAAGG
GAAAAGTTCGAGAGGCAGCAAGGATGGACAATCAAAATGATGAAGTCCAA
GGAACCTTCACCTGTGCAGGATGAATATGCTCCTGCAATCTTTTCACAGGAG
ACTATTTCCTATATAGCATCTCTTGACATGATGTCTGGAGAGGAGGATCGTGA
AAATATCTTGCGAGCCAGAGCTACTGGAAAGGCAGTCCTTACAAGTCCCTTC
AGACTTTTGGAGTCAAATCACCTTGGGGTTGTTTTGACATTTGCAGTCTATGA

TACTGATCTTTCTCCAGATGCTACAGAAGAGGAGCGAATTAAAGCAACTGCA
GGATACTTGGGTGGAGCCTTTGATGTGGAATCATTGGTGGAGAATTTACTCC
GGCAATTGGCTGGCAATCAAGCTATTGTGGTAAACGTATATGATATTACCAAC
AAATCAATGCCATTGATAATGTATGGACCCCAAGTTAGAGAGAATGGCACAT
CACATGTCAGTGCCCTTGATTTTGGAGATCCATTTCGAAAGCATGAGATGCG
CTGCAGGTTTCAACAGAAGCCTCCTGTTCCATGGTCAGCAATTACTACCTCC
ATCGGTGTATTTGTGATTGCTTTCTTGATTGGGCACATATTATACGCAGCAGTA
AACCACATTGCCAAAGTGGAGGATGATTTTCGCAAGATGGAGGAATTAAAA
GTGCGAGCTGAAGCAGCGGATGTTGCGAAATCTCAGTTTCTTGCTACTGTCT
CCCATGAGATAAGAACACCCATGAATGGTGTGCTAGGGATGTTGCAAATGCT
GTTGGACACAGATCTTGATGCAACTCAACAAGACTATGCTCGAACTGCTCAA
GCGAGCGGGAAGGCCCTGATAACATTAATTAATGAAGTCCTTGATCGGGCCA
AGATTGAGTCAGGAAGACTAGAGCTTGAGACGGTACCCTTTGATTTGCGAG
CGATTTTGGATGATGTGCTTTCACTTTTCTCAGGAAAGACTAGAGACAAAGG
CATTGAGCTTGCCGTATTTGTTTCTGATCAGGTGCCAGAGGTTCTTATTGGTG
ATCCAGGGCGATTTCGGCAAATCATAACTAATCTTGTTGGAAATTCTGTCAAA
TTCACAGAACATGGCCACATTTTTGTTCATGTTCACCTAGCAGAAAGAGTGA
AATCTGTAATGGAAGCCAATGCTGAAGCATACTTGGAGAGGGCTGCAGAAG
AAGTCAAAACTTGCTCAAAGAATTCATTCAACACCTTGAGTGGGCTTCAAG
CAGCAGATAGAGTGAGTAGTTGGGAAACCTTTAAGTTGCTACTATCTGATGG
CACACATCAGCAACTTGGCACTTCAGATAAAGAGAACTCTCTGGAGACATCT
AACTCCGTAAATTTAGCAGTCATTGTGGAAGATACAGGAATAGGAATTCCCT
TGCATGCACAGGAACGTGTCTTCATGCCATTCATGCAAGCAGACAGTTCTAC
TTCCCGAACATATGGAGGAACAGGGATAGGGTTAAGCATTAGCAGGTGTCTT
GTGGAACTTATGGGTGGTGAGATAAAGTTTGTTAGCCGTCCCAATATTGGAA
GCACTTTCACATTCACTGCTCTCTTAAGAAAATCTGATGCAAACTCCCTGGA
TGACCTGAAGAGGCCTCAGTCAGAATCCTTACCAACAAGATTCACAGGAAT
GAAAGCTGTTGTAGTAGATGGAAAACACGTCCGAGCACAAGTTACTAAATAT
CATTTGCAAAGGCTTGGTGTGCAAGTTGAAGTAGCATATGATGTTAAGTCAG
CAGTGGCAGTGATATCTGGAAGACGGAATGGTGATATTTGCAGTCAGATGAA
GATGACAGATATGATACTAGTTGATAAGGAATCTTGGGGTCCAGGAATGGGT
CTGACATTCCCTCAACTTCTGAGAGACTCCATACAGAATGGCAGAGGCAGAT
TATCCCTGGAATCACTGAAGATGATACTACTAGCAACCTCAATTACCAGTCTG
GAGTCTGAGAAGGCTAAAGCAGCTGGGTTTGTGGAGACTGTAATAATGAAG

CCTCTTAGAGCAAGCATGGTGGCAGCATGTCTTCAGCAAGAATTAGGTCTGG
GCAGTAAAAGGCAGCAAGGTAAGGGGCTTATGGATGGGCCTCCTTTTCTGC
AGAGTCTTTTGTTTGGGAAGAAGATATTGGTGGTAGATGACAATAGAGTGAA
TCGAAGAGTCGCTGCTGGTGCTCTGAAAAAGTATGGAGCAAATGTGGAGTG
TGCTGAAAGTGGGAAGAATGCAATTGCAATGCTTCAGTTGCCACATAAGTTT
GATGCCTGTTTCATGGATGTTCAAATGCCTGAAATGGATGGGTTTGAAGCAA
CTAGACAAATCCGTAACATGGAAGAAAAGGTGAATAAGCAGATTGAATCTG
GGATTATTTCAAAAGAAGCATATGGTAATGTTAGGAAATGGCATGTACCCATA
TTTGCAATGACAGCTGATGTAATCCAGGCAACTTATGAGGAATGCTTGAGAT
GTGGAATGGATGGTTATGTGTCAAAGCCCTTTGAAGAAAAAGAACTCTATAG
AGCTGTGGCCCAGTTCTGTGAATCTAACCCTTCATCAAAGCCTTAG

>Unigene0043531

ATGAAGATCCGGGTGGGGCGAAGGCTTCTTAAGATCAGAATCGTCATCTCCA
CATGCCTGAGGGTTCGTAAGTTGATCCGCTGTCTGGTTCGTACAATTTCGTTT
CTCTGTCCCCGGGATCGAATCCCAGGAGCCCCCTCCTTTCTCTGCCTCCGAC
AGCCACCGTTGGTCGGAAGTACCCTCGGAGCTCGAACACGCGACCTGGCGC
ACTTCAATCATCGCCGACGCAGAAAGCTGGTTTCGGAGGGTTGCGTGGCCG
TTTACGTGGGAGAAGAGCGGCAGCGGTTTGTGATTCCGATAGCTTATCTGAG
CCATCCATTCATTGCTACACTTCTGGCTGACGCGGAAAGTTACGGCCAAGGA
GGGCCGCTCACGTTCCCTTGCGAAGTGGACGATTTCGAGCAGCTGAAATGG
CTCATCGACAAAGAAAAAACGCCGTTCCAGCAAAAGAGCAAAAGGTTCCC
CAAATTTGTAAGCGATTATGGCAGTAATGGTTGA

>Unigene0043665

ATGCAGCTGTGTGCGGCCCTCGCGAATAATGTCATTCAGTTGTCTGAAACGA
TCTACATCGCATGGAATACGCAGGGCCCCCTTTTGCTCGAATCCATACTTCTC
CTGTGCGGCCTCCAACAGTTCAGTGAAGAACGGATGATGCAAATCACGTAC
CGATACTATGAAGCGCTCCTCCTCTTTACCTACGTAAACCGGCAAGCATCCTC
TGGGAACAGCATTGCTGCGACCAAGAATTCTGCCCTTTATGTTCCATTTTGA

>Unigene0045500

ATGGAACGGGTGAAGATCGTTGAAAGGGACTTTATGGGTTTGATTAACAGC
GAGGTAGTTGCAGAAAAAGACAAGGAGGGGATAACTAAAGATTCAAATAAT

GATACCACTTTAGAGGATGGGAGTGACAACGCAAATAATGCACCGTCTCAAC
ATTTTGGAGTGTCTTCAGTGGCACATTCTACTGGATCAATTGATGGTTTGAAC
TCTTCGGTTCATCGTATTGATGAGGCTGGAGGTCTTCCAAGCTCAAGCCTTT
CTCTTTCCATGTCAAATTTCAGTGAGCATTTAGGCTCCCATCCTATTTTGAAA
GGACTTCAAGCAACCTCTACTTCATGTGTCACAACTTCTATGGTTAATCCTTC
GGTGATCCAGAAGAATTCCTTTTTGCCAGTGGCTGCTGGTGTCTATCCTAGC
TCTCCAGCAACAAGCAATGCTACTGCTGTTCCAGGAAAGCAGCCTTGCACA
CAGCTAACAATGTTTTATGCTGGGACAGTGAATGTGTATGATAATGTCCCTGT
AGAGAAGGCTCAAGTGCTCATGCTTTTGGCTGCAAGTGCGAGGTCTACAAA
AATGACAAATCTGCCTTCACGAAGTTCAGCAATGCCAATGTCTATCGCAACT
GCTGGTCATGCTATGCCAATCACATCGCCATTTTCCTCAAATCAGCCAAACCG
AGTGTTTCCTGTGACTTCACAAGCTCCTCTACAAAAGGCACATGCAATTGCT
CAGCCGAACCCGTATTCTGCAGTAACCTTGAATGCTGATGATTCTCAGATAAA
TCAAAATACTGCAACTTCTAGCAATCAACAGGAAACTTCAAAGTTAAGTGAT
ACAAAGATAACGCCAGCTCCTCTCATATCGAGAGCAGTACCACAGGCACGC
AAAGCATCCCTAGCTCGCTTTCTTGAAAAACGAAGAGAGAGGATTATTACAA
AAGCTCCATATCCTACCAAAAAGTCACCTGACTCACCTGATTGCTCACTTCA
GATAGAAGAGTCTCCTGGTTCTAAGCATATACCTCCACCTCTGGATGGGTGC
CTAACAAAACAAAATCAGCTAACCAGTAAGGGACTGGATGAGAAGTTCCCA
ATTGATTCAGAAAGCATGGGATCTTTTCATGATAAGGATCAGAAGGAACATT
CATGTTCGCTGAAAGTGTCATGTAAGGAAATGGGAGAATGTGAAACCACAG
TTGAAGCAAGCATCCTATAG

>Unigene0048644

ATGGCAAGAAGAATGAGGAATCCTCAAGTTCTTCTTTTGAAGAAGATAATCA
GAGCCTTTTTCAAGGTTTCCCATGGCTATAAGGTAATTGCATATGCCCTTTCT
CGAAACAAGGCAAGATATTTCACAATGAAAGATGAGGCCATGGGTCGATCAT
GCAGTGCTCTGCCTACAGATGTTCCAAAGGGACACTGTGCAGTGTATGTGG
GAAGTGAACGGAGTAGATTTGTCATCCCCACGACTTATTTGAATCATTCTCTG
TTCAGGGTATTGCTGGAGAAGGCTGAGGAAGAGTATGGGTTTGACCACCAG
ATGGGTCTCACCATTCCCTGTGAGGAAGTTGCTTTCCATGATCTGACATCCAT
GTTGGCTAAAAAGGATGTAGTACCAGCAACTTTGAGGTTGGATGAGTTCCTC
CATATCCATTAA

>Unigene0048645

ATGGCAAGAAGAATGAGGAATCCTCAAGTTCTTCTTTTGAAGAAGATAATCA
GAGCCTTTTTCAAGGTTTCCCATGGCTATAAGGTAATTGCATATGCCCTTTCT
CGAAACAAGGCAAGATATTTCACAATGAAAGATGAGGCCATGGGTCGATCAT
GCAGTGCTCTGCCTACAGATGTTCCAAAGGGACACTGTGCAGTGTATGTGG
GAAGTGAACGGAGTAGATTTGTCATCCCCACGACTTATTTGAATCATTCTCTG
TTCAGGGTATTGCTGGAGAAAGCCGAGGAAGAATATGGGTTTGATCACCAG
ATGGGTCTCACCATTCCCTGTGAGCAAGTTGCTTTCGACAATCTGACATCTAT
GTTGGCTAAAAAGGATGTAGTACCAGCAAATTTGAAGTTGGATGAGTTCCTC
CATATCCAGTAA

>Unigene0048820

ATGGACCCCATGGAAAGGGCTGCCAAGGTCCTGGGATCGAGTCCAGGGCAC
AAAAATATGATGGGCTGTTCTTCGTCAGGTGTGAAGGTAGAACCTGAGATTG
ATGGGCTTCTGGCAAACGCTGGGTATACTGTAAAGGCCTCTGATTTAGCCCA
TGTTGCACAGAGGCTGGAGCAACTGGAGAGCATTATGGGGACGGTTCAAGA
CCCGGGAATATCTCATTTGGCTTCCGAGGCTGTGCATTATAACCCCTCGGATT
TAGCTGGCTGGATCGAATCAATGTTCGGGGAGCTTAATCCAGGCGCAGACAT
GCCAGTTCCGTTTGGGGACAGGGGATCTCTGATCGATTCTTCACAGTTTCAT
AAGCCGATTCAGGATGATCCCAGTCTTTCTGCTATGGACTTGGCGCTCATTCA
AGAATATGGCTTGCAGTTTAATGGAAACCAAGCATCTAACCCTCAGGGTTTT
TCCCCGGATTCTGATCCCTCTGTTAGAAGCAATATTTCTCTGGACTGCCTCT
GCGTTCTGGGGATTCTACCAGACACACGAACTTTCAGGCGCGGAGCTTTAG
TGCCCAGTCCAGCGACGAGGGTTCGAGTCTCTCTAGTACCCGCTTGGGAAC
CGCACAACAGAGCATAGATAACGGAGCGCAAGAATCAGGGATTCGCGTGGT
GCACTTGCTTATGGGATGCGCGGAGGCTATACAGAGAAACAATTTGAAGGTA
GCCAGCGATTTAGTCAGAGAGATTCGAATGACGGTGAATTCTGCCCCCTGTG
GAGCAATGGGCAAAGTAGCTTCCCACTTTGTTGAAGCTCTGGCGCGGCGTAT
TTGTGGATTGAATGGCGCAGAATCCAATATGTCACAGGCAGATGCGCAATCC
GAGATTCTCTACCACCATTTCTACGAGGTTTGCCCTTATCTCAAGTTCGCTCA
TTTTACCGCAAACCAGGCCATTCTTGAAGCTTTTGAAGGGCACGGCAGCGT
CCATGTGATAGACCTAAATTTGATGCACGGCTTACAATGGCCGGCTCTGATTC
AGGCCCTAGCTCTCAGGCCCGGCGGGCCGCCTCTTCTGAGATTAACAGCCAT
TGGACCCCGGCAGCCCGATGGCAGAGACGTGCTGCAAGAAATAGGGATGAA

GCTAGCTCAGTTCGCCGAATCTGTTAACGTAGAGTTCGATTTCAGAGGTGTC
ATGGCCGATAAGCTGGAGGATATAAAGCCCTGGATGTTCCAGGTGAAGCCTG
GCGAAGTAGTTGCTGTCAATTCTGTTCTGCAGCTCCACCGTTTGCTTTACATT
GATGCCCCTACAGGGTCTTCCCCCATTGATGTAGTCCTCAGGTCCATCGGCA
GCCTGAGGCCCAAGATTGTGACAGTTGTTGAGCACGAGGCCAATCACAATG
GACCTGTTTTTCTGGACAGATTCGTGGAGGCATTGCATTATTATTCAACTATG
TTCGATTCTCTAGAAGCATGCAATGTGCTTCCAAATAGTATGGAGAAATTGTT
GGCAGAGTTGTATATTCAGAAAGAGATTTGCAATATTGTTGCGTGTGAAGGT
CGTTATAGAATAGAGAGACACGAAACCCTTTCTCATTGGAGGGTACGCTTGG
GCAGAGCAGGTTTCAGGCCATCACATTTGGGCTCCAACGCATTTAAACAGG
CAAGGATGCTCTTGACCTTGTTTTCTGGAGAAGGTTACACTGTTGAGGAGA
AAAACGGTTCCCTAACACTGGGCTGGCACAGCCGGCCCCTCATAGCTGCAT
CTGCATGGCAAGGCTCCTAG

>Unigene0049911
ATGGCAATGGCAAGAAGATTGAGGAATCCTCAAGTTCTTCTTTTGAAGCAGA
TAATCAAGGCGCTTTGCGGGTTTACAAAGGTGTATAAAGTAACTGGATGTGG
CCTTTCTGCGAAAAAGACACGGTACTTCGTGATGGAAGATGAGGCCATGGG
AAAATCATGCTGTGCTCTTCCTTTAGATGTTCCCAAGGGACATTGTGCAGTGT
ATGTTGGAAGAGAACGAAGAAGATATATCGTCCCTGCCACTTATTTCAATCAT
TCTCTGTTCCGTGTGTTGTTAGTGAAGGCCGAAGAAGAGTTTGGGTTTGATC
ACCAGATGGGTCTCACCCTTCCCTGTGACGAAGTCGTTTTCGAGCACCTGAT
CAGTATGTTTGGAAAAAAGGATAATCCAGCGCCTGCAAATTTGAAGCTGGAT
GAAATCATTGATTGCCATTCTAAAAAAGGAATGGGCCGCACATACTAG

>Unigene0050460
ATGGCATCGATTTGTGAAACGCAGCCTCAGGAGGTGTGGAGATCATCACGG
GATTCGATCTCCAGATTTTCTTGCGGATCTAAGAAACTTATCAAGAGGAGCC
ATGAGGAAGAAGAATATGGGGAGTGGGTGCAGGAAATGATGAGACGTTACC
ATTCTCACTCGTGTGAGAATGAGGGGAAACAATTCACAAGGTGCTCCTCGG
TTGTGGTGCAGCTAGTGAAAGCACCAGTGAGCGTGGTGTGGTCGCTGGTGA
GGCGCTTCGACGAACCCCAAATCTACAAGCAATTTATCCGCAGTTGTTGCAT
AAGCGGTGAGGGAGATCTGAAGGTCAAGGTCGGCTGCCTGAGAGAGGTTC
GAGTCGTCTCCGGTCTCCCTGCTGCCACCAGTACTGAGCGACTGGATATTCT

CGACGAGGAGCGGCATATTTTGAGCTTCAGCATCGTGGGGGGCGATCACAG
GCTCAGCAATTATCGATCCATCACCAGTCTGCACGAGAGGCTTATCAATGGT
GAACCTGGAACCATTGTGATCGAATCTTACGTGGCTGATGTGCCACATGGAA
ACACGAAAGAGGACACGTGTTTGTTCATCGATACTATCGTTAAATGCAATCT
GCAGTCCTTGGCTGACGTGTCGAAGCACGTCTTCAGTACAAACCACTGCTTA
TAG

>Unigene0051011
ATGAGCGTCTACTCCAGCCTTTGGAATGCAGATGATTGGGCAACCAGAGGTG
GGCTTGTGAAGACCGATTGGACTAAAGCGCCCTTTGTTGCATCCTTCCGCAA
TTTCAGTGCTGCCGCTACTTCTTCTTTTGACGCCGCAGCAGAGGAGGTGGCT
TTGGAATCGAACCAAGAACAGAGGCAGAGGCTCCAGTGGGTACGAAAGAA
CTACATGATCTACGATTATTGTGCAGACACCAAGAGATTCCCCCAGGGACCG
CCTCCCGAATGCAAATAA

>Unigene0051333
ATGAATCCGGAGGATCCACTGAAGAGCTTGTCTTTGGACTATTTGAATCTCC
TGATTAATGGGCAGGCCTTCAGCGATGTTACTTTTACTGTGGAGGGTAGGCA
GGTGCACGCTCACAGATGCATACTGGCTGCACGGAGTCCCTTCTTCCGATTG
ATATTCTGTACCCCGGAGTCTATGAATGAACAAGGCGGGCGTTCTGCCAGTA
CTGCCAGTCCTCAGGTTATTCCAGTAGGAGTAGTGGGGTATGAAGTTTTTCT
GTTGCTGTTGCAGTTTCTCTACAGTGGACAGGTATCCATAATTCCACAGAAA
CATGAAGCCAGGCCTAATTGCAGCGAGAGAGGATGCTGGCATACTCATTGCA
CTTCTGCCATAGACCTGGCACTTGACACTCTCACTGCAGCTCAGTTTTTTGG
AGTTGAGCAGCTCTCCATTATCACACAGAAGCAGCTAGCCATTATGGTGGAA
AAAGCATCCATTGATGATGTTATGAGAGTCCTGTTGGCAGCCAGGAAACAGG
ATCTCCAGCACCTGTGGAACACATGTTCTCACCTAGTAGCAAAATCTGGATT
ACCAACAGAGGTTTTAGCAAAGCATCTTCCTGTAGACGTGATCAACAAAATC
GATGAAATAAGAATGAAATCCAGCTATGGAAGACAGCTTATGCACGGTAGCG
ACATGAGCATGAGCAGCTCAATTGAGGATCAGAGAATCAGAAGAATGCACC
GAGCTCTAGACTCTTCTGATGTAGAACTAGTAAGGCTAATGGTGATGGGAGA
AGGCTTGAACTTGGACAAAGCTTTGGCATTACACTATGCAGTGGCCAATTGC
AGCAGAGAAGTAGTGAAAACGCTTCTTGAATTGGGAGCTGCAGATGTGAAC
CACCCAGGCCCAGGAGGGAGAATGCCTCTCCACATTGCTGCAGAAATGGTG

AATCCAGACATGGTTGCAGTTTTGCTAGACCACCATGCAGATCCCAACGTTC
GCACTTACAGTGGCGCCACACCCTTCGATATACTGCAAGCCCTTGCTTCTGA
TTTCTTGTCAAAGGGATCCCTTCCAGCTTGCATGCCACACATGGAGCACAAC
AAGCTCAGGCTGTGCCTTGAGCTCCTTCAATCTGCTGCCATGGTTTTGTCCA
GAGATGAAGAAAGCAGCACCTCGCTGCAACTCCAGCTTGAAAGCACACGG
CCTGCCGATCATAATTCTCCTGCAGGTTTCGTTCCAAGGACTAGTTGTTCAG
AGATCAGCGAAGGAAGTACTAGTCTTTCTGCTCTGGATTCACGAATGCTTTT
TCTCAATCTCAGTGGCCAGTTAGCCTGCAAGGATGCTGAAAACAACCAGAT
AAACATGAATGCCCTCAATCTAGAAACTCAGGCCGGGGAGAGCTCTATGTC
AGATTGTTCCAAGTATTCATGCAACCAGATTAACCATGGCTCCGGTTCACCTC
AATTCTGA

>Unigene0051395
ATGAGAATGTGTCGGGCAGAGTGGAAAAAGATCCATCAAGCACAGGAACA
AGAATCCAAGGAGGAGAGCAGTAAGCTCCTCGCTGGGGGCTGGAGGGGTG
GCACTCATGGAGGCCATAGGACCACTGGAAATGGAGGGACTGGAGTTATCC
ATGGGCTTTTGTCATGGCAGTCTATTGATGGATTTCTGAGCGAGCGCGTTGG
CGAGAGATGGAATACAATGGCGGTCATTGTGTGGGTTCTACTGGGAAGCAG
CGTGGCCATTTATAGTTTCTATTCCATGACCAGAGAGACTTCCAGGCGCCGC
CAGGAGACTCTGGCCAATATGTGCGACGAGAGGGCTAGGATGTTGCAGGAC
CAGTTTGTTGCCAGCATGAACCACGTCCAAGCCCTCACGGTCCTCGTCTCCA
CATTTCATCTCGAGATGAAACCTTCTGCTCTCTATCAGGATGTTTTTGCTGCA
TACACGGCCCGGACTTCTTTTGAAAGACCGCTGATGAGCGGCGTGGCATAC
GCTCCACGAGTTCTTCATAGAGACCGGGAGGAGTTTGAGAGGCAGCAGGGA
TGGAGCATAAAGCATATGAATACGAAAGAGACTCAGGCTCCACAAGAGGAA
TACGCGCCCACTGTTTTCTCTCAGGAGACTGTGTCCTATCTCATTTCACTGGA
CATGATGTCAGGGCAGCATGATCGAGAGAATATTTTGAGAGCGCGCGAGACT
GGTAAAGGGGCCTTGACGACTCCTTTTAGGCTGGTTTCCAGTCATTTAGGAG
TTGTTTTTACATTTGCTGTGTATAACAGAGGCCTTCCTCCAGACGCCACGCCT
CAGCAACGTACTGAAGCCACTGCGGGGTACTTAGGTGGAGCCTTTGATGTA
GAGTCATTGGTGGAGAATTTGTTACACCAGCTTGCAGGCAACTTCCCCATTA
ATGTAAATGTGTATGACACAACCAATGAATCTTTTCCTGTGCTGATGTATGGT
ACGGGCTCTAATGGCTACCACATAAGCGAACTGGATTTTGGAGATCCTGATA
GAAAGCATGAACTGCATTGCGGCTTCTCGGATGATCCAAAACTTCCATATAC

AGCCATCAGAACATCTAGTGGCATATTTGTGATTATCATTCTTGTGGACATAT
TTTGTTTGCTGCTATAAGTCGTATTAAAAAAGTTGAAGAAGATTGTAGGGAA
ATGGAAGAACTCAAGGGACGTGCCGAAGCTGCTGATGTTGCAAAGTCACAG
TTCCTTGCTACTGTTTCTCATGAAATTCGTACGCCAATGAATGGCGTTCTTGG
TATGCTTCAGATGCTCATGGATACAGACTTGGATGCTACACAGAAGGACTAT
GCTCAAACAGCACAAGCAAGTGGAAAAGCTCTAATAACATTAATAAATGAA
GTTCTGGACCAGGCGAAAATTGAATCTGGACGTCTTGAACTTGAGACAGTC
CCTTTCCATATTCGCACTGTTCTCGACAGTGTTTATCTCTCTTTTCTGCCAAA
ACACAGGCCAAAGGCATAGAGAGAAGCTGGCAGTATTTGTATCTGAAAGAG
TCCCAGAGATTGTCATCGGTGATCCTGGACGATTTCAGCAGATTATCACCAAT
CTTGTCTCCAATTCTGTCAAATTTACGGAGAATGGGCACATTTTTGTTAGTGT
TCATCTTGCACAGGAAATTGACGTTCTAA

>Unigene0052622

ATGGGCGGGGAGAACGAAGAGTCACGGGATCGAGTCGCAGCTGGCAAATA
CAAGAAAGTGGCGCTATGCCAGGATGAGGTCGTCACCAATATTGACGTCCTG
AACGAGATATTCAAGTATCTGGATGCACCGTCTTTGGGCATGGCTTCTTGCGT
CAGCAACAAATGGAAGCAGGTCGCCCACGGCGAGGGTCTGTGGGAAGGCA
TCTGCACGCGCCATTGGCCATCCACCGCTTCGCTTCAGGGTGGGCAGTTGAA
ATCCGTGGTGGTGGGCCTCGGCGGATTCAGGCGTCTCTACGTCAACTGCCTA
CACCCTCTTCTCGCCAGAAACAATAGCAATCGCAAGCATTTGAAATCGAAGG
ATCCTTCATCTTGTGCGCCCAAGCAACAGTGGAGCAAGGATGAGGTCTATCT
TTCCCTCTCGCTCTTTTCCATCGATCGCTATCAGAGAATACTCCCTCTGCATCT
GAATTCACCTCGCAGGGCCGGACTTGTATGGAATCCCTGTTCAGATGAGCAA
GAGGCAGCCTCCTCCTCTTCCACCGCCTTCGCTTCCGATGTGCACCGCCTTC
TGGACGGGTGGAGAGGCAACTCTATCCCTCATCATTCTTCAAGGAAGATGGA
CATTAAGGCTGAAGGTGCAAACTATTGCTGGGGATCCATGGATTCACAATCC
GCCCCCAAATAA

>Unigene0053651

ATGTTAGTCGCGGAGATCGAACCCCATCGCGCGACGCTGATGCAAGATTCTG
CCTTCCTCGTCGGATCCACTCCCCTGCCACCACGATTGGTTTGCTTTCCCTTT
TGTCGTCTGAGAGATTTTCCCGACCTACAGGAAGCTTAG

>Unigene0054023

ATGCAGGAAAGCATTGATAGGCACGAGGAAGTGGGTAGAGAATTGGAGGA
AATGACACAGATTGCAGAAAGAGTTCATGGAGAGATTCTGGAGGAAAATGA
GAATATGGGGAGCGAAGGTGGAAAAAACATAGACGGAAAGGAAGGTGTGT
TGCTTAATAATGTAAAAGATGAGTTGAGAAGAGACTGCAATATGCCTGAAAG
TGCTGATAGCGAGGAGAGGGTGACTGGAGAATTGGGGGCAATGACACAGAA
TGTAGAAAGAGTTGAGCGACAGATTCTGGAGGATAATATGAATAAGAGGAG
CGAAGATGGAAAAATGGGTGAAGGAAAGGAAGCTGAGTTGCTTAATCTTGT
AACAGACGAGTTGAAAAGAAACAATATGCCGGGAAGTGATGATATCCAGGA
GGATGTGATTAGAGAATTCGAAATAATGACACAGAATGCAGTAAGAGTTCAG
CAAGAGACTCTGGAGGCCATCCTGCAACGTAACAGCGGAACTGAGTACTTG
AAAAAGTGGGGCATATTAGATGGAAGTACTGATCCAGATCCGGTACAACACT
TCAAGTCATGTGTTCCTGTCGTATGTTATAGCGATCTGGAACCATACATACAG
AGAATTGCAGATGGGGATACTTCCCCCATTCTAACTGCTGATCCCATCACTGC
CTTTTCTCTAACGTCAGGGATTCGAGACGGAAAACAGAAACTAGTGCCGTTT
AATGACTCTGTGATCGCATCCAAGTTGGAGTACTACCGGATAACACAAGCTT
ATACTTCTGGGCTGTTTCCTGCACCACAAAGCCAGTCAAGATACCTGCAATT
TATCTATGGGAGCAGGCAATTCCGTACCAAAGGGGGGTTGGAGGCTAGCAAT
GCAAGTGGGCTTGGATTAAGGAGTAAGGGATTTAAGACGTACAAGGAGAGT
AACCAGTGGCTTGCTTGCAGTCCAGAGGAGGTTGTGTTTGGATTTAATTATG
AGCAATCGCTCTACTGCCATCTCCTATGTGGGCTTCTGTACTCGCACGAAGT
GGTACGCCTGACGTCATCTTTTGCTTACAGTATTGTGGAAGCTTTTCGGACGT
TTGAAAATGTGTGGCAACAGCTTTGCAATGATATCAAGGAAGGAACCCTAAA
TGAAAAGATCACTGTACCCTCCATGAGGGAGTCTGTCTCAAAAATTTTGAAG
CCCAATCCAGAATTAGCACAGACAATCTATGAAATATGTGAGAAGTTATTGG
CCAATAACTGGTATGGAGTTATCCACCAACTTTGGCCCTATATCAAGTACATC
GGTTGTATAATTACAGGCTCAATGGAGCCTTATGTCAAAAAACTGAGGCACT
ATGCCGGGAGCTTGCTAATACTTCCTGGTGGCTATGCGGCTTCTGAAGGGTA
CTTCGGTGTAAATATTGATCCAGCTAAGACCACCTTCACGGTCGTGCCTAGC
ACTGCATTTTTTGAATTCATCCCTCAAGATAAGGAAAGCCAGGCAGAACCAG
TTGGCCTCACTGAGGTTGAAATTGGCAAAGAGTACGAAGTGATTATTACAAC
CTTTGGAGGTCTCTATAGGTACAGGCTGGATGATGTGGTTAAAGTGAACAGT
TTTTACAATTCTTCTCCCCGGCTTTCATATGCTTATCCCAAGAACTCAATTCTC
TCCTGCATAAACATTGACAAGACGACTGAAAGAGACGTGCAACTAATCGTG

AACAAGGCCGCCGAGTTGCTGAACAAGGAAACAGACTTGGAGGTGGTGGA
CTTTACAAGCTACGCAGACCTCTCAAGTGAGCCTGGTCACTATGTAATATTCT
GGGAGCTCAGCAGAGACATTGGTGATGCACATGATGAAGTTTTTCAGAAAT
GCTGTTGCATACTGGACGAGGCTTTGGTCGACGAGTTGTACTTTTGTAACAG
AAAGGAGAACAGAATTGGAGCGCTTGAACTTCGCATTGTAGCCAAAGGAAC
CTTCAGGAAAATTGTGGATCACTCGATGAACTTGGGAGCAGCCGCGAGCCA
GTTCAAAACACCCCGCTGCATTAGTTCATCGAACCAGTCGCTACTCAACATT
CTTAATAATGGGATTCTTGCTACTTACAAAAGCGCTGCGCTGTTTATGTGA

>Unigene0055304
ATGCACGTAAGGCAATCAGATACGCCTTCTATGCCAGGAAAAAGAAAATGCT
TTATTTCGGAGGCAATTGTAATGAATATGAGCTTATCGATGCCAGCCTTCCAA
TGGATGTTCCCAAGGGTCACTTTTCGGTGTACGTTGGAAGCGAACGCAGTC
GATTTATAG

>Unigene0056357
ATGTATGTTTTATTGTTACTCTACCCTTTTAATATTGTAAATGACAATATCTTGT
CCTATGGTGTGCTAACATGTCGTTGTTATGCCCCCTTGCAGCTATCCTCTCAA
GGCCCCAAACATGACGAAATAGATTTTGAATTTCTGGGCAATCTCTCTGGAG
ATCCTTACATTATGCACACTAATGTCTTCGCCCAAGGCCTTGGCAATCGTGAG
CAACAATTTTACTTGTGGTTCGACCCAACCTTGGATTTCCACACTTACTCCGT
GCTCTGGACATCCAACCAAATCATATTTTCTGTAGACGAGACTCCTGTGCGA
GTGTTTAAGAACAGGGAGACAGAGTTGGGTAAAGTGGATAGCAATTATCACT
ATCCTAAGAGCCAAGCAATGAGGGTCTATTCAAGCCTTTGGAATGCAGATGA
TTGGGCGACTAGAGGTGGACTCGTCAAGACAGACTGGAGTAAAGCCCCTTT
TGTTGCATCCTTCCGCAACTTCAATGCTGCAGCTACTTCTAATCTCGCTGCAG
AGGAAGATTTGGATTCGAACCAAGAGCAGAAGCTCCAGTGGGTGCGAAATA
ACTATATGATCTATGATTACTGTGCTGACACCAACAGGTTCCCCCAGGGGGT
GCCCGCAGAATGCAAATGA

>Unigene0056478
ATGGCAAGAAGGATCAGGAATCCTCAAGTTCTTCTTTTGAAGCGGATAATCA
AAGCCTTTTTCAAGGTCGCCCATAGTTATAAGGGAATTGGAGATGCCCTTTC
CTCAAAGAAGTCAAGGTATTTCATAATGAAAGATGATGTATCTTGCACTTGC

AGTGCTCTGCCCACAGATGTTCCCAAGGGACACTGTGCAGTGTATGTTGGA
AGCGAACGCAGTAGATTTGTGATCCCCGCGACTTATTTGAATCATTCTCTTTT
CAGGGTTTTGCTAAAGAAGGCCGAGGAAGAGTATGGGTTTGATCACCACAT
GGGTCTCACCATTCCCTGTGAGGAAGTTGCTTTCCATTATCTGACATCCGTGT
TGGCTAAAAAGGAAGTAGTACCAGCAAGTTGGATTAGTTCCTCCATAGCCAT
TAACACAGAGATGAGTGCCTGA

>Unigene0056881
ATGGACGGGGGCTCGCTCGAAAAATGCGTCGGGATGCCCGAGCCCTTTCTT
GCCGCCGTCGCGAGACAGGTTCTCCACGGCTTCGAGTATCTCCGATCTTCTG
CTCTCCGATCTCGCTCTGTCGGCCAAGGTAGCAAATGA

>Unigene0056882
ATGGGGAGTCCGTCGTTCGCAGGATGTCCATCTCGCGAACGATCTGGCGAC
GGGTGGAAAGATCGTGGTTGCCGTGGACGACCTTGA

>Unigene0063108
ATGTGTCGCTCGAAAATGACAGGGAATACTGCTAAATCCTTATGGCGCCTGG
CCAAAATAGCCATCCTGTATATGATAGTATGTGCGCGCCCAGATTCAAAGAA
GCCTAGTAACAAAGGCAGCTACAGTCTTCTGAAAAGAAATGGCAGTTCTAA
CGTGATTTCAAAGCGTAAGCATGAAGATCACGAGAGAAAGAGGGCGAGAA
AGAGGACGAGGTGCCCGCATGGACATGTGCCTGTGCTTGTTGGTGAAGAGG
GAAAAAGGTACTTCATCCCCATAGCTTATTTGTGTCATAAGGTTTTCATTCTT
CTTCTGGAGAGAACCAGGCTCGAATCTGGCTATAAACATGACTTTCAGGGA
GGTATCCTCCTTATGTGTGATGTGAAAGTGTTCGAGCATCTGATCCACCTCAT
TCAGAACAACCCCGCTTCCCACAGTATGGATGTTGTCACTCAGGATGTGCTC
CATCAGCTTGCTGCAATGGAACGCTCTGGTCCACGAATTATTGAATAA

>Unigene0066103
ATGCTTGGTCGTTTACGTTGGAGAGGAGGAGGAGCGCTTCATAATAGCAATC
AAGGATTTGCATCATCCGTGCTTCAGTCAGCTACTGGAGGCTGCAGAGGAG
GAATACGGATTTGA

>Unigene0072229
ATGTCGTTCGGAGGCATCGACAGCAATGTCATCGTCATGATGGCAAGGACAA
CCACGGAGATTTTTCGGACCACGGAAGAGTTCTGGGCGATTTCAAGAAACG
AAAGCACAGCAGCTGCCAGGATATCACAGACTTAA